新能源系列 —— **光伏工程技术专业系列教材**

LED封装技术与应用

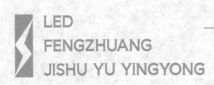

—— **第二版** ——

LED
FENGZHUANG
JISHU YU YINGYONG

沈 洁 主 编

王春媚 马思宁 洪 诚 副主编

姚 嵩 主 审

U0288439

 化学工业出版社

·北京·

内 容 简 介

本书从 LED 芯片制作、LED 封装和 LED 应用等方面介绍了 LED 的基本概念与相关技术，详细讲解了 LED 封装过程中和开发应用产品时应该注意的一些技术问题，并以引脚式 LED 封装为基础，进一步介绍了平面发光式、SMD、大功率 LED 的三种不同封装形式及其相应的产品在实际生产中的操作技术。本书还讨论了 LED 在不同领域的应用技术，最后以太阳能 LED 路灯的设计为应用实例，分析了典型 LED 系统的应用技术。每章后均附有复习思考题，部分章节设有技能训练，以期帮助学生更好地学习和掌握相关技能。

本书可作为光伏发电技术及应用专业、光电子专业、电子信息工程技术专业、节能工程专业等相关专业的教材，也可供相关专业技术人员参考使用，或作为自学用书。

图书在版编目（CIP）数据

LED 封装技术与应用/沈洁主编. —2 版. —北京：化学工业出版社，2021.6（2025.2重印）
（新能源系列）
光伏工程技术专业系列教材
ISBN 978-7-122-39090-5

Ⅰ.①L…　Ⅱ.①沈…　Ⅲ.①发光二极管-封装工艺-高等职业教育-教材　Ⅳ.①TN383.059.4

中国版本图书馆 CIP 数据核字（2021）第 081551 号

责任编辑：葛瑞祎　刘　哲　　　　　　　　装帧设计：韩　飞
责任校对：张雨彤

出版发行：化学工业出版社（北京市东城区青年湖南街 13 号　邮政编码 100011）
印　　装：北京天宇星印刷厂
787mm×1092mm　1/16　印张 17　字数 450 千字　　2025 年 2 月北京第 2 版第 3 次印刷

购书咨询：010-64518888　　　　　　　　售后服务：010-64518899
网　　址：http://www.cip.com.cn
凡购买本书，如有缺损质量问题，本社销售中心负责调换。

定　　价：49.00 元

近年来，LED 生产技术发展一日千里，随着发光二极管（LED）制造工艺的进步、新材料的开发，各种颜色的超高亮度 LED 取得了突破性进展，令其发光亮度提高且寿命延长，加上生产成本大幅降低，LED 成为第四代光源已指日可待，LED 应用市场的需求日益增大。

本书涉及领域广泛，主要包括 LED 封装技术及 LED 应用技术两方面内容。全书共分为三篇。第一篇 LED 封装，包括 LED 概述、LED 封装概述、LED 生产流程概述、单管 LED 生产规程、数码管概述五个方面的内容。第二篇 LED 应用，包括认知 LED 照明、LED 屏幕显示、LED 景观工程、LED 标准、LED 灯具检验、LED 应用拓展六个方面的内容。第三篇太阳能 LED 路灯的设计，包括太阳能 LED 路灯的光伏技术、太阳能 LED 路灯控制技术、太阳能 LED 路灯具体设计、太阳能 LED 路灯安装与维护四个方面的内容。为了适应 LED 日新月异的技术变革，并及时为读者提供最新的 LED 相关政策和标准，本书在之前版本上进行了全面修订。在第二篇添加了 LED 灯具检验及 LED 应用拓展的相关内容，帮助读者了解 LED 产品在设计使用时需要注意的关键点，同时对 LED 的发展趋势、前沿技术及国内外发展现状进行了综合论述。同时，本次修订对之前版本的内容进行了修正。

本书以"充分体现高职高专教育的特点，提高学生实际动手能力，提高分析解决实际问题的能力"为原则，从 LED 芯片制作、LED 封装和 LED 应用等方面介绍了 LED 的基本概念与相关技术，详细讲解了 LED 封装过程中和开发应用产品时应该注意的一些技术问题，特别是 LED 应用的驱动问题、散热问题等，并以引脚式 LED 封装为基础，进一步介绍了平面发光式、SMD、大功率 LED 三种不同封装形式及其相应的产品在实际生产中的操作技术。本书还讨论了 LED 在不同领域的应用技术，最后以太阳能 LED 路灯的设计为应用实例，分析了典型 LED 系统的应用技术。

本书可以作为光伏发电技术及应用专业、光电子专业、电子信息工程技术专业、节能工程专业等相关专业的教材，也可供其他专业学生和相关专业技术人员参考使用，或作为自学用书。

本书由天津轻工职业技术学院沈洁主编，王春媚、马思宁、洪诚副主编，姚嵩主审。其中，第一篇主要由沈洁编写，第二篇主要由王春媚、马思宁编写，第三篇主要由洪诚、马思宁编写，马思宁负责第二版的内容修正及更新工作。孙艳、侯俊芳、刘砚、崔立鹏也参与了部分章节的编写工作。

由于编者水平有限，书中难免存在不妥之处，殷切希望广大读者对本书提出宝贵意见。

编者

2021 年 3 月

第二篇　LED 应用

第6章　　认知 LED 照明　　　　　　　　77

第7章　　LED 屏幕显示　　　　　　　　92

第8章　LED 景观工程 ····································· 111

第9章　LED 标准 ··· 119

第10章　LED 灯具检验 ····································· 126

第三篇　太阳能 LED 路灯的设计

第一篇 LED封装

第 1 章

LED概述

1.1 LED 的基本概念

1.1.1 LED 的基本结构与发光原理

(1) LED 的结构

LED 主要由支架、银胶、晶片、金线、环氧树脂（胶）五种物料组成。LED 的两根引线中较长的一根为正极，接电源的正极；较短的一根为负极，接电源的负极。LED 结构如图 1.1 所示。

(2) LED 芯片结构

LED 芯片有单电极芯片结构和双电极芯片结构。芯片是单电极还是双电极，取决于芯片材料。一般来说，二元（GaAs）、三元（GaAsP）、四元（AlGaInP）、SiC 材料的采用单电极结构，上正下负，因为这些衬底材料可导电，仅需在上面做单个电极。如是用蓝宝石做衬底的，因为衬底材料不导电，所以，正负极都做在同一面，故为双电极。

至于性能上，大部分无可比性，唯一可比的是 SiC 的蓝/绿光（单电极）和蓝宝石的蓝/绿光（双电极），区别如下：

◆因衬底材料不同，导致芯片可靠性不同，单电极好于双电极；

◆单电极的 ESD（静电放电）优于双电极；

◆单电极的价格高于双电极，原因是工艺难度不同。

① 单电极 LED 芯片结构 单电极 LED 芯片结构如图 1.2 所示。

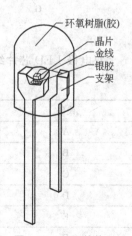

图 1.1 LED 结构
（标注：环氧树脂(胶)、晶片、金线、银胶、支架）

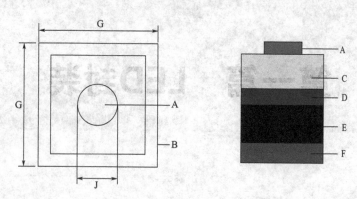

图 1.2　单电极 LED 芯片结构示意图

单电极 LED 芯片结构示意图对应的代码含义如表 1.1 所示。

表 1.1　单电极 LED 芯片结构示意图代码含义

代码	说明	代码	说明
A	P 极金属层	E	N 型结晶基板
B	发光区	F	N 极金属层
C	P 层	G	芯片尺寸
D	N 层	J	电极直径

② 双电极 LED 芯片结构　双电极 LED 芯片结构如图 1.3 所示。

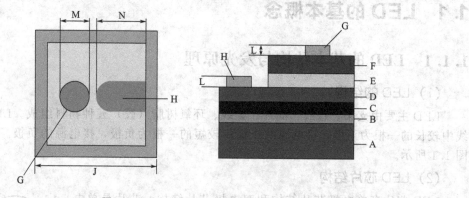

图 1.3　双电极 LED 芯片结构示意图

双电极 LED 芯片结构示意图对应的代码含义如表 1.2 所示。

表 1.2　双电极 LED 芯片结构示意图代码含义

代码	说明	代码	说明
A	蓝宝石基板	G	P 极金属层
B	低温缓冲层	H	N 极金属层
C	N 型接触层	J	芯片尺寸(宽)
D	发光层	L	电极厚度
E	P 型接触层	M	P 极电极直径
F	透明导电层	N	N 极电极直径

(3) LED 的工作原理

① 普通二极管工作原理 N 型半导体，即自由电子浓度远大于空穴浓度的杂质半导体。在纯净的硅晶体中掺入 V 族元素（如磷、砷、锑等），使之取代晶格中硅原子的位置，就形成了 N 型半导体。这类杂质提供了带负电（negative）的电子载流子，称它们为施主杂质或 N 型杂质。在 N 型半导体中，自由电子为多子，空穴为少子，主要靠自由电子导电。自由电子主要由杂质原子提供，空穴由热激发形成。掺入的杂质越多，多子（自由电子）的浓度就越高，导电性能就越强。

P 型半导体，也称为空穴型半导体。P 型半导体即空穴浓度远大于自由电子浓度的杂质半导体。在纯净的硅晶体中掺入三价元素（如硼），使之取代晶格中硅原子的位置，就形成 P 型半导体。在 P 型半导体中，空穴为多子，自由电子为少子，主要靠空穴导电。空穴主要由杂质原子提供，自由电子由热激发形成。掺入的杂质越多，多子（空穴）的浓度就越高，导电性能就越强。

一个二极管由一段 P 型材料同一段 N 型材料相连而成，且两端连有电极。这种结构只能沿一个方向传导电流。当二极管两端不加电压时，N 型材料中的电子会沿着层间的 PN 结（junction）运动，去填充 P 型材料中的空穴，并形成一个耗尽区。在耗尽区内，半导体材料回到它原来的绝缘态，即所有的空穴都被填充，因而耗尽区内既没有自由电子，也没有供电子移动的空间，电荷则不能流动。在 PN 结（junction）内，N 型材料中的自由电子填充了 P 型材料中的空穴，这样，在二极管的中间就产生了一个绝缘层，称为耗尽区。二极管耗尽区产生原理如图 1.4 所示。

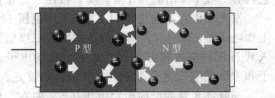

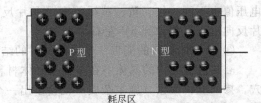

为了使耗尽区消失，必须使电子从 N 型区域移往 P 型区域，同时空穴沿相反的方向移动。因此，可以将二极管 N 型的一端与电路的负极相连，同时 P 型的那一端与正极相连。N 型材料中的自由电子被负极排斥，又被正极吸引；而 P 型材料中的空穴会沿反方向移动。如果两电极之间的电压足够高，耗

图 1.4 二极管耗尽区产生原理图

尽区内的电子会被推出空穴，从而再次获得自由移动的能力。此时耗尽区消失，电荷可以通过二极管。

当电路的负极与 N 型层、正极与 P 型层相连时，电子和空穴开始迁移，而耗尽区将消失。耗尽区消失原理如图 1.5 所示。

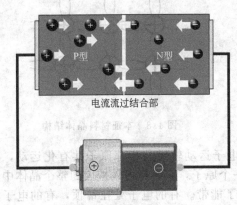

图 1.5 耗尽区消失原理

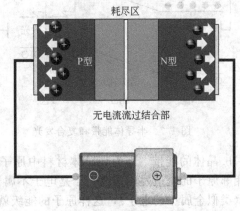

图 1.6 耗尽区扩大原理

如果试图让电流沿反方向流动，将 P 型端连接到电路负极，N 型端连接到正极，电流将不会流动。N 型材料中带负电的电子会被吸引到正极上，P 型材料中带正电的空穴则会被吸引到负极上。由于空穴与电子各自沿着错误的方向运动，PN 结将不会有电流通过，耗尽区也会扩大。耗尽区扩大原理如图 1.6 所示。

② 发光二极管（LED）工作原理 在直流供电时，都是正向接到线路中，即 P 极接电源正端，N 极接电源负端。而在交流供电时，因 LED 反向击穿电压低，需要接阻值较大的限流电阻或串接一只硅二极管。

LED 自发性的发光是由于电子与空穴的复合而产生的。当 LED 两端加上正向电压，电流从 LED 阳极流向阴极时，半导体中的少数载流子和多数载流子发生复合，放出过剩的能量而引起光子发射，半导体晶体就发出从紫外到红外不同颜色的光。当 LED 处于正向工作状态时（即两端加上正向电压），电流从 LED 阳极流向阴极时，半导体晶体就发出从紫外到红外不同颜色的光线，光的强弱与电流有关。半导体能带和复合发光如图 1.7 所示。

发光二极管是由Ⅲ-Ⅴ族化合物，如 GaAs（砷化镓）、GaP（磷化镓）、GaAsP（磷砷化镓）、GaN（氮化镓）等半导体制成的，属于直接带隙材料。LED 的核心是 PN 结，因此，它具有一般 PN 结的 $U\text{-}I$（伏安）特性，即正向导通、反向截止和击穿特性。

发光二极管正向电压 U_F 大于工作电压 1.5～3.8V（大部分红光和黄光的发光二极管的工作电压是 2V 左右，其他颜色的发光二极管工作电压都是 3V 左右）。从发光二极管 P 区注入到 N 区的空穴和由 N 区注入到 P 区的电子，在 PN 结附近数微米区域内分别与 N 区的电子和 P 区的空穴复合，产生自发辐射的荧光。

一般发光管的反向击穿电压在 5V 左右，依各厂家及各种芯片的制程不同，其反向击穿电压值也不同。红、黄、黄绿等四元晶片反向电压可做到 20～40V，蓝、纯绿、紫色等晶片反向电压只能做到 5V 左右。

③ 半导体材料的能带 半导体材料的结构，是原子之间以共价键构成的晶体。

a. 共价键结构的晶体 在本征半导体材料中掺入三价元素（受主杂质）就会出现一个空穴，掺入五价元素（施主杂质）就会多出一个电子，前者为 P 型半导体（空穴导电），后者为 N 型半导体（电子导电）。本征材料晶体结构如图 1.8 所示。

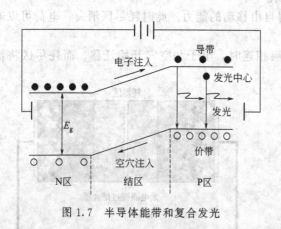

图 1.7 半导体能带和复合发光

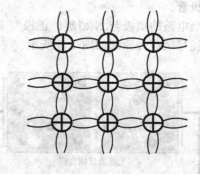

图 1.8 本征材料晶体结构

b. 晶体的能带 因为半导体材料中原子核外电子运动轨道与相邻原子共有化运动，即与相邻原子的轨道发生重叠，于是电子不属于某一个原子，它甚至可以扩大到整个晶体中运动（类似金属中的电子），这样原子的能级就变成了能带。有的电子处在带顶，有的电子处在带底，有的电子处在带的中间。能带分为导带和价带。晶体能带如图 1.9 所示。导带——

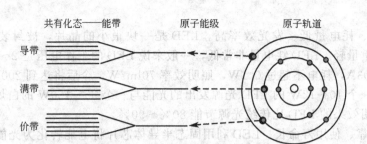

图 1.9　晶体能带

原子空带中的跃迁电子形成的能带；价带——原子价电子层的电子形成的能带；满带——被电子填充满了的能带。

　　c.半导体直接带隙材料和间接带隙材料　不是所有的半导体材料都能发光，半导体材料分为直接带隙材料和间接带隙材料，只有直接带隙材料才能发光。

　　• 直接带隙材料　电子可在导带带底垂直跃迁到价带带顶，它在导带和价带中具有相同的动量，发光效率高。

　　• 间接带隙材料　电子不能在导带带底垂直跃迁到价带带顶，它在导带和价带中的动量不相等，因此必须有另一粒子参与，从而使动量相等，这个粒子的能量为 E_p，动量为 k_p。这种间接带隙材料很难发光，即便能发光，效率也很低。二极管起始电压 U_b 也就是 LED 电子跃迁的能量。二极管起始电压如图 1.10 所示。

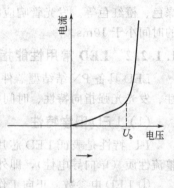

图 1.10　二极管的起始电压 U_b

　　电子在导带和价带中有相同的动量，发光效率高；电子在导带和价带中动量不相等，发光效率低或不发光。用于发光的直接带隙材料有 GaAs、AlGaAs、InP、InGaAsP 等。直接带隙材料与间接带隙材料的跃迁动量图如图 1.11 所示。

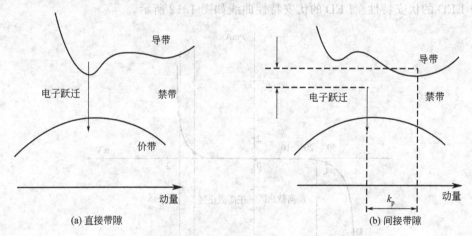

(a) 直接带隙　　　　　　　　　　(b) 间接带隙

图 1.11　直接带隙材料与间接带隙材料的跃迁动量图

1.1.2　LED 的特点及常用性能指标

1.1.2.1　LED 的基本特点

　　LED 的内在特征决定了它是代替传统光源的最理想的光源，它自身的优势使它有着广泛的用途。

① 体积小、耗电量低、发光效率高。LED 是一块很小的晶片，被封装在环氧树脂里面，体积小，重量轻。LED 耗电量非常低，一般来说 LED 的工作电压是 2～3.6V，工作电流是 0.02～0.03A，耗电不超过 0.1W，照明效率 70lm/W，今后将达到 200lm/W，超过所有照明光源。一个 10～12W 的 LED 光源发出的光能与一个 35～150W 的白炽灯发出的光能相当。同样照明效果的 LED 比传统光源节能 80%～90%。

② 结构牢靠、使用寿命长。LED 利用固态半导体芯片将电能转化为光能，外加环氧树脂封装，可承受高强度机械冲击。在恰当的电流和电压下，LED 单管寿命 $10 \times 10^4 h$，光源寿命在 $2 \times 10^4 h$ 以上，按每天工作 12h，寿命也在 5 年以上。

③ 安全性高、环保。LED 光源使用低电压驱动，发光稳定，无污染，没有 50Hz 频闪，没有紫外线 B 波段，白色色温 5000K，最接近太阳色温 5500K。LED 是由无毒的材料做成的，不像荧光灯含水银会造成污染，同时 LED 也可以回收再利用。

④ 光色多、响应快速。LED 可以选择白色或彩色光，如红色、黄色、蓝色、绿色、黄绿色、橙红色等。发光管响应时间很短。采用专用电源给 LED 光源供电时，达到最大照度的时间小于 10ms。

1.1.2.2 LED 常用性能指标

LED 具备 PN 结结型器件的电学特性（I-U 特性、C-U 特性）、光学特性（光谱响应特性、发光光强指向特性、时间特性）以及热学特性。

(1) LED 电学特性

I-U 特性是表征 LED 芯片 PN 结制备性能的主要参数。LED 的 I-U 特性具有非线性、整流性质（单向导电性），即外加正偏压表现为低接触电阻，反之为高接触电阻。

① LED 电参数　正向工作电流 I_F、正向工作电压 U_F、反向电压 U_R、反向电流 I_R。

② LED 极限参数　允许功耗 P_m、正向极限电流 I_{Fm}、反向极限电压 U_{Rm}、工作环境温度 t_{opm}。

③ LED 的伏安特性　LED 的伏安特性曲线如图 1.12 所示。

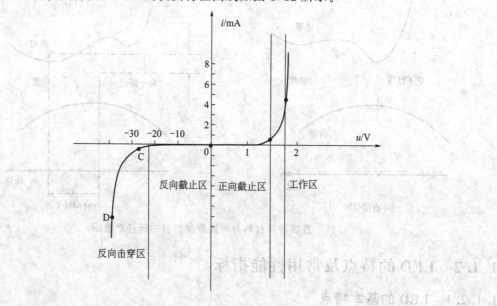

图 1.12　LED 的伏安特性曲线

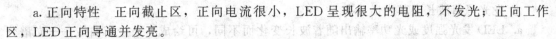

a. 正向特性　正向截止区，正向电流很小，LED呈现很大的电阻，不发光；正向工作区，LED正向导通并发亮。

b. 反向特性　反向截止区，LED加上反向电压时，呈现很大的电阻；反向击穿区，当反向电压增加到某一数值时，出现击穿现象。

（2）LED光特性分析

发光二极管有红外（非可见）与可见光两个系列，前者可用辐射度，后者可用光度学来量度其光学特性。LED光特性主要包括光通量和发光效率、辐射通量和辐射效率、光强和光强分布特性以及光谱参数等。从测量的角度看，光通量的测量一般采用积分球法。在测得光通量之后，配合电参数测试仪，可以测得LED的发光效率。而辐射通量和辐射效率的测量方法类似于光通量和发光效率的测量。光强分布由探测器测量，光谱功率特性可由光谱功率分布表示。

① 发光强度　发光强度（法向光强）是表征发光器件发光强弱的重要性能。LED大量应用要求是圆柱、圆球封装，由于凸透镜的作用，故都具有很强的指向性，位于法向方向光强最大，其与水平面交角为90°。当偏离正法向不同 θ 角度时，光强也随之变化。发光强度随着不同封装形状而依赖角方向。

② 光通量　光通量 F 是表征LED总光输出的辐射能量，它标志器件的性能优劣。F 为LED向各个方向发光的能量之和，它与工作电流直接有关。随着电流增加，LED光通量随之增大。LED的光通量单位为流明（lm）。光通量与芯片材料、封装工艺水平及外加恒流源大小有关。目前单色LED的光通量最大约为1lm，白光LED的 $F \approx 1.5 \sim 1.8$ lm（小芯片），对于 $1mm \times 1mm$ 的功率级芯片制成的白光LED，其 $F = 18$ lm。

③ 发光效率和视觉灵敏度　光效就是指每瓦电功率能发多少流明的光。通常来说，光效越高越省电，亦越节能。LED理论上最大光效：683lm/W；白炽灯光效：6～12lm/W；荧光灯光效：60～100lm/W。

a. LED效率有内部效率（PN结附近由电能转化成光能的效率）与外部效率（辐射到外部的效率）。前者只是用来分析和评价芯片优劣的特性。LED光电最重要的特性是辐射出光能量（发光量）与输入电能之比，即发光效率。

b. 视觉灵敏度是使用照明与光度学中一些参量得出的。人的视觉灵敏度在 $\lambda = 555nm$ 处有一个最大值680lm/W。若视觉灵敏度记为 K_λ，则发光能量 P 与可见光通量 F 之间关系为 $P = \int P\lambda d\lambda$，总光通 $F = \int K_\lambda P\lambda d\lambda$。

c. 发光效率：量子效率 $\eta =$ 发射的光子数/PN结载流子数。

d. 流明效率：LED的光通量 F/外加耗电功率 $W = K\eta P$。LED的流明效率高，指在同样外加电流下辐射可见光的能量较大，故也叫可见光发光效率。品质优良的LED要求向外辐射的光能量大，向外发出的光尽可能多，即外部效率要高。事实上，LED向外发光仅是内部发光的一部分。为了进一步提高外部出光效率，可采取以下措施：用折射率较高的透明材料（环氧树脂 $n = 1.55$ 并不理想）覆盖在芯片表面；把芯片晶体表面加工成半球形；用其他化合物半导体做衬底以减少晶体内光吸收。有人曾经用低熔点玻璃[成分 As-S(Se)-Br(I)]且热塑性大的作封帽，可使红外 GaAs、GaAsP、GaAlAs 的LED效率提高4～6倍。

④ LED发光强度的角分布　发光强度的角分布 I_θ 是描述LED发光在空间各个方向上的光强分布。它主要取决于封装的工艺（包括支架、模粒头、环氧树脂中添加散射剂与否）。

a. 为获得高指向性的角分布，LED管芯位置离模粒头远些；使用圆锥状（子弹头）的模粒头；封装的环氧树脂中勿加散射剂。采取这些措施可使LED大大提高指向性。

b. 当前几种常用封装的散射角，圆形LED：5°、10°、30°、45°。

⑤ 发光峰值波长及其光谱分布

a. LED 发光强度或光功率输出随着波长变化而不同，可绘成一条分布曲线——光谱分布曲线。当此曲线确定之后，器件的有关主波长、纯度等相关色度学参数亦随之而定。LED 的光谱分布与制备所用的化合物半导体种类、性质及 PN 结结构（外延层厚度、掺杂杂质）等有关，而与器件的几何形状、封装方式无关。

图 1.13 所示为六种由不同化合物半导体及掺杂制得的 LED 光谱分布曲线。

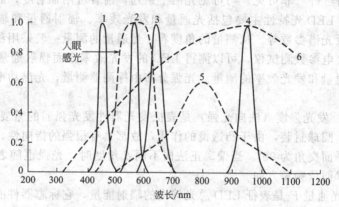

图 1.13　LED 光谱分布曲线

1—蓝光 InGaN/GaN；2—绿光 GaP：N；3—红光 GaP：Zn-O；
4—红外 GaAs；5—Si 光敏二极管；6—标准钨丝灯

图 1.13 中 1~5 分别是蓝色 InGaN/GaN 发光二极管，发光谱峰 $\lambda_p = 460 \sim 465nm$；绿色 GaP：N 的 LED，发光谱峰 $\lambda_p = 550nm$；红色 GaP：Zn-O 的 LED，发光谱峰 $\lambda_p = 680 \sim 700nm$；红外 LED 使用 GaAs 材料，发光谱峰 $\lambda_p = 910nm$；Si 光敏二极管，通常作光电接收用。由图可见，无论什么材料制成的 LED，都有一个相对光强度最强处（光输出最大），与之相对应有一个波长，此波长叫峰值波长，用 λ_p 表示。只有单色光才有 λ_p 波长。

b. 谱线宽度。在 LED 谱线的峰值两侧 $\pm \Delta \lambda$ 处，存在两个光强等于峰值（最大光强度）一半的点，此两点分别对应 $\lambda_p - \Delta \lambda$ 和 $\lambda_p + \Delta \lambda$，之间宽度叫谱线宽度，也称半功率宽度或半高宽度。半高宽度反映谱线宽窄，即 LED 单色性的参数，LED 半宽小于 40nm。

c. 主波长。有的 LED 发光不单是单一色，即不仅有一个峰值波长，甚至有多个峰值，并非单色光。为此，描述 LED 色度特性应引入主波长。主波长就是人眼所能观察到的，由 LED 发出的主要单色光的波长。如 GaP 材料可发出多个峰值波长，而主波长只有一个，它会随着 LED 长期工作，结温升高而偏向长波。

⑥ 发光亮度　亮度是 LED 发光性能的又一重要参数，具有很强的方向性。其正法线方向的亮度 $BO = IO/A$，指定某方向上发光体表面亮度等于发光体表面上单位投射面积在单位立体角内所辐射的光通量，单位为 cd/m^2 或 Nit。

若光源表面是理想漫反射面，亮度 BO 与方向无关，为常数。晴朗的蓝天和荧光灯的表面亮度约为 $7000cd/m^2$，从地面看太阳表面亮度约为 $14 \times 10^8 cd/m^2$。

LED 亮度与外加电流密度有关，一般的 LED，IO（电流密度）增加，BO 也近似增大。另外，亮度还与环境温度有关，环境温度升高，复合效率下降，BO 减小。当环境温度不变，电流增大足以引起 PN 结结温升高，温升后，亮度呈饱和状态。

⑦ 色温（T_{cp}）　色温的含义是用绝对温度来表示光源发光的颜色。色温分级为暖色（<3300K）、中间色（3300~5300K）、冷色（>5300K）。

⑧ 显色指数　表示在某种光源下观察对象颜色的真实程度。一般用显色指数（Ra）衡

量，$Ra = 100$ 为最佳。按场所不同，要求不小于90、80、60、40、20。

⑨ 照度 单位受照面积上的光通量，单位为lx。照度与色温应协调，通常要求：低照度（约200lx以下）用暖色温；中照度（约200～750lx）用中色温；高照度（约1000lx以上）用冷色温。对照度的细致要求还有平均照度、水平照度、垂直照度、照度均匀度。

（3）热学特性

LED的光学参数与PN结结温有很大的关系。一般工作在小电流 $I_F < 10mA$，或者10～20mA长时间连续点亮，LED温升不明显。若环境温度较高，LED的主波长或 λ_p 就会向长波长漂移，BO 也会下降，尤其是点阵、大显示屏的温升对LED的可靠性、稳定性有影响，因此应专门设计散热通风装置。LED的主波长与温度关系可表示为

$$\lambda_p(T') = \lambda_0(T_0) + \Delta T_g \times 0.1nm/℃$$

由上式可知，每当结温升高10℃，则波长向长波漂移1nm，且发光的均匀性、一致性变差。这对于作为照明用的灯具光源，要求小型化、密集排列的设计，以提高单位面积上的光强、光亮度，尤其应注意用散热好的灯具外壳或专门通用设备，确保LED长期工作。

1.2 LED芯片分类

（1）按发光亮度分类

① 一般亮度：R（红色 GaAsP 655nm）、H（高红 GaP 697nm）、G（绿色 GaP 565nm）、Y（黄色 GaAsP/GaP 585nm）、E（橘色 GaAsP/GaP 635nm）等。

② 高亮度：VG（较亮绿色 GaP 565nm）、VY（较亮黄色 GaAsP/GaP 585nm）、SR（较亮红色 GaA/AS 660nm）。

③ 超高亮度：UG、UY、UR、UYS、URF、UE 等。

（2）按组成元素分类

① 二元晶片（磷、镓）：H、G 等。

② 三元晶片（磷、镓、砷）：SR（较亮红色 GaA/AS 660nm）、HR（超亮红色 GaAlAs 660nm）、UR（最亮红色 GaAlAs 660nm）等。

③ 四元晶片（磷、铝、镓、铟）：SRF（较亮红色 AlGaInP）、HRF（超亮红色 AlGaInP）、URF（最亮红色 AlGaInP 630nm）、VY（较亮黄色 GaAsP/GaP 585nm）、HY（超亮黄色 AlGaInP 595nm）、UY（最亮黄色 AlGaInP 595nm）、UYS（最亮黄色 AlGaInP 587nm）、UE（最亮橘色 AlGaInP 620nm）、HE（超亮橘色 AlGaInP 620nm）、UG（最亮绿色 AlGaInP 574nm）等。

LED的发光颜色、发光效率与制作LED的材料和制程有关，目前广泛使用的有红、绿、蓝三种。LED工作电压低（仅1.5～3V），能主动发光且有一定亮度，亮度又能用电压（或电流）调节，本身又耐冲击、抗震动、寿命长（10×10^4h）。制造LED的材料不同，可以产生具有不同能量的光子，借此可以控制LED所发出的光的波长，也就是光谱或颜色。

史上第一个LED所使用的材料是砷化镓（GaAs），其正向PN结压降（U_F，可以理解为点亮或工作电压）为1.424V，发出的光为红外光。另一种常用的LED材料为磷化镓（GaP），其正向PN结压降为2.261V，发出的光为绿光。基于这两种材料，早期LED工业运用 $GaAs_{1-x}P_x$ 材料结构，理论上可以生产从红外光一直到绿光范围内任何波长的LED，下标 x 代表磷元素取代砷元素的百分比。一般通过PN结压降可以确定LED的波长颜色。其中典型的有 $GaAs_{0.6}P_{0.4}$ 的红光LED，$GaAs_{0.35}P_{0.65}$ 的橙光LED，$GaAs_{0.14}P_{0.86}$ 的黄光LED等。由

于制造采用了镓、砷、磷三种元素，所以称这些 LED 为三元素发光管。而 GaN（氮化镓）的蓝光 LED、GaP 的绿光 LED 和 GaAs 红外光 LED，被称为二元素发光管。而目前最新的制程是用混合铝（Al）、钙（Ca）、铟（In）和氮（N）四种元素的 AlGaInN 材料制造的四元素 LED，可以涵盖所有可见光以及部分紫外光的光谱范围。LED 材料颜色对照如表 1.3 所示。

表 1.3 LED 材料颜色对照

基板材料	发光材料	外延片技术	发光颜色	波长/nm	光强/mcd
GaP 磷化镓	GaP,Zn	LPE	红光	700	40
	GaP,N	LPE	黄绿光	565	200
	GaAsP	VPE+扩散	红光	650	100
	GaAsP	VPE+扩散	橙光	650	300
	GaAsP	VPE+扩散	黄光	585	200
GaAs 砷化镓	AlGaAs	LPE	红光	655	500
	InGaAlP	MOCVD	红光	635	6000
	InGaAlP	MOCVD	红橙光	620	7000
	InGaAlP	MOCVD	黄光	590	8000
Sapphire 蓝宝石	GaN	MOCVD	黄绿光	520	6000
	GaN	MOCVD	蓝光	465	2500
	GaN+荧光粉	MOCVD	白光		30 lm/W

(3) 按磊晶方式分类

① LPE：液相磊晶法 GaP/GaP。以熔融态的液体材料直接和基板接触而沉积晶膜。其优点为操作简单、磊晶长成速度快以及可大量量产。缺点为磊晶薄度不易控制以及磊晶的平整度差。在传统 LED 中采用此方式。

② VPE：气相磊晶法 GaAsP/GaAs。以气体或电浆材料传输至基板，促使晶格表面粒子凝结或解离。VPE 的磊晶长成速度快，量产能力尚可，但是磊晶薄度及平整度控制则不易。

③ MOCVD：有机金属气相磊晶法 AlGaInP、GaN。MOCVD 是在气相外延生长（VPE）的基础上发展起来的一种新型气相外延生长技术。它以Ⅲ族、Ⅱ族元素的有机化合物和 V、Ⅵ族元素的氢化物等作为晶体生长源材料，以热分解反应方式在衬底上进行气相外延，生长各种Ⅲ-V 族、Ⅱ-Ⅵ族化合物半导体以及它们的多元固溶体的薄层单晶材料。

MOCVD 技术具有下列优点：适用范围广泛，几乎可以生长所有化合物及合金半导体；非常适合于生长各种异质结构材料；可以生长超薄外延层，并能获得很陡的界面过渡；生长易于控制；可以生长纯度很高的材料；外延层大面积均匀性良好，可以进行大规模生产。

LED 不同磊晶方式对照如表 1.4 所示。

表 1.4 LED 不同磊晶方式对照

磊晶方法	特色	优点	缺点	主要应用
LPE	以熔融态的液体材料直接和基板接触而沉积晶膜	操作简单 磊晶长成速度快 具有量产能力	磊晶薄度控制差 磊晶平整度差	传统 LED
VPE	以气体或电浆材料传输至基板，促使晶格表面粒子凝结或解离	磊晶长成速度快 量产能力尚可	磊晶薄度及平整度控制不易	传统 LED
MOCVD	将有机金属以气体形式扩散至基板，促使晶格表面粒子凝结	磊晶纯度佳 磊晶薄度控制佳 磊晶平整度佳	成本较高 良好率低 原料取得不易	HB-LED LD VCSEL HBT

不同的 LED 芯片，其结构大同小异，由外延用的芯片基板（蓝宝石基板、碳化硅基板等）和掺杂的外延半导体材料及透明金属电极等构成。

（4）按衬底材料分类

对于制作 LED 芯片来说，衬底材料的选用是首要考虑的问题。应该采用哪种合适的衬底，需要根据设备和 LED 器件的要求进行选择。目前市面上有三种材料可作为 LED 的衬底材料：蓝宝石（Al_2O_3）、硅（Si）、碳化硅（SiC）。

① 蓝宝石衬底　蓝宝石衬底有许多优点：生产技术成熟，器件质量较好，稳定性很好，能够运用在高温生长过程中；机械强度高，易于处理和清洗。

蓝宝石衬底存在的问题：晶格失配和热应力失配，会在外延层中产生大量缺陷；蓝宝石是一种绝缘体，在上表面制作两个电极，造成了有效发光面积减少；增加了光刻、蚀刻工艺过程，制作成本高。

蓝宝石的硬度非常高，在自然材料中其硬度仅次于金刚石，但是在 LED 器件的制作过程中却需要对它进行减薄和切割（从 400nm 减到 100nm 左右）。添置完成减薄和切割工艺的设备又要增加一笔较大的投资。蓝宝石衬底导热性能不是很好［在 100℃约为 25W/（m·K）］，制作大功率 LED 往往采用倒装技术（把蓝宝石衬底剥离或减薄）。

② 硅衬底　目前有部分 LED 芯片采用硅衬底。硅衬底的芯片电极可采用两种接触方式，分别是 L 接触（laterial-contact，水平接触）和 V 接触（vertical-contact，垂直接触），以下简称为 L 型电极和 V 型电极。采用蓝宝石衬底和碳化硅衬底的 LED 芯片如图 1.14 所示。通过这两种接触方式，LED 芯片内部的电流可以是横向流动的，也可以是纵向流动的。由于电流可以纵向流动，因此增大了 LED 的发光面积，从而提高了 LED 的出光效率。因为硅是热的良导体，所以器件的导热性能可以明显改善，从而延长了器件的寿命。

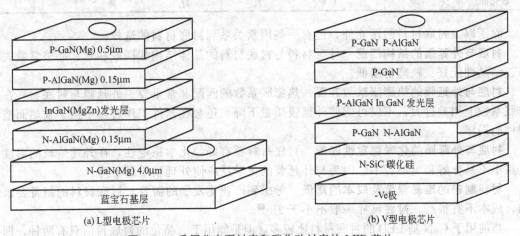

图 1.14　采用蓝宝石衬底和碳化硅衬底的 LED 芯片

V 型电极芯片结构通常为单电极结构，L 型电极的芯片结构通常为双电极结构，结构示意图如图 1.2 和图 1.3 所示。单电极芯片实物如图 1.15 所示，双电极芯片实物如图 1.16 所示。

③ 碳化硅衬底　碳化硅衬底（CREE 公司专门采用 SiC 材料作为衬底）的 LED 芯片，电极是 L 型电极，电流是纵向流动的。采用这种衬底制作的器件的导电和导热性能都非常好，有利于做成面积较大的大功率器件。碳化硅的热导率为 490W/（m·K），要比蓝宝石衬底高出 10 倍以上。蓝宝石本身是热的不良导体，并且在制作器件时底部需要使用银胶固晶，这种银胶的传热性能也很差。使用碳化硅衬底的芯片电极为 L 型，两个电极分布在器件的表面和底部，所产生的热量可以通过电极直接导出；同时这种衬底不需要电流扩散层，因此光不会被电流扩散层的材料吸收，这样又提高了出光效率。但是相对于蓝宝石衬底而言，碳

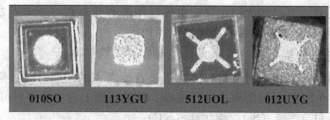

图 1.15 单电极芯片实物

图 1.16 双电极芯片实物

化硅制造成本较高，实现其商业化还需要降低相应的成本。

④ 三种衬底的性能比较 这三种衬底材料的综合性能比较如表 1.5 所示。

表 1.5 三种衬底材料综合性能比较

衬底材料	热导率 /[W/(m·K)]	热膨胀系数 /(×10⁻⁶℃⁻¹)	稳定性	导热性	成本	抗静电能力
蓝宝石	46	1.9	一般	差	中	一般
硅	150	5~20	良	好	低	好
碳化硅	490	-1.4	良	好	高	好

除了以上衬底材料的性能外，还有一些因素关系到衬底材料的选择。

衬底与外延膜的结构匹配 外延材料与衬底材料的晶体结构相同或相近、晶格常数失配小、结晶性能好、缺陷密度低。

衬底与外延膜的热膨胀系数匹配 热膨胀系数的匹配非常重要。外延膜与衬底材料在热膨胀系数上相差过大，不仅可能使外延膜质量下降，还会在器件工作过程中由于发热而造成器件的损坏。

衬底与外延膜的化学稳定性匹配 衬底材料要有好的化学稳定性，在外延生长的温度和气氛中不易分解和腐蚀，不能因为与外延膜的化学反应使外延膜质量下降。

材料制备的难易程度及成本的高低 考虑到产业化发展的需要，衬底材料的制备要求简洁，成本不宜很高。衬底尺寸一般不小于 2in❶。

当前用于 GaN 基 LED 的衬底材料比较多，但是能用于商品化的衬底目前只有两种，即蓝宝石和碳化硅衬底。其他诸如 GaN、Si、ZnO 衬底还处于研发阶段，离产业化还有一段距离。

1.3 大功率 LED 芯片

1.3.1 大功率 LED 芯片的特点

小功率 LED 定义是 0.5W 以下，主要结构形式是直插和 SMD。优点是光效高、均匀、

---

❶ 1in＝25.4mm。

散热容易；缺点是光衰强、亮度低、多颗分布、稳定性稍差。采用大功率 LED 是发展的趋势。

大功率 LED 目前的定义是指拥有大额定工作电流的发光二极管。普通 LED 功率一般为 0.05W，工作电流为 20mA，而大功率 LED 可以达到 1W、2W，甚至数十瓦，工作电流可以是几十毫安到几百毫安不等。由于目前大功率 LED 在光通量、转换效率和成本等方面的制约，因此决定了大功率白光 LED 短期内的应用主要是一些特殊领域的照明，中长期目标才是通用照明。优点是亮度高，光源集中，装配容易，特别是集合大功率光源，LED 单颗 1W，照度高，热量高，射程远。缺点是散热不容易，光效不高，均匀性差。

大功率 LED 主要应用在油田、石化、铁路、矿山、部队等特殊行业，舞台装饰，城市景观照明，显示屏以及体育场馆等，在特种工作灯具中具有广泛的应用前景。大功率 LED 路灯和大功率 LED 洗墙灯应用是最多的，也是最流行的。

大功率 LED 与小功率 LED 的区别如下。

① 原材料　一般 LED 使用环氧树脂作为安装板，而大功率 LED 需要使用铝基线路板（MCPCB）。

② 生产工艺　一般 LED 使用波峰焊机或手工焊，而大功率 LED 使用贴片焊机。

③ 配套的电子元件　由于焊接工艺不同，一般 LED 配套的电子元件也是需要使用波峰焊机或手工焊的一般元件，而与大功率 LED 配套的电子元件都需使用贴片焊机。

④ 自动化程度不一样　由于生产工艺不一样，大功率 LED 的自动化程度高，可以使用流水化生产线，而一般 LED 和一般元件由于外观、结构差异较大，因此有相当一部分工作需手工完成，这样导致两者加工所需的工时也不一样。

⑤ 加工性能保障不一样　静电防护措施是影响 LED 使用寿命的主要原因，而一般 LED 生产的自动化程度不高，很难杜绝静电影响，而大功率 LED 都是采用自动化生产，比较容易保证 LED 的完好性能。

⑥ 集成化程度不一样　由于大功率 LED 采用贴片式工艺，可以高度集成电子元件，灯板和电源等都做得很少，而一般 LED 及其配套元件则难以实现。

⑦ 结构设计要求不同　因一般 LED 功率小，LED 散发的热量低，而其分布在整个发光面内，因此对其散热方面的改善措施难以实施，而大功率 LED 相对集中，又是使用贴片工艺安装在铝基板上，接触面大，容易散热，也可方便地设计一些散热器，把该灯板直接安装在上面以提高其散热效果。

⑧ 配光设计要求不一样　一般 LED 因为使用的管数多，均匀分布在整个发光区域内，因此配光时需要针对 LED 一一对应，而大功率 LED 管数使用较少，一般 300mm 信号灯使用 12 颗甚至 8 颗就可达到要求，因此把整个灯板置于发光面的轴心附近，在配光时近似地当作集中光源来进行设计。

1.3.2　大功率 LED 芯片的分类

目前，市场上大功率 LED 芯片种类很多，各国推出的品种没有一个统一的标准。这里只按波长、面积大小和衬底材料的不同对大功率 LED 分别进行说明。

(1) 按波长分类

波长 620～770nm 都属于红光，但具体再区分下去，则有沙红、深红等区别；波长 580～620nm 为黄光，再区分下去有沙黄、橙色等；波长 500～580nm 为绿光，但具体区分为：505～510nm 为一挡，510～515nm 为另一挡，515～520nm 又是一挡。因为人眼对绿光比较敏感，所以波长相差 5nm 左右就能看出颜色不一样。从波长来说，450～500nm 均属于蓝光，但蓝光芯片主要是用来做白光，其波长必须与荧光粉配合。合成白光，要根据制成白光的相对色温、显色性、光强等要求来选用蓝光芯片和荧光粉。目前市场上做成大功率的紫光芯片很少。按驱动 LED 芯片的电流来分类,目前大功率 LED 芯片驱动电流也没有统一标准,各种芯片有着不同的驱动电流要求,所能承受的最大电流的标准也不一致。目前,市场所见到的芯片的电流有 50mA、70mA、100mA、150mA、200mA、350mA、700mA,选用芯片时要根据不同的用途来选择。例如,汽车上使用的刹车灯和转向灯,由于汽车的蓄电池电压往往会在 10~14V 之间波动,当汽车行驶时可能对蓄电池充电较足,蓄电池的电压可能升得较高,达到 13~14V,这时如果打开刹车灯,通过 LED 的电流可能高达 50~70mA;如果汽车停用很久,刚启动时蓄电池电压可能只有 9~10V,通过的电流只有 20mA 左右,所以在选择刹车灯或转向灯时,LED 芯片电流容限最好选择大一点,能承受到 70mA 左右,这样对汽车灯的使用比较安全。不同的用途有不同的选择标准,可以根据各人使用 LED 的经验来选择。

(2) 按面积大小分类

常见的有 9mil❶×9mil,20mil×20mil,22mil×22mil,40mil×40mil,60mil×60mil。LED 芯片面积越大,承受的电流越大,发出的光通量也越多。但是 LED 芯片面积扩大到一定量时,光通量就无法按比例增大。所以目前常见的 LED 芯片面积在 15mil×15mil 以下为小功率 LED,20mil×20mil 到 30mil×30mil 为中功率 LED,面积在 40mil×40mil 以上为 W 级功率 LED(大功率 LED)。

(3) 按衬底材料分类

对于大功率蓝、绿光芯片,目前常见的有以蓝宝石(Al_2O_3)或碳化硅(SiC)为衬底的正装芯片。以蓝宝石为衬底的倒装芯片在出厂时已倒装好,其中的两个电极倒过来,蓝宝石衬底朝上,这种封装方式可以提高出光效率。目前普遍采用倒装的方式进行封装,一是能提高出光效率;二是可以降低热阻,以利于 LED 芯片点燃时把热量尽快传出去。目前,常见的 LED 蓝、绿光芯片还有垂直侧面发光的。

1.3.3 大功率 LED 芯片制造技术的发展趋势

大功率 LED 封装由于结构和工艺复杂,并直接影响到 LED 的使用性能和寿命,特别是大功率白光 LED 封装更是研究热点中的热点。LED 封装的功能主要包括:机械保护,以提高可靠性;加强散热,以降低芯片结温,提高 LED 性能;光学控制,提高出光效率,优化光束分布;供电管理,包括交流/直流转换,以及电源控制等。

LED 封装方法、材料、结构和工艺的选择主要由芯片结构、光电/机械特性、具体应用和成本等因素决定。经过 40 多年的发展,LED 封装先后经历了支架式(Lamp LED)、贴片式(SMD LED)、功率型(Power LED)等发展阶段。随着芯片功率的增大,特别是固态照明技术发展的需求,对 LED 封装的光学、热学、电学和机械结构等提出了新的、更高的要求。为了有效地降低封装热阻,提高出光效率,必须采用全新的技术思路来进行封装设计。

1.3.3.1 关键技术

大功率 LED 封装的关键技术主要涉及光、热、电、结构与工艺等方面,这些因素彼此既相互独立,又相互影响。其中,光是 LED 封装的目的,热是关键,电、结构与工艺是手段,而性能是封装水平的具体体现。对工艺兼容性及降低生产成本而言,LED 封装设计应与芯片设计同时进行,即芯片设计时就应该考虑到封装结构和工艺。否则,等芯片制造完成后,可能由于封装的需要对芯片结构进行调整,从而延长了产品研发周期和增加了工艺成本。

---

❶ 1mil=$25.4×10^{-6}$m。

具体而言，大功率 LED 封装的关键技术包括以下几方面。

(1) 低热阻封装工艺

对于现有的 LED 光效水平而言，由于输入电能的 80% 左右转变成为热量，且 LED 芯片面积小，因此，芯片散热是 LED 封装必须解决的关键问题，主要包括芯片布置、封装材料选择（基板材料、热界面材料）与工艺、热沉设计等。

LED 封装热阻主要包括材料（散热基板和热沉结构）内部热阻和界面热阻。散热基板的作用就是吸收芯片产生的热量，并传导到热沉上，实现与外界的热交换。常用的散热基板材料包括硅、金属（如铝、铜）、陶瓷（如 Al_2O_3、AlN、SiC）和复合材料等，如 Nichia公司的第三代 LED 采用 CuW 做衬底，将 1mm 芯片倒装在 CuW 衬底上，降低了封装热阻，提高了发光功率和效率。Lamina Ceramics 公司则研制了低温共烧陶瓷金属基板，如图 1.17所示，并开发了相应的 LED 封装技术。该技术首先制备出适于共晶焊的大功率 LED 芯片和相应的陶瓷基板，然后将 LED 芯片与基板直接焊接在一起。由于该基板上集成了共晶焊层、静电保护电路、驱动电路及控制补偿电路，不仅结构简单，而且由于材料热导率高，热界面少，大大提高了散热性能，为大功率 LED 阵列封装提出了解决方案。德国 Curmilk 公司研制的高导热性覆铜陶瓷基板，由陶瓷基板（AlN 或 Al_2O_3）和导电层（Cu）在高温高压下烧结而成，没有使用黏结剂，因此导热性能好、强度高、绝缘性强，如图 1.18 所示。其中氮化铝（AlN）的热导率为 $160W/(m \cdot K)$，热膨胀系数为 $4.0 \times 10^{-6} \degree C^{-1}$（与硅的热膨胀系数 $3.2 \times 10^{-6} \degree C^{-1}$ 相当），从而降低了封装热应力。

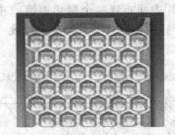

图 1.17　低温共烧陶瓷金属基板

图 1.18　覆铜陶瓷基板截面示意图

研究表明，封装界面对热阻影响也很大，如果不能正确处理界面，就难以获得良好的散热效果。例如，室温下接触良好的界面在高温下可能存在界面间隙，基板的翘曲也可能会影响键合和局部的散热。改善 LED 封装的关键，在于减少界面和界面的接触热阻，增强散热。因此，芯片和散热基板间的热界面材料（TIM）选择十分重要。LED 封装常用的 TIM 为导电胶和导热胶，由于热导率较低，一般为 $0.5 \sim 2.5W/(m \cdot K)$，致使界面热阻很高。而采用低温或共晶焊料、焊膏或者内掺纳米颗粒的导电胶作为热界面材料，可大大降低界面热阻。

(2) 高取光率封装结构与工艺

在 LED 使用过程中，辐射复合产生的光子在向外发射时产生的损失，主要包括三个方面：芯片内部结构缺陷以及材料的吸收；光子在出射界面由于折射率差引起的反射损失；以及由于入射角大于全反射临界角而引起的全反射损失。因此，很多光线无法从芯片中出射到外部。通过在芯片表面涂覆一层折射率相对较高的透明胶层（灌封胶），由于该胶层处于芯片和空气之间，从而有效减少了光子在界面的损失，提高了取光效率。此外，灌封胶的作用还包括对芯片进行机械保护，应力释放，并作为一种光导结构。因此，要求其透光率高，折射率高，热稳定性好，流动性好，易于喷涂。为提高 LED 封装的可靠性，还要求灌封胶具有低吸湿性、低应力、耐老化等特性。目前常用的灌封胶包括环氧树脂和硅胶。硅胶由于具有透光率高、折射率大、热稳定性好、应力小、吸湿性低等特点，明显优于环氧树脂，在大功率 LED 封装中得到广泛应用，但成本较高。研究表明，提高硅胶折射率，可有效减少折射率物理屏障带来的光子损失，提高外量子效率，但硅胶性能受环境温度影响较大，随着温度升高，硅胶内部的热应力加大，导致硅胶的折射率降低，从而影响 LED 光效和光强分布。

　　荧光粉的作用在于光色复合，形成白光。其特性主要包括粒度、形状、发光效率、转换效率、稳定性（热和化学）等，其中，发光效率和转换效率是关键。研究表明，随着温度上升，荧光粉量子效率降低，出光减少，辐射波长也会发生变化，从而引起白光 LED 色温、色度的变化。较高的温度还会加速荧光粉的老化，原因在于荧光粉涂层由环氧树脂或硅胶与荧光粉调配而成，散热性能较差，当受到紫光或紫外光的辐射时，易发生温度猝灭和老化，使发光效率降低。此外，高温下灌封胶和荧光粉的热稳定性也存在问题。常用荧光粉尺寸在 $1\mu m$ 以上，折射率大于或等于 1.85，而硅胶折射率一般在 1.5 左右。由于两者间折射率的不匹配，以及荧光粉颗粒尺寸远大于光散射极限（30nm），因而在荧光粉颗粒表面存在光散射，降低了出光效率。通过在硅胶中掺入纳米荧光粉，可使折射率提高到 1.8 以上，降低光散射，提高 LED 出光效率（10%～20%），并能有效改善光色质量。

　　传统的荧光粉涂敷方式是将荧光粉与灌封胶混合，然后点涂在芯片上。由于无法对荧光粉的涂敷厚度和形状进行精确控制，导致出射光色彩不一致，出现偏蓝光或者偏黄光。Lumileds 公司开发的保形涂层（conformal coating）技术可实现荧光粉的均匀涂覆，保障了光色的均匀性，如图 1.19（b）所示。但研究表明，当荧光粉直接涂覆在芯片表面时，由于光散射的存在，出光效率较低。有鉴于此，美国 RenssELaer 研究所提出了一种光子散射萃取（Scattered Photon Extraction，SPE）工艺，通过在芯片表面布置一个聚焦透镜，并将含荧光粉的玻璃片置于距芯片一定位置，不仅提高了器件可靠性，而且大大提高了光效（60%），如图 1.19（c）所示。

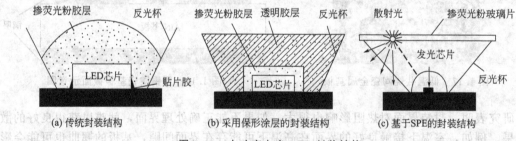

图 1.19　大功率白光 LED 封装结构

　　总体而言，为提高 LED 的出光效率和可靠性，封装胶层有逐渐被高折射率透明玻璃或微晶玻璃等取代的趋势，通过将荧光粉内掺或外涂于玻璃表面，不仅提高了荧光粉的均匀度，而且提高了封装效率。此外，减少 LED 出光方向的光学界面数，也是提高出光效率的有效措施。

（3）阵列封装与系统集成技术

　　经过 40 多年的发展，LED 封装技术和结构先后经历了四个阶段，如图 1.20 所示。

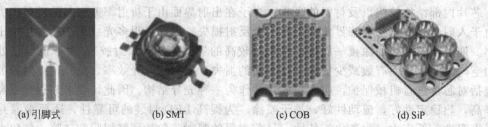

图 1.20　LED 封装技术和结构发展

① 引脚式（Lamp）LED封装　引脚式封装就是常用的E3～5mm封装结构。一般用于电流较小（20～30mA）、功率较低（小于0.1W）的LED封装，主要用于仪表显示或指示，大规模集成时也可作为显示屏。

② 表面组装（贴片）式（SMT）LED封装　表面组装技术（SMT）是一种可以直接将封装好的器件贴、焊到PCB表面指定位置上的一种封装技术。具体而言，就是用特定的工具或设备将芯片引脚对准预先涂覆了黏结剂和焊膏的焊盘图形上，然后直接贴装到未钻安装孔的PCB表面上，经过波峰焊或再流焊后，使器件和电路之间建立可靠的机械和电气连接。SMT技术具有可靠性高、高频特性好、易于实现自动化等优点，是电子行业最流行的一种封装技术和工艺。

③ 板上芯片直装式（COB）LED封装　COB是Chip on Board（板上芯片直装）的英文缩写，是一种通过胶黏剂或焊料将LED芯片直接粘贴到PCB板上，再通过引线键合，实现芯片与PCB板间电互连的封装技术。PCB板可以是低成本的FR-4材料（玻璃纤维增强的环氧树脂），也可以是高热导的金属基或陶瓷基复合材料（如铝基板或覆铜陶瓷基板等）。而引线键合可采用高温下的热超声键合（金丝球焊）和常温下的超声波键合（铝劈刀焊接）。COB技术主要用于大功率多芯片阵列的LED封装，同SMT相比，不仅大大提高了封装功率密度，而且降低了封装热阻［一般为6～12W/(m·K)］。

④ 系统封装式（SiP）LED封装　SiP（System in Package）是近几年来为适应整机的便携式发展和系统小型化的要求，在系统芯片（System on Chip，SOC）基础上发展起来的一种新型封装集成方式。对SiP-LED而言，不仅可以在一个封装内组装多个发光芯片，还可以将各种不同类型的器件（如电源、控制电路、光学微结构、传感器等）集成在一起，构建成一个更为复杂的、完整的系统。同其他封装结构相比，SiP具有工艺兼容性好（可利用已有的电子封装材料和工艺）、集成度高、成本低、可提供更多新功能、易于分块测试、开发周期短等优点。按照技术类型不同，SiP可分为四种：芯片层叠型、模组型、MCM型和三维（3D）封装型。

目前，高亮度LED器件要代替白炽灯以及高压汞灯，必须提高总的光通量，或者说可以利用的光通量。而光通量的增加可以通过提高集成度、加大电流密度、使用大尺寸芯片等措施来实现。而这些都会增加LED的功率密度，如散热不良，将导致LED芯片的结温升高，从而直接影响LED器件的性能（如发光效率降低、出射光发生红移、寿命降低等）。多芯片阵列封装是目前获得高光通量的一个最可行的方案，但是LED阵列封装的密度受限于价格、可用的空间、电气连接，特别是散热等问题。由于发光芯片的高密度集成，散热基板上的温度很高，必须采用有效的热沉结构和合适的封装工艺。常用的热沉结构分为被动和主动散热。被动散热一般选用具有高肋化系数的翅片，通过翅片和空气间的自然对流将热量耗散到环境中。该方案结构简单，可靠性高，但由于自然对流换热系数较低，只适合于功率密度较低、集成度不高的情况。对于大功率LED封装，则必须采用主动散热，如翅片＋风扇、热管、液体强迫对流、微通道制冷、相变制冷等。

在系统集成方面，新强光电公司采用系统封装技术（SiP），并通过翅片＋热管的方式搭配高效能散热模块，研制出了72W、80W的高亮度白光LED光源，如图1.21所示。由于封装热阻较低（4.38℃/W），当环境温度为25℃时，LED结温控制在60℃以下，从而确保了LED的使用寿命和良好的发光性能。而华中科技大学则采用COB封装和微喷主动散热技术，封装出了220W和1500W的超大功率LED白光光源，如图1.22所示。

（4）封装生产技术

晶片键合（wafer bonding）技术是指芯片结构和电路的制作、封装都在晶片（wafer）上进行，封装完成后再进行切割，形成单个的芯片（chip），如图1.23所示；与之相对应的

图 1.21　72W 高亮度 LED 封装模块

图 1.22　220W 超大功率 LED 照明模块

图 1.23　晶片键合（wafer bonding）技术

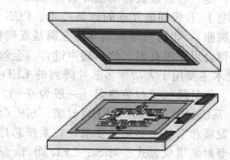

图 1.24　芯片键合（die bonding）技术

芯片键合（die bonding）是指芯片结构和电路在晶片上完成后，即进行切割形成芯片（die），然后对单个芯片进行封装（类似现在的 LED 封装工艺），如图 1.24 所示。很明显，晶片键合封装的效率和质量更高。由于封装费用在 LED 器件制造成本中占了很大比例，因此，改变现有的 LED 封装形式（从芯片键合到晶片键合），将大大降低封装制造成本。此外，晶片键合封装还可以提高 LED 器件生产的洁净度，防止键合前的划片、分片工艺对器件结构的破坏，提高封装成品率和可靠性，因而是一种降低封装成本的有效手段。

此外，对于大功率 LED 封装，必须在芯片设计和封装设计过程中尽可能采用工艺较少的封装形式（package-less packaging），同时简化封装结构，尽可能减少热学和光学界面数，以降低封装热阻，提高出光效率。

（5）封装可靠性测试与评估

LED 器件的失效模式主要包括电失效（如短路或断路）、光失效（如高温导致的灌封胶黄化、光学性能劣化等）和机械失效（如引线断裂、脱焊等），而这些因素都与封装结构和工艺有关。LED 的使用寿命以平均失效时间（MTTF）来定义，对于照明用途，一般指 LED 的输出光通量衰减为初始值的 70%（对显示用途一般定义为初始值的 50%）的使用时间。由于 LED 寿命长，通常采取加速环境试验的方法进行可靠性测试与评估。测试内容主要包括高温储存（100℃，1000h）、低温储存（-55℃，1000h）、高温高湿（85℃/85%，1000h）、高低温循环（85～-55℃）、热冲击、耐腐蚀性、抗溶性、机械冲击等。

1.3.3.2　固态照明对大功率 LED 封装的要求

与传统照明灯具相比，LED 灯具不需要使用滤光镜或滤光片来产生有色光，不仅效率高、光色纯，而且可以实现动态或渐变的色彩变化。在改变色温的同时保持具有高的显色指数，满足不同的应用需要。但对其封装也提出了新的要求，具体体现在以下几方面。

（1）模块化

通过多个 LED 灯（或模块）的相互连接，可实现良好的流明输出叠加，满足高亮度照明的要求。通过模块化技术，可以将多个点光源或 LED 模块按照随意形状进行组合，满足不同领域的照明要求。

（2）系统效率最大化

为提高 LED 灯具的出光效率，除了需要合适的 LED 电源外，还必须采用高效的散热结构和工艺，以及优化内/外光学设计，以提高整个系统效率。

（3）低成本

LED 灯具要走向市场，必须在成本上具备竞争优势（主要指初期安装成本），而封装在整个 LED 灯具生产成本中占了很大部分，因此，采用新型封装结构和技术，提高光效/成本比，是实现 LED 灯具商品化的关键。

（4）易于替换和维护

由于 LED 光源寿命长，维护成本低，因此对 LED 灯具的封装可靠性提出了较高的要求。要求 LED 灯具设计易于改进以适应未来效率更高的 LED 芯片封装要求，并且要求 LED 芯片的互换性要好，以便于灯具厂商自己选择采用何种芯片。

LED 灯具光源可由多个分布式点光源组成。由于芯片尺寸小，从而使封装出的灯具重量轻，结构精巧，并可满足各种形状和不同集成度的需求。此外，LED 照明控制的首要目标是供电。由于一般市电电源是高压交流电（220V AC），而 LED 需要恒流或限流电源，因此必须使用转换电路或嵌入式控制电路，以实现先进的校准和闭环反馈控制系统。

1.3.3.3 LED 照明前景

商用的 LED 灯泡采用螺杆式底座设计，可以直接用来替换传统的白炽灯泡，不需要改变现有灯头和线路。根据卡口尺寸和灯泡大小划分为 E26 和 E17 型，4W 的 LED 灯泡可替换 25W 白炽灯泡，6W 的 LED 灯泡可替换 40W 白炽灯泡。

美国、日本对 LED 照明效益进行了预测，美国 55％ 的白炽灯及 55％ 的日光灯若被 LED 照明取代，每年可节省 350 亿美元电费，减少 7.5 亿吨二氧化碳排放量。日本 100％ 的白炽灯替换成 LED（日本已经禁止使用白炽灯），每年可节省 10 亿公升以上的原油消耗。

随着白炽灯在各国的相继禁用，荧光灯对白炽灯的替代、LED 照明对白炽灯和荧光灯的替代将会是同步进行的。LED 灯具替代传统灯具将首先在商业和工业领域开始，得到良好的示范作用后，再逐步普及至家用照明领域。白光 LED 照明增长的驱动力就是较低的能耗，从而大幅度降低电费。

复习思考题

1. LED 主要由哪五种物料组成？
2. 一个普通 LED 的发光原理是怎样的？
3. LED 电学特性是怎样的？请描述正向特性。
4. 哪三种物料可以作为 LED 的衬底材料？它们各自的特点是什么？

第 2 章

LED封装概述

2.1 LED 封装的基础知识

2.1.1 LED 封装必要性

(1) 封装的必要性

LED 芯片只是一块很小的固体，它的两个电极要在显微镜下才能看见，加入电流之后它才会发光。在制作工艺上，除了要对 LED 芯片的两个电极进行焊接，从而引出正极、负极之外，同时还需要对 LED 芯片和两个电极进行保护。

(2) 封装的作用

研发低热阻、优异光学特性、高可靠的封装技术是新型 LED 走向实用、走向市场的产业化必经之路。LED 技术大都是在半导体分离器件封装技术基础上发展与演变而来的。将普通二极管的管芯密封在封装体内，其作用是保护芯片和完成电气互连。例如常见直径5mm 的圆柱形引脚式封装 LED，这种技术就是将 LED 芯片黏结在引线架上。芯片的正极用金丝键合连到另一引线架上，负极用银浆黏结在支架反射杯内或用金丝和反射杯引脚相连，然后顶部用环氧树脂包封。这种封装技术的作用是保护芯片、焊线金丝不受外界侵蚀。固化后的环氧树脂，可以形成不同形状而起到透镜的功能。选用透明的环氧树脂作为过渡，可以提高芯片的出光效率。环氧树脂构成的管壳具有很好的耐湿性、绝缘性和高机械强度，对芯片发出的光的折射率和透光率都很高。

2.1.2 LED 封装原则

LED 封装的原则是实现输入电信号、保护芯片正常工作、输出可见光的功能，其中既有电参数又有光参数的设计及技术要求。

LED PN 结区发出的光子是非定向的，即向各个方向发射有相同的概率，因此并不是芯片产生的所有光都可以发射出来。能发射多少光，取决于半导体材料的质量、芯片结构、几何形状、封装内部材料与包装材料。因此，对 LED 封装，要根据 LED 芯片的大小、功率大小来选择合适的封装方式。

2.2 LED 封装的分类及工艺

2.2.1 LED 封装方式分类

常用的 LED 芯片封装方式包括引脚式封装、平面式封装、表贴封装、食人鱼封装、功率型封装。引脚式、平面式、表贴、食人鱼、功率型封装实物如图 2.1 所示。封装发展历程如图 2.2 所示。

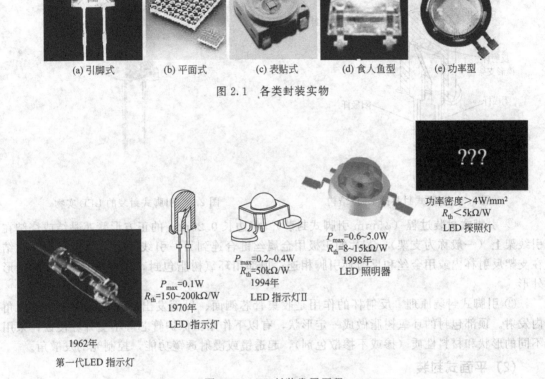

(a) 引脚式   (b) 平面式   (c) 表贴式   (d) 食人鱼型   (e) 功率型

图 2.1 各类封装实物

功率密度>4W/mm²
R_{th}<5kΩ/W
LED 探照灯

P_{max}=0.6~5.0W
R_{th}=8~15kΩ/W
1998年
LED 照明器

P_{max}=0.2~0.4W
R_{th}=50kΩ/W
1994年
LED 指示灯Ⅱ

P_{max}=0.1W
R_{th}=150~200kΩ/W
1970年
LED 指示灯

1962年
第一代LED 指示灯

图 2.2 LED 封装发展历程

LED 封装技术大都是在分立器件封装技术基础上发展与演变而来的，但却有很大的特殊性。一般情况下，分立器件的管芯被密封在封装体内，封装的作用主要是保护管芯和完成电气互连。而 LED 封装原则是完成输出电信号，保护管芯正常工作，输出可见光的功能，既有电参数又有光参数的设计及技术要求，无法简单地将分立器件的封装用于 LED。

第一代 LED 由通用电气公司的研究人员于 1962 年发明，是一种能够产生低亮度红光的低功耗器件，但在当时价格较高。1968 年，LED 价格瓶颈被打破，美国孟山都公司和惠普公司开始使用性价比高的砷化镓磷化物大批量生产红色 LED。20 世纪 90 年代以来，LED 芯片及材料制作技术的研发取得多项突破，具有透明衬底梯形结构、纹理表面结构、芯片倒装结构的，商品化的超高亮度（1cd 以上）红、橙、黄、绿、蓝的 LED 产品相继问市。2009 年 12 月 Cree 公司的 LED 达到了 186 lm/W，2010 年 1 月 Cree 公司又突破了 208 lm/W。目前，在芯片制作和封装技术上正在朝着白光电光当量的 360 lm/W 冲刺。LED 的光输出会随电流的增大而增加，目前，很多功率型 LED 的驱动电流可以达到 70mA、100mA，甚至 1A 级，因此需要改进封装结构，用全新的 LED 封装设计理念和低热阻封装结构及技术，改善热特性，例如，可采用大面积芯片倒装结构，选用导热性能好的银胶，增大金属支架的表面积，焊料凸点的硅载体直接装在热沉上等方法。此外，在应用设计中，PCB 线路板等的热设计、导热性能也十分重要。

（1）引脚式封装

① 引脚式封装结构　LED 引脚式封装采用引线架作为各种封装外形的引脚，常见的是直径为 5mm 的圆柱形（简称 φ5mm）封装。引脚式封装的 LED 结构如图 2.3 所示，引脚式封装的 LED 实物如图 2.4 所示。

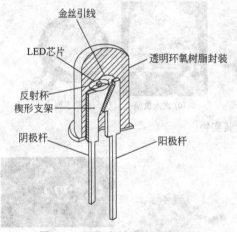

金丝引线

LED芯片　　　　　　　透明环氧树脂封装

反射杯
楔形支架

阴极杆　　　　　　阳极杆

图 2.3　引脚式封装的 LED 结构　　　　图 2.4　引脚式封装的 LED 实物

② 引脚式封装过程（φ5mm 引脚式封装）　将边长 0.25mm 的正方形管芯黏结或烧结在引线架上（一般称为支架）；芯片的正极用金属丝键合连到另一引线架上，负极用银浆黏结在支架反射杯内或用金丝和反射杯引脚相连；顶部用环氧树脂包封，做成直径 5mm 的圆形外形。

③ 引脚式封装原理　反射杯的作用是收集管芯侧面、界面发出的光，向期望的方向角内发射。顶部包封的环氧树脂做成一定形状，有以下作用：保护管芯等不受外界侵蚀；采用不同的形状和材料性质（掺或不掺散色剂），起透镜或漫射透镜功能，控制光的发散角。

（2）平面式封装

平面式封装 LED 器件是由多个 LED 芯片组合而成的结构型器件。通过 LED 的适当连接（包括串联和并联）和合适的光学结构，可构成发光显示器的发光段和发光点，然后由这些发光段和发光点组成各种发光显示器，如数码管、"米"字管、矩阵管等。平面式封装的 LED 实物如图 2.5 所示。

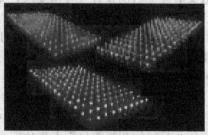

图 2.5　平面式封装的 LED 实物

(3) 表贴式封装

表面贴片 LED（SMD）是一种新型的表面贴装式半导体发光器件，具有体积小、散射角大、发光均匀性好、可靠性高等优点。其发光颜色可以是包括白光在内的各种颜色，可以满足表面贴装结构的各种电子产品的需要，特别是手机、笔记本电脑。表贴式封装 LED 实物如图 2.6 所示，表贴式封装 LED 结构如图 2.7 所示。

图 2.6 表贴式封装的 LED 实物

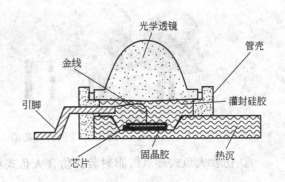

图 2.7 表贴式封装的 LED 结构

(4) 食人鱼式封装

通常把这种 LED 称为食人鱼，因为它的形状很像亚马逊河中的食人鱼 Piranha。食人鱼 LED 产品有很多优点。由于食人鱼 LED 所用的支架是铜制的，面积较大，因此传热和散热快。LED 点亮后，PN 结产生的热量很快就可以由支架的四个支脚导出到 PCB 的铜带上。食人鱼 LED 比 $\phi3mm$、$\phi5mm$ 引脚式的管子传热快，从而可以延长器件的使用寿命。

一般情况下，食人鱼 LED 的热阻会比 $\phi3mm$、$\phi5mm$ 管子的热阻小一半，所以很受用户的欢迎。食人鱼式封装 LED 实物如图 2.8 所示，食人鱼式封装 LED 结构如图 2.9 所示。

图 2.8 食人鱼式封装的 LED 实物

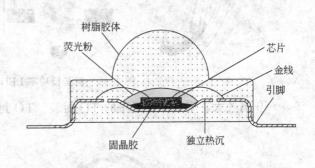

图 2.9 食人鱼式封装的 LED 结构

(5) 功率型封装

功率型 LED 是未来半导体照明的核心。大功率 LED 特点：大的耗散功率；大的发热量；较高的出光效率；长寿命。

大功率 LED 的封装不能简单地套用传统的小功率 LED 的封装，主要应在封装结构设计、选用材料、选用设备等方面重新考虑，研究新的封装方法。目前功率型 LED 主要有以下 6 种封装形式。

① 沿袭引脚式 LED 封装思路的大尺寸环氧树脂封装。引脚式功率 LED 封装实物、结构如图 2.10 所示。

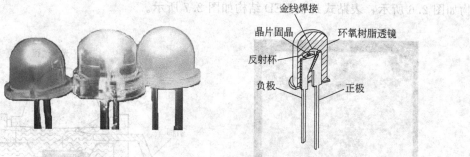

图 2.10　引脚式功率 LED 封装实物、结构

② 仿食人鱼式环氧树脂封装。仿食人鱼式功率 LED 封装实物如图 2.11 所示。

图 2.11　仿食人鱼式功率 LED 封装实物

③ 铝基板（MCPCB）式封装。铝基板功率 LED 封装实物、结构如图 2.12 所示。

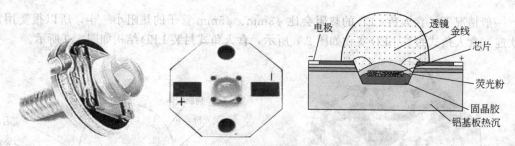

图 2.12　铝基板功率 LED 封装实物、结构

④ 借鉴大功率三极管思路的 TO 封装。TO 封装实物如图 2.13 所示。

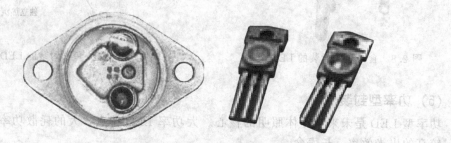

图 2.13　TO 封装实物

⑤ 功率型 SMD 封装。SMD 封装实物、结构如图 2.14 所示。

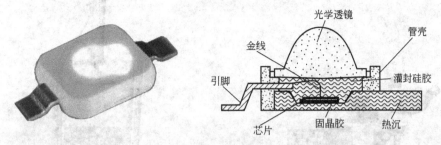

图 2.14 SMD 封装实物、结构

⑥ L 公司的 Lxx 封装。Lxx 封装功率 LED 实物、结构如图 2.15 所示。

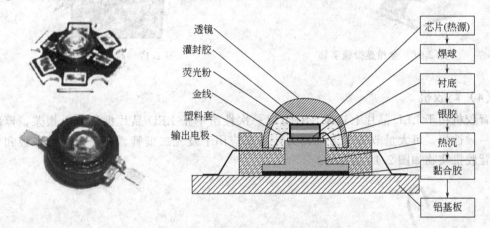

图 2.15 Lxx 封装功率 LED 实物、结构

2.2.2 LED 封装设备

(1) 金相显微镜

金相显微镜是用入射照明来观察金属试样表面（金相组织）的显微镜。金相显微镜是将光学显微镜技术、光电转换技术、计算机图像处理技术完美地结合在一起而开发研制成的高科技产品，可以在计算机上很方便地观察金相图像，从而对金相图谱进行分析、评级等。在 LED 封装工艺上主要是观察 LED 晶片的位置、金线、电极等内部结构。金相显微镜实物如图 2.16 所示。

(2) 晶片扩张机

晶片扩张机是将排列紧密的 LED 晶片均匀分开，使之更好地植入到焊接工件上。它利用 LED 薄膜的加热可塑性，采用气缸上下控制，将单张 LED 晶片均匀地向四周扩散，达到满意的晶片间隙后自动成型，膜片紧绷不变形。晶片扩张机实物如图 2.17 所示。

(3) 点胶机

点胶机和固晶机一样，精度要求高，这样才能有效地控制胶量。胶量如果太多，芯片贴上去后就容易让多余的胶挤压出，阻挡和吸收芯片周围的发光，而且吸收反射壁反射出的光，影响了光亮度；如果胶量太少，特别是进入焊线的工序时，使得芯片从杯底脱落，就会引起死灯、漏电等而造成次品。点胶机实物如图 2.18 所示。

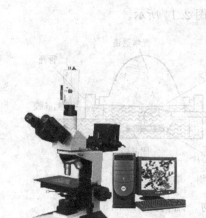

图2.16　金相显微镜实物

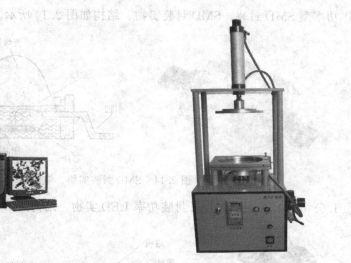

图2.17　晶片扩张机实物

（4）背胶机

背胶机用于 LED 晶片上银浆，它可以一次性给单张 LED 晶片批量点上银浆，厚度均匀，一致性好，可大量节省人力和物力，主要应用于发光二极管、数码管、点阵板和背光源。背胶机实物如图 2.19 所示。

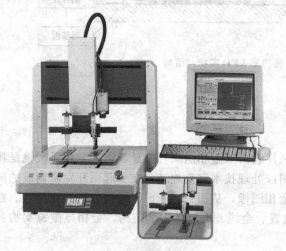

图2.18　点胶机实物

图2.19　背胶机实物

（5）固晶机

LED 的晶粒放入封装位置的精确与否影响整件封装器件的发光效能，若晶粒在反射杯内的位置有所偏差，光线未能完全发射出来，会影响成品的光亮度。固晶机实物如图 2.20 所示。因此，固晶机必须选择高精度的固晶机，最好是拥有先进的预先图像识别系统。

（6）焊线机

焊线机在用之前，要调好一焊和二焊的功率、温度、压力，以及超声波的温度、功率，使这些参数能够让金线承受 5g 的拉力，这样才不会让以后的烘烤工序因为物质的膨胀系数不同而导致金线断裂或者脱焊。焊线机实物如图 2.21 所示。

图 2.20　固晶机实物

图 2.21　焊线机实物

(7) 灌胶机

灌胶机的针头必须都保持在同一水平的位置，而且漏胶的通道不能有渣滓，而且密封很好，针头也必须隔段时间进行清理。

由于封装后所形成的是由环氧树脂形成的一层光学"透镜"，倘若这层透镜中混有杂质，就会使得出光效率不好，而且光斑中也会有黑点。灌胶机实物如图 2.22 所示。

(8) 烤箱

烤箱必须是循环风，而且烤箱隔层的托盘必须是水平的。在做白光 LED 的时候，点好的荧光粉必须要在烤箱内烤干，但是如果不是循环风和隔层的托盘，烤出的荧光粉分布不均匀，造成光斑不均匀，还有可能造成荧光粉溢出。烤箱实物如图 2.23 所示。

图 2.22　灌胶机实物

图 2.23　烤箱实物

(9) 液压机

液压机应用于 LED 及贴片式 LED 器件模塑料封装。传感温度控制保证压模升温速度快并且温度控制准确，精确控制 LED 压模封装的压力，确保压模精度及使用寿命。液压机实物如图 2.24 所示。

（10）切脚机

切脚机用于切除直插式 LED 封装后的引脚。一般切脚机的导轨厚度、宽度可精密调节，切脚高度也可调，依靠快转速刀片执行切脚动作。刀片配有超厚钢、有机玻璃、三孔刀片压盖等多重安全措施。设备一般配置引脚收集器、工具套装及备用皮带等部件。切脚机实物如图 2.25 所示。

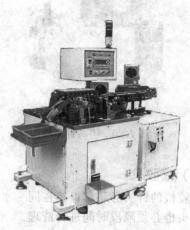

图 2.24   液压机实物

图 2.25   切脚机实物

（11）测试机

LED 测试机又称 LED 光谱测试系统，适用于完成灯珠直插式 LED、大功率 LED、食人鱼、贴片光源的光色电各种性能测试与分析，及进行老化、分选等相关试验。主要测量参数：LED 相对光谱功率分布，色品坐标、相关色温、显色指数、色容差、峰值波长、光谱半宽度、主波长、色纯度、光通量、发光强度、光效、正向电压、反向漏电流等光色电性能参数。测试机实物如图 2.26 所示。

（12）分光分色机

分光分色机的主要作用是批量、快速检测生产出来的 LED 波长是否一致，颜色是否一致。通过供料装置将 LED 送入检测装置，准确、快速、稳定测试各种不同规格与型号 LED 的亮度、波长、色温、光谱功率、色纯度、峰值波长等。分光分色机实物如图 2.27 所示。

图 2.26   测试机实物

图 2.27   分光分色机实物

LED 封装过程使用仪器详细技术参数及使用说明见附录1。

2.2.3 各类 LED 封装工艺

(1) 引脚式封装工艺

LED 引脚式封装采用引线架作各种封装外形的引脚，是最早投放市场的封装结构，品种数量繁多，技术成熟度较高，封装内结构与反射层仍在不断改进。

引脚式封装工艺主要流程如图 2.28 所示。

引脚式封装工艺流程示意图如图 2.29 所示。

(2) SMD（贴片）LED 封装工艺

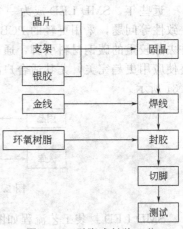

图 2.28 引脚式封装工艺主要流程

2002 年，表面贴装封装的 LED（SMD LED）逐渐被市场所接受，并获得一定的市场份额，从引脚式封装转向 SMD 符合整个电子行业发展大趋势。SMD LED 从结构上分为两种：金属支架片式 LED 和 PCB 片 LED，实物如图 2.30 所示。其中金属支架型 LED、小蝴蝶型 LED、TOP LED（白壳）、侧光 LED 属于金属支架片式 LED。

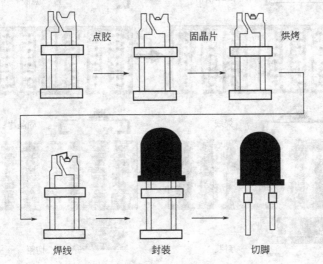

图 2.29 引脚式封装工艺流程示意图

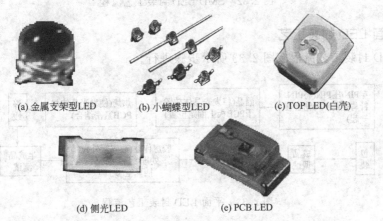

(a) 金属支架型LED   (b) 小蝴蝶型LED   (c) TOP LED(白壳)

(d) 侧光LED   (e) PCB LED

图 2.30 金属支架片式 LED 和 PCB 片 LED 实物

近些年，SMD LED 成为一个发展热点，很好地解决了亮度、视角、平整度、可靠性、一致性等问题，采用更轻的 PCB 板和反射层材料，在显示反射层需要填充的环氧树脂更少，并去除较重的碳钢材料引脚，通过缩小尺寸、降低重量，可轻易地将产品重量减轻一半，最终使应用更趋完美，尤其适合户内、半户外全彩显示屏应用。SMD LED 主要封装步骤如图 2.31 所示。

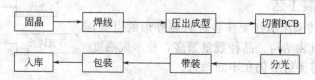

图 2.31　SMD LED 主要封装步骤示意图

SMD LED 封装工艺流程如图 2.32 所示。

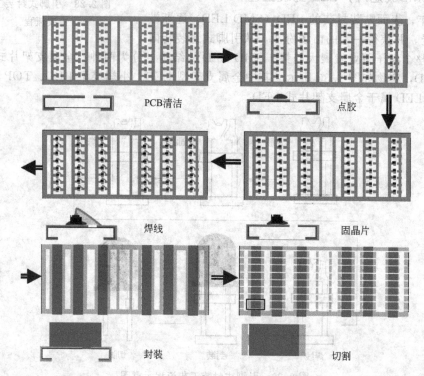

图 2.32　SMD LED 封装工艺流程

(3) 平面 LED 封装工艺

平面 LED 封装工艺流程按图 2.33 所示步骤进行。

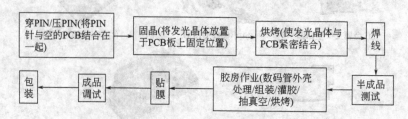

图 2.33　平面 LED 封装工艺流程

平面 LED 封装流程示意图如图 2.34 所示。

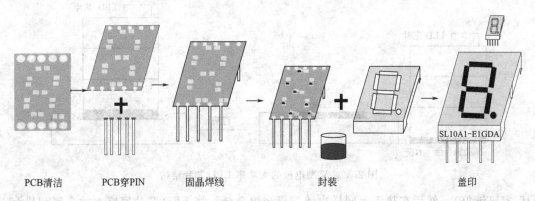

PCB清洁　　　　PCB穿PIN　　　　固晶焊线　　　　　　　封装　　　　　　　　盖印

图 2.34　平面 LED 封装流程示意图

(4) 食人鱼 LED 封装工艺

① 选定食人鱼 LED 的支架。根据每一个食人鱼管子要放几个 LED 芯片，确定食人鱼支架中冲凹下去的碗的形状大小及深浅。食人鱼封装支架如图 2.35 所示。

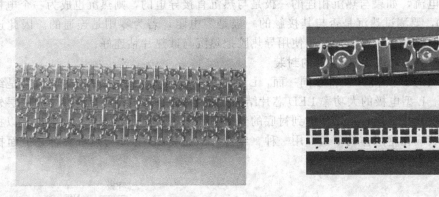

图 2.35　食人鱼封装支架

② 清洗支架。

③ 将 LED 芯片固定在支架碗中。

④ 经烘干后把 LED 芯片两极焊好。

⑤ 根据芯片的数量和出光角度的大小，选用相应的模粒。食人鱼 LED 封装模粒的形状是多种多样的，有 ϕ3mm 圆头和 ϕ5mm 圆头，也有凹形形状和平头形状，根据出光角度的要求可选择相应的封装模粒。

⑥ 在模粒中灌满胶，把焊好 LED 芯片的食人鱼支架对准模粒倒插在模粒中。

⑦ 待胶干后（用烘箱烘干），脱模即可。

⑧ 然后放到切筋模上把它切下来。

⑨ 接着进行测试和分选。

(5) 功率型封装工艺

V 型电极的大功率 LED 芯片的封装

1W 大功率芯片（V 型电极）封装结构中上下各有一个电极。V 型电极的大功率 LED 芯片结构如图 2.36 所示。

V 型电极的大功率 LED 芯片封装步骤：首先在 SiC 衬底镀一层金锡合金（一般做芯片

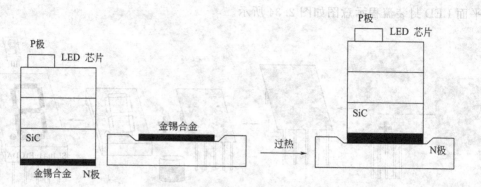

图 2.36 V 型电极的大功率 LED 芯片结构

的厂家已镀好）；然后在热沉上同样也镀一层金锡合金；将 LED 芯片底座上的金属和热沉上的金属熔合在一起，称为共晶焊接。

这种封装方式，一定要注意当 LED 芯片与热沉在一起加热时，两者要接触好，最好两者之间加有一定压力，而且两者接触面受力均匀，两面平衡。控制好金和锡的比例，这样焊接效果才好。这种方法做出来的 LED 的热阻较小、散热较好、光效较好。这种封装方式上下两面输入电流，如果与热沉相连的一极是与热沉直接导电的，则热沉也成为一个电极。使用这种 LED，要测试热沉是否与其接触的一极是零电阻，若为零则是连通的。因此连接热沉与散热片时要注意绝缘，而且要使用导热胶把热沉与散热片粘连好。

L 型电极的大功率 LED 芯片的封装

两个电极的 P 极和 N 极都在同一面，L 型电极的大功率 LED 芯片的衬底通常是绝缘体（如蓝宝石）。L 型电极的大功率 LED 芯片结构如图 2.37 所示。而且在绝缘体的底层外壳上一般镀有一层光反射层，可以使射到衬底的光反射回来，从而让光线从正面射出，以提高光效。这种封装应在绝缘体的下表面用一种（绝缘）胶把 LED 芯片与热沉黏合，上面把两个电极用金丝焊出。

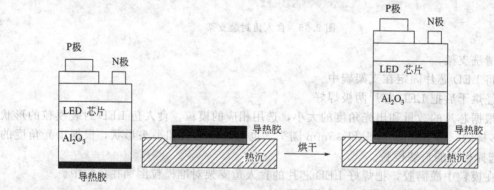

图 2.37 L 型电极的大功率 LED 芯片结构

在封装 L 型电极大功率 LED 芯片时，由于点亮时发热量比较大，可以在 LED 芯片上涂一层硅凝胶，而不可用环氧树脂，这样一方面可防止金丝热胀冷缩与环氧树脂不一致而被拉断，另一方面防止因温度高而使环氧树脂变黄变污，结果透光性能不好。所以在制作 L 型电极大功率 LED 时应用硅凝胶调和荧光粉。

① 理论基础 光线由一种介质进入另一种介质时，入射光一部分被折射，另一部分被反射。

若光线由光密介质（折射率 n_1）射向光疏介质（折射率 n_2），当入射角（i_1）大于全反射临界角（I_c）时，折射光线消失，光线全部被反射。

$$I_c = \arcsin(n_2/n_1)$$

$n_2 < n_1$，若 n_2 与 n_1 的数值相差越大，则全反射临界角（I_c）越小，光线越容易发生全反射现象。

② 正装的 LED 芯片　GaN 类正装芯片封装的 LED 的出光通道折射率变化为：有源层（$n=2.4$）→环氧树脂（$n=1.5$）→空气（$n=1$）。传统正装 LED 芯片结构如图 2.38 所示。

③ 倒装的 LED 芯片　GaN 类倒装芯片封装的 LED 的出光通道折射率变化为：有源层（$n=2.4$）→蓝宝石（$n=1.8$）→环氧树脂（$n=1.5$）→空气（$n=1$）。倒装 LED 芯片结构如图 2.39 所示。

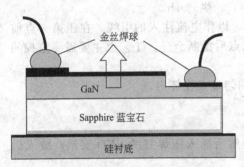

图 2.38　传统正装 LED 芯片结构

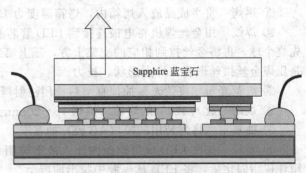

图 2.39　倒装 LED 芯片结构

由于倒装后相当于在原来有源层和环氧树脂中间放入了折射率值介于两者之间的蓝宝石介质，提高了出光率，同时，由于正装芯片的电极要遮挡一定的遮光面积而倒装 LED 电极在晶片底部，不影响出光，这使倒装芯片封装的 LED 的出光效率比正装芯片要高。

倒装功率 LED 使用单层或双层铝基板作为热沉，把单个芯片或多个芯片用固晶胶直接固定在铝基板（或铜基板）上，LED 芯片的 P 和 N 两个电极则键合在铝基板表层的薄铜板上。根据所需功率的大小确定底座上排列 LED 芯片的数目，可组合封装成 1W、2W、3W 等高亮度的大功率 LED。倒装功率 LED 芯片结构如图 2.40 所示。

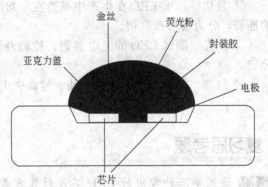

图 2.40　倒装功率 LED 芯片结构

(6) 白光 LED 封装一般工艺流程

预期准备

① 芯片检验　用显微镜检查材料表面是否有机械损伤、麻点；芯片尺寸及电极大小是否符合工艺要求；电极图案是否完整。

② 扩片　由于 LED 芯片在划片后依然排列紧密，间距很小（约 0.1mm），不利于后工序操作，采用扩片机对芯片的膜进行扩张，使 LED 芯片与芯片的间距拉伸到约 0.6mm。也可以采用手工扩张。

③ 清洗　采用超声波清洗 LED 支架，并烘干。

白光 LED 分装工艺流程如图 2.41 所示。

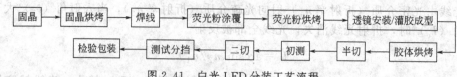

图2.41　白光LED分装工艺流程

操作步骤

① 点胶　将胶体点在支架杯体里，必须要点在杯体的正中间，而且胶量要适当。胶量根据芯片面积的大小来规定，其标准为芯片面积的2/3。

② 贴片　将扩张后的芯片安置在刺晶台上，在显微镜下用刺晶笔将管芯一个一个安装在LED支架相应的焊盘上。芯片一定要很妥当地置于杯正中间，若芯片有偏置，就会导致光斑不均匀，从而影响LED的平均光强。

③ 烘烤　将半成品放入烤箱内，烤箱温度为150℃，烘烤1h。

④ 焊线　用金丝焊机将电极连接到LED管芯上，以作电流注入的引线。在压第一点前先烧个球，再将金丝拉到相应的支架上方，压上第二点后扯断金丝。工艺上主要需要监控的是压焊金丝拱丝形状、焊点形状、拉力。

⑤ 点荧光粉　将荧光粉抽掉真空后，用注射器均匀地点在杯内。

⑥ 烘烤　放入120℃的烤箱，烘烤15～20min。

⑦ 抽真空　将封装用的胶（AB胶）抽真空。

⑧ 灌胶　先在LED成型模腔内注入液态树脂；然后插入压焊好的LED支架；放入烘箱让树脂固化后，将LED从模腔中脱出即成型。

⑨ 烘烤　前固化是指密封树脂的固化，一般固化条件在135℃，1h。后固化是为了让树脂充分固化，同时对LED进行热老化。后固化对于提高树脂与支架的黏结强度非常重要，一般条件为120℃，4h。

⑩ 脱模　将封胶后的LED脱离模条，只有插件LED和大功率LED才有这样的工序。

⑪ 质检　用肉眼直接地检测，测出死灯。

⑫ 裁切　由于LED在生产中是连在一起的（不是单个），采用切筋设备切断LED支架的连筋，分为前切和后切。

⑬ 分光　测试LED的光电参数，检验外形尺寸，同时根据客户要求对LED产品进行分选。

⑭ 包装　将成品进行计数包装。超高亮LED需要防静电包装。

复习思考题

1. 请列举三种常用的LED芯片封装方式。

2. 一个普通的LED的发光原理是怎样的？

3. 功率型LED封装的三种封装形式分别是怎样的？请说明其特点。

第 3 章

LED生产流程概述

3.1 工艺说明

LED 的制作流程全过程包括 12 步，在每一步中都要注意目的、使用范围、使用设备、相关文件、作业规范、注意事项、品质要求等。LED 生产流程如图 3.1 所示。Lamp LED 作业流程如图 3.2 所示。

3.1.1 LED 芯片检验

用显微镜检查材料表面：材料表面是否有机械损伤及麻点麻坑，芯片尺寸及电极大小是否符合工艺要求，电极图案是否完整。

3.1.2 LED 扩片

由于 LED 芯片在划片后依然排列紧密，间距很小（约 0.1mm），不利于后工序的操作。采用扩片机对芯片的膜进行扩张，使 LED 芯片的间距拉伸到约 0.6mm。也可以采用手工扩张，但很容易造成芯片掉落、浪费等不良问题。扩片操作时，先预热 10min，温度调整到 50~60℃，扩晶时温度设为 65~75℃。

3.1.3 LED 点胶

首先将支架按顺序排列好，随后在 LED 支架的相应位置点上银胶或绝缘胶。针对不同的衬底材料，点胶的材质是不同的。对于 GaAs、SiC 导电衬底，具有背面电极的红光、黄光、黄绿芯片，采用银胶。对于蓝宝石绝缘衬底的蓝光、绿光 LED 芯片，采用绝缘胶来固定芯片。

LED 点胶工艺难点在于点胶量的控制，胶体高度、点胶位置均有详细的工艺要求。银胶和绝缘胶的储存和使用均有严格的要求。银胶的醒料、搅拌、使用时间在工艺上有严格要求，注意事项有：调节点胶机点胶动作的时间，控制在 0.2~0.4s，气压表控制在 0.05~0.52MPa；冰箱取出胶，解冻 30min，安全解冻后搅拌均匀 20~30min，点胶机要调节点胶旋钮使出胶标准；银胶的点胶高度在晶片高度的 1/3 以下、1/4 以上，点胶面积要控制在偏心距离小于晶片直径的 1/3。

3.1.4 LED 备胶

和点胶相反，备胶是用备胶机先把银胶涂在 LED 背面电极上，然后把背部带银胶的 LED 安装在 LED 支架上。备胶的效率远高于点胶，但不是所有产品均适用备胶工艺。

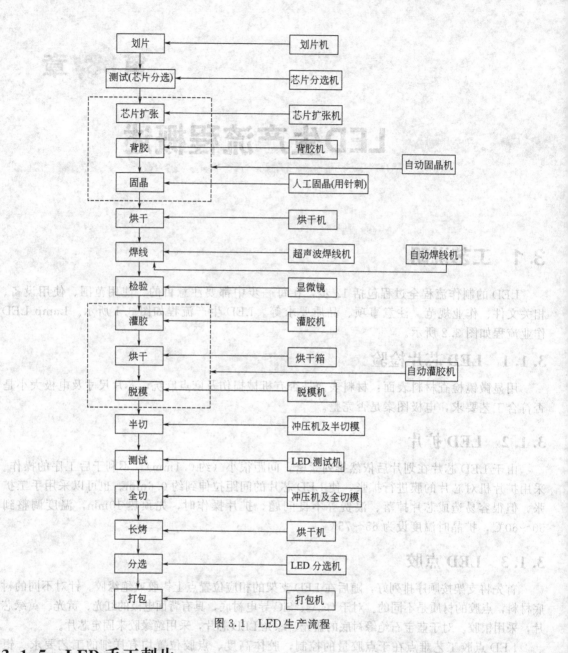

图 3.1　LED生产流程

3.1.5　LED 手工刺片

将扩张后的 LED 芯片（备胶或未备胶）安置在刺片台的夹具上，LED 支架放在夹具底下，在显微镜下用针将 LED 芯片一个一个刺到相应的位置上。手工刺片和自动装架相比有一个好处，便于随时更换不同的芯片，适用于需要安装多种芯片的产品。

固定芯片时，固晶笔与固晶平面保持 30～45℃。食指压到笔尖顶部。固晶顺序从上到下，从左到右。用固晶笔将晶粘固到支架，腕部绝缘胶中心一般固晶不良品为：固偏、固漏、固斜、少胶、多晶、芯片破损、短垫（电极脱落）、芯片翻转、银胶高度超过芯片的1/3（多胶）、晶片粘胶、焊点粘胶。

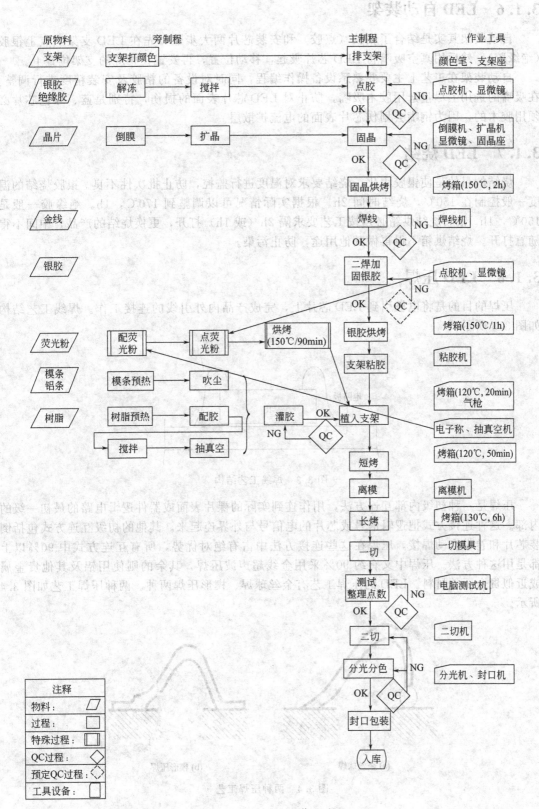

图 3.2 Lamp LED 作业流程

3.1.6 LED自动装架

自动装架其实是结合了粘胶（点胶）和安装芯片两大步骤，先在LED支架上点上银胶（绝缘胶），然后用真空吸嘴将LED芯片吸起，移动位置，再安置在相应的支架位置上。

自动装架在工艺上主要要熟悉设备操作编程，同时对设备的粘胶及安装精度进行调整。在吸嘴的选用上尽量选用胶木吸嘴，防止对LED芯片表面的损伤，特别是蓝、绿色芯片必须用胶木的，因为钢嘴会划伤芯片表面的电流扩散层。

3.1.7 LED烧结

烧结的目的是使银胶固化，烧结要求对温度进行监控，防止批次性不良。银胶烧结的温度一般控制在150℃，烧结时间2h。根据实际情况可以调整到170℃，1h。绝缘胶一般是150℃，1h。银胶烧结烘箱必须按工艺要求隔2h（或1h）打开，更换烧结的产品，中间不得随意打开。烧结烘箱不得再做其他用途，防止污染。

3.1.8 LED压焊

压焊的目的是将电极引到LED芯片上，完成产品内外引线的连接工作。焊线工艺结构如图3.3所示。

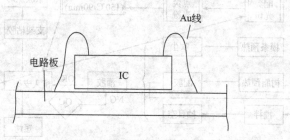

图3.3 焊线工艺结构

压焊是一种初级内部互连方法，用作连到实际的裸片表面或器件逻辑电路的最初一级的内部。这种连接方式把逻辑信号或芯片的电信号与外界连起来。其他的初级互连方式包括倒装芯片和卷带自动焊接，压焊在这些连接方法中占有绝对优势，所有互连方式中90％以上都是用这种方法。压焊中又有约90％采用金线超声波压焊，其余的则使用铝及其他贵金属或近似贵金属的材料。LED的压焊工艺有金丝球焊、楔形压焊两种。两种压焊工艺如图3.4所示。

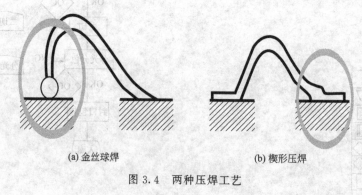

(a) 金丝球焊　　　　　(b) 楔形压焊

图3.4 两种压焊工艺

（1）铝丝压焊过程

铝丝压焊过程一般分为两步：先在 LED 芯片电极上压上第一点；再将铝丝拉到相应的支架上方，压上第二点后扯断铝丝。

（2）金丝球焊过程

金丝球焊是最常用的方法。在这种制程中，一个熔化的金球粘在金线一端，压下后作为第一个焊点，然后从第一个焊点抽出弯曲的线，再以新月形状将线（第二个楔形焊点）连上，然后又形成另一个新球，用于下芯片焊接。金丝球焊被归为热声制程，也就是说焊点是在热（一般为 150℃）、超声波、压力以及时间的综合作用下形成的。

压焊是 LED 封装技术中的关键环节，工艺上主要需要监控的是压焊金丝（铝丝）拱丝形状、焊点形状和拉力。

在压焊过程中要注意以下几点：机台温度控制在 170～220℃ 之间，其中单线 220℃ 为宜，双线 180℃ 为宜；焊线拉力控制在 5～7g 以上；焊线弧度高于晶片高度，小于 3 倍晶片高度；焊点全球直径为全线直径的 2～3 倍，焊点应有 2/3 以上在电极上。

凡在生产中出现以下情况均定义为不合格品：晶片破损，掉晶，掉晶电极，交晶，晶片翻转，电极粘胶，银胶过多（超过晶片），银胶过少（几乎没有），塌线，虚焊，死线，焊反线，漏焊，弧度高和低，断线，全球过大或小。

3.1.9 LED 封胶

LED 的封装主要有点胶、灌封、模压三种。工艺控制的难点是气泡多、缺料、黑点。设计上主要是对材料的选型，选用结合良好的环氧和支架。

（1）点胶封装

TOP LED 和 SIDE LED 适用点胶封装。SIDE LED 点胶封装实物如图 3.5 所示，TOP LED 点胶封装实物如图 3.6 所示。

手动点胶封装对操作水平要求很高（特别是白光 LED），主要难点是对点胶量的控制，因为环氧树脂在使用过程中会变稠。白光 LED 的点胶还存在荧光粉沉淀导致出光色差的问题。

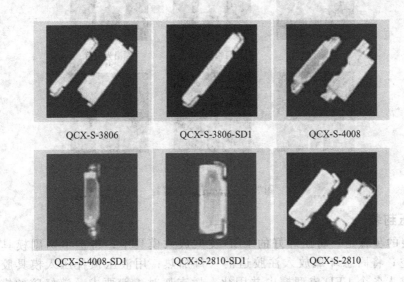

QCX-S-3806   QCX-S-3806-SD1   QCX-S-4008

QCX-S-4008-SD1   QCX-S-2810-SD1   QCX-S-2810

图 3.5　SIDE LED 点胶封装实物

QCX-TB-3528　　　　QCX-TF-5060　　　　QCX-TF-5050

QCX-T-3528　　　　QCX-TF-3528　　　　QCX-T-3020

图 3.6　TOP LED 点胶封装实物

配胶工艺是有严格要求的,一般电子秤要求 0.2g 以上;A 胶提前 60℃预热,烤箱预热 1～2h;如有 CP 和 DP,应先将适量的 CP 和 DP 倒入杯中,搅拌均匀后,倒入 A 胶搅拌均匀,最后加入适量 B 胶,需用搅拌机搅拌 30min;随后是粘胶,粘胶作业前需要提前 30min 左右将已焊线支架放在预热烤箱 90～100℃预热;调节粘胶时间为 1s,深碗粘胶较长;1.5～2h 要换胶,换胶用丙酮将原有的胶水洗干净才能换另一批胶进行点胶。

(2) 灌胶封装

Lamp LED (图 3.7) 的封装采用灌封的形式。灌封的过程是:先在 LED 成型模腔内注入液态环氧树脂;然后插入压焊好的 LED 支架,放入烘箱让环氧树脂固化;将 LED 从模腔中脱出即成型。

在灌胶封装时一般要求:一次倒胶不得超过剩下的 2/3,同时倒入的胶体应沿杯内壁往下流,要保持均匀速度;灌胶水机的灌胶速度要调好,不能太快。

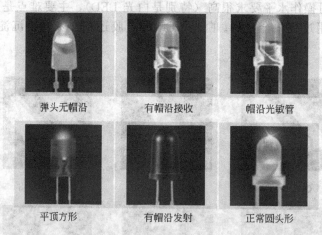

弹头无帽沿　　　　有帽沿接收　　　　帽沿光敏管

平顶方形　　　　有帽沿发射　　　　正常圆头形

图 3.7　Lamp LED 灌封

(3) 模压封装

模压封装的步骤是:将压焊好的 LED 支架放入模具中;将上下两副模具用液压机合模并抽真空;将固态环氧放入注胶道的入口加热;用液压顶杆压入模具胶道中;环氧顺着胶道进入各个 LED 成型槽中并固化。插支架时一般要求:灌好胶的模条,要注意模条的方向，插支架；拿支架时轻拿轻压，注意不得碰断金线；支架要插到位，不得漏插、浅插、偏插。

3.1.10　LED固化与后固化

固化是指封装环氧的固化，一般环氧固化条件为135℃，1h。模压封装一般为150℃，4min。后固化是为了让环氧充分固化，同时对LED进行热老化。后固化对于提高环氧与支架（PCB）的黏结强度非常重要。一般条件为120℃，4h。

对不同型号的LED，固化时间温度是不一样的，具体要求是：$\phi3$（LED灯灯头直径是3mm的LED）、$\phi5$较小产品短烤温度为125℃，短烤时间控制在45～60min；$\phi8$、$\phi10$ LED短烤温度控制在110℃，时间为60～90min；$\phi3$ LED长烤温度控制在125℃，时间为8h；$\phi10$ LED长烤温度控制在110℃，时间是10h。确认满足烘烤时间后，LED可以离模。

3.1.11　LED切筋和划片

由于LED在生产中是连在一起的（不是单个），Lamp LED封装采用切筋切断LED支架的连筋。SMD LED则是在一片PCB板上，需要划片机来完成分离工作。

首先是一切。切脚分正切、反切两种，一般情况下为正切，晶片极性反向时为反切。随后要进行测试。此时应按不同类型的晶片，设定好电压、电流等标准；按不同品名、规格分开，有不良品与良品之分；操作员不能出现误料现象。测试双色产品时先按同一颜色的部分测，再测另一颜色部分，以免产生漏测现象。最后是二切，根据客户要求，统一调整机台后面的挡位。

3.1.12　LED测试

测试LED的光电参数，检验外形尺寸，同时根据客户要求对LED产品进行分选。此时应注意：依材料分光，先在自动分光机分好产品的各种电性参数和数量，依据客户要求进行包装，如无特殊要求，则每包数量为1000片，包装内需放干燥剂，并贴上标签，注意排除气泡异物、死灯、刮伤、模糊、少胶偏心等情况。

① 配荧光粉　要求电子秤精度＋0.001g以上；将适量的荧光粉及白胶倒入烧杯，需加入B胶搅拌10min；在真空中，抽真空5～10min，温度为60℃。

② 点荧光粉　将配好的1.5h用量的荧光粉装入注射器；用点胶头将胶点沿碗边注入碗中，胶量至杯沿中部。

③ 白光烘烤　在制作白光LED工艺过程中，要随着工艺流程将LED芯片放进烘箱内烘烤三四次。应当合理控制烘箱的温度和烘烤的时间，温度最好不超过120℃，否则放在烘箱内的LED芯片将会损坏PN结，因此，可以将烘烤的时间设定得长一些。配胶：环氧树脂又称A、B胶比例1:1，其中A胶配多烤不干，B胶配多偏黄。

LED封装过程所用的物料：支架、LED芯片、银胶和绝缘胶（解冻、搅拌）、晶片（倒膜、扩晶）、金线、银胶、荧光粉、胶带包装、模条（铝条、合金）、导热硅脂、焊接材料、树脂（AB胶或有机硅胶）、各种手动工具、各种测试材料（如万用表、示波器、电源等）。

3.2　案例说明

① 在LED引脚式封装白光过程中，因为器件的体积较小，点荧光粉是一个难题。有的厂家先把荧光粉与环氧树脂配好，做成一个模子，然后把配好荧光粉的环氧树脂做成一个胶

饼，将胶饼贴在芯片上，周围再灌满环氧树脂。但是要注意的是：点荧光粉胶时在周围有气泡，而在抽真空时，没有把气泡处理干净，结果在焊接时，将热量传给芯片，使芯片周围的气体膨胀，从而把荧光粉胶胀裂；或A、B胶没有充分混合，调配不均，因此使荧光粉胶自己开裂。很多厂家在制造LED白光过程中，大都利用自动化机器进行固晶和焊接线，所做出来的产品质量好，一致性好，非常适合大规模生产。

② 在封装L型电极大功率LED芯片时，可以在LED芯片上涂一层硅凝胶减少热量堆积，而不可用环氧树脂，这样既可防止金丝热胀冷缩与环氧树脂不一致而被拉断，又可防止因温度高而使环氧树脂变黄变污，导致透光性能不好。所以在制作L型电极大功率LED时应用硅凝胶调和荧光粉。

③ 提高白光LED光效作法。目前对蓝光（或紫外光）芯片涂覆荧光粉制作白光LED，提出使用硅胶拌荧光粉涂覆在蓝光芯片上，虽然开始会出现光衰，但是随着点亮时间的延长，又会慢慢提升光通量，从而达到延长使用寿命的目的。另一方面就是人们常说的三基色LED，这是让芯片直接点亮（不用荧光粉）混合成白光，例如使用红、绿、蓝三种芯片组合成白光（三基色）。

3.3　LED 的生产环境

制作LED的生产环境是一万级到十万级的净化车间，并且温度和湿度都可调控。LED的生产环境中要有防静电措施，车间内的地板、墙壁、桌、椅等都要有防静电功能，特别是操作人员要穿上防静电服并戴上防静电手套。

为了尽量降低静电效应给器件带来的破坏和影响，对生产LED的洁净车间、整机装配调试车间、精密电子仪器生产车间都有严格的环境要求，具体如下。

① 光刻车间塑料板地面的静电电位为 $500 \sim 1000\text{V}$，扩散间的塑料墙地面为700V，塑料顶棚为 $0 \sim 1000\text{V}$。

② 工作台面为 $500 \sim 2000\text{V}$，最高可达5kV。

③ 风口、扩散间铝孔板的送风口为 $500 \sim 700\text{V}$。

④ 人和服装可为30kV，非接地操作人员一般可带 $3 \sim 5\text{kV}$，高时可达10kV。

⑤ 喷射清洗液的高压纯水为2kV，聚四氟乙烯支架有 $8 \sim 12\text{kV}$，芯片托盘为6kV，硅片间的隔纸可达2kV。

3.4　防静电措施

静电击穿器件使其失效是在不知不觉中发生的，被静电损坏的LED不能用筛选方法排除，所以只有做好预防措施，建立一套防静电（ESD）生产工艺和测试流程规范。这对提高LED产品质量及成品率是十分关键的。主要的措施包括以下几点。

① 各环节要尽量减少接触这类LED器件的人数，限制不必要的人员走动或搬推椅子。

② 使用导电率好的包装袋来包装LED。

③ 应戴上手套接触LED器件（但不能戴尼龙和橡皮手套）。

④ 取出备用的LED器件后不要堆叠在一起，器件尽量不要互相接触。从包装袋中取出而暂时不用的器件，应用防静电袋包装起来。

⑤ 必须用手接触LED的器件时，应接触管壳而避免接触LED器件的引出端。要接触LED器件前，应将手或身体接"地"一下，把静电释放干净。

⑥ 电烙铁要求永久接地。

⑦ 工作环境的相对湿度应保持在 50% 左右，不穿容易产生静电的工作服。

⑧ 车间地面应采用含碳塑料、含碳橡胶或导电乙烯制成，电阻率 $< 10^5 \Omega \cdot cm$，或用静电耗散性材料，电阻率应为 $10^5 \sim 10^9 \Omega \cdot cm$。

⑨ 椅子和工作台上应附加一层静电耗散材料，椅子的电阻率应在 $10^5 \sim 10^8 \Omega \cdot cm$ 之间。

⑩ 棉制工作服有一定的导电性，最好使用防静电服。工作鞋要由静电耗散型材料做成，电阻率为 $10^5 \sim 10^8 \Omega \cdot cm$，也要有防静电鞋。

⑪ 戴上防静电手镯，实际上是手镯与手接触，再把手镯接"地"，这样手与地就成为同电位，可将人身上的静电释放。

⑫ 在工作区域使用离子风扇防止静电积累，因为离子风扇送出的负离子能与静电中和，不会使静电积累成很高的电压。

⑬ 车间里所用的设备都要有良好的接地，接地电阻不能大于 10Ω。车间入口处一定要有接地金属球，人进入时先摸金属球，以释放身上的静电。

复习思考题

1. LED 生产流程大致分为哪些基本步骤？

2. 什么叫做 LED 备胶？

3. LED 烧结的目的是什么？LED 烧结温度控制在多少度适宜？

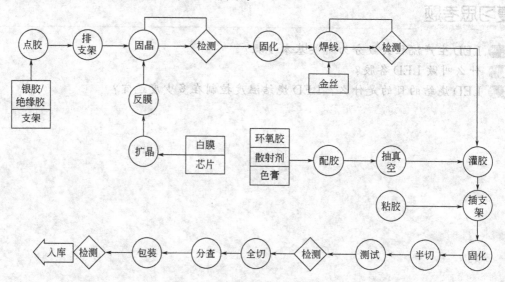

第 4 章

单管LED生产规程

4.1　单管 LED 生产流程

单管 LED 生产流程示意图如图 4.1 所示。

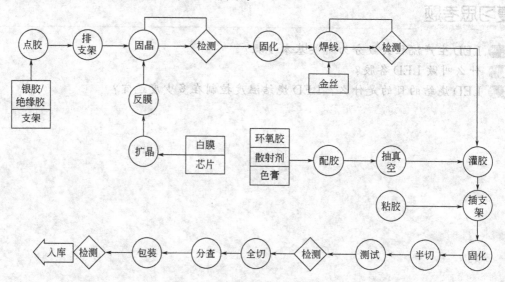

图 4.1　单管 LED 生产流程示意图

4.2　单管 LED 生产步骤规范

4.2.1　扩晶

(1) 准备

① 核对产品型号、芯片型号、芯片参数。

② 打开扩张机电源和高压气。

③ 扩张机的温度指示仪调节在 70℃。高压气调节在 0.4～0.6MPa。

(2) 扩晶步骤

① 将绷子的内外环脱离。待扩张机指示温度到达后，旋开把柄，抬开上气缸，把绷子的内环套入扩张机的圆座上。

② 按动下气缸的摆动开关，向上拨使下气缸上升。等上升到和外围座平齐时，将TAPE晶粒朝上放在圆座上。而后放平上气缸，旋紧把柄，并将其压平、压紧。

③ 此时上拨下气缸开关，使气缸缓慢上升，顶起圆片，拉开晶粒的距离。等到扩张达一定距离时，松开开关。

④ 放入绷子的外环套住内环，按动上气缸的摆动开关。向下拨使气缸下降，利用气缸压力将内外绷子牢牢套紧。重复此动作两三次，直到压紧。

⑤ 下拨下气缸开关，使气缸下降脱圆片。

⑥ 旋开把柄，抬开上气缸，将圆片取出。放平上气缸，旋紧把柄。用剪刀将绷子外沿的薄膜修平。

(3) 注意事项

① 扩张机每开一次机时，应先拨动几次上下气缸的开关，以通气。

② 扩张机上圆座的排气孔应保持畅通。

③ 下气缸的上升高度由底下的旋转螺钉确定（与确定晶粒间距有关）。

④ 在撕膜时应对着离子风机，且扩晶粒的整个过程都应在离子风机下进行，并在绷完芯片的膜上写上该芯片的型号、芯片参数及产品型号。

⑤ 装入件及辅料：TAPE晶粒，绷子；设备及工装：扩张机，剪刀。

⑥ 控制重点：蓝宝石衬底撕膜应在离子风机下进行（撕膜时间应控制在10~20s）。

4.2.2 反膜

(1) 准备

① 核对配料单，确认产品型号、芯片型号、芯片参数。

② 打开台灯电源，调节显微镜。

③ 把待反膜的晶粒绷紧，稍微扩张。

④ 把固晶座调到适当的高度，宜于反膜。

⑤ 在小张的芯片纸中央割一个边长约4~6cm的方孔。

⑥ 在割完孔的芯片纸上贴一张一样大小的膜，且膜要平。

⑦ 把贴在芯片纸上的膜用双面胶粘在大张的芯片纸上。（注：粘膜的一面朝上露出。）

(2) 反膜步骤

① 把扩张好的晶粒放在固晶座上。

② 把夹在芯片纸中的膜放在显微镜下，并用固晶座压牢。

③ 用镊子按在晶粒的中间，把晶粒一个接一个反到膜上，直至整张膜反满。

④ 检查反完膜的晶粒是否翻转，把它扶正。

(3) 注意事项

① 手动作业蓝膜的晶粒要反膜，白膜的不需要。

② 自动作业白膜的晶粒要反膜，蓝膜的不需要。

③ 装入件及辅料：晶粒，膜，芯片纸；设备及工装：显微镜，台灯，扩张机，镊子，固晶座。

④ 控制重点：晶粒是否翻转；反完膜的晶粒间距是否合适。

4.2.3 银胶和绝缘胶使用

(1) 说明

① 储存说明

- −40～−5℃冰箱内保存。
- 储存期限：6个月。

② 解冻说明

- 导电银胶或绝缘胶解冻条件：在室温条件下，瓶装和针筒装解冻时间30min。
- 解冻完成后，将针筒内的银胶移入瓶内进行搅拌，搅拌必须是同一方向，时间不得低于20min。
- 解冻次数：每小瓶银胶回温不得超过5次。
- 解冻必须在20～25℃下进行，当室温低于20℃时，解冻必须使用台灯（注：钨丝灯泡60W）。

③ 使用说明

- 使用时间：导电银胶（826-1和84-1）24h，绝缘胶（EP-1000）72h。
- 使用环境：温度20～25℃，湿度30%～70%RH。
- 瓶装银胶解冻搅拌完成后，给机台加入适量的银胶，应马上密封放入冰箱储存，延误时间最长不得超过30min。
- 搅拌后的银胶必须马上加入胶盘。如果延误时间超过30min，应重新搅拌，且时间不得低于10min。
- 银胶加入胶盘后，必须让胶盘时刻保持转动。如果胶盘停止转动超过30min，应更换银胶清洗胶盘。
- 固晶后的材料尽量在1h内进烘箱固化，最长不得超过2h。

(2) 注意事项

① 每天生产所使用的银胶或绝缘胶，必须由领班或代班分发和回收（一定是常温解冻过的）。

② 解冻前，将针筒或罐子直立解冻，直至完全达到解冻时间才可使用。

③ 加胶前，切记将针筒或罐子上的水汽或水珠擦拭干净。

④ 在加胶过程中，胶量不宜加入太多，大约控制在当天所使用的范围内（注：调胶槽饱满即可）。

⑤ 使用当天不得将银胶反复解冻或冷冻，此举动可能造成胶产生气泡、胶干或胶分离现象。

⑥ 当导电银胶出现拉丝现象，无论导电银胶使用时间长短，都要更换。

⑦ 停止固晶时，要保证胶盘一直转动，如果导电银胶的胶盘在机台停止转动30min以上，必须更换导电银胶和清洗胶盘。

⑧ 加胶完毕，必须立刻把胶罐放入冰箱，延误时间最长不得超过半小时，并认真真实记录好冰箱温度。

(3) 点银胶步骤

① 备银胶：从冰箱中取出银胶，室温解冻30min，待完全解冻后，搅拌均匀（约20～30min），将其装入点胶注射器内。

② 将排好的支架放到夹具上（一个夹具放 25 支），再用拍板拍平，然后进行点胶。

③ 将排好的夹具放到显微镜下，将显微镜调到最佳位置（调节显微镜高度放大倍数，使下方支架顶部固晶区清楚）。

④ 调节点胶机时间为 0.2～0.4s，气压表为 0.05～0.12MPa，再调节点胶旋钮，使出胶量合乎标准。

⑤ 用点胶针头将银胶点到支架（碗部）中心。

⑥ 重复⑤的动作，按竖直方向点完一排支架，再向右移动，点邻近之竖直方向一排支架。

⑦ 重复⑥的动作，点完夹具的全部支架。

(4) 注意

点银胶量要适度，固晶时银胶能包住晶片，晶片四周银胶高度在晶片高度的 1/3 以上、1/4 以下；银胶要点在固晶区中间（偏心距离小于晶片直径的 1/3）；多余的银胶粘在支架或其他地方要用软纸擦干净。

4.2.4 排支架

(1) 准备

① 核对配料单，确认产品型号、支架型号。

② 打开台灯电源，调节显微镜。

③ 备好点胶完支架和固晶夹具。

(2) 排支架步骤

① 将点胶完的支架按一定方向（碗朝一边）、一定数量放入固晶夹具中（支架数量为15条），其中生锈、氧化、变形的支架应挑出。

② 针对平头支架，可每条对齐装入固晶夹具。而针对碗状支架，则在两支架当中放入两根平头支架（其支架应比碗状支架短），则支架数量为 15 条。

③ 在显微镜下观察支架的平整性，若支架不平整，应用镊子将其整平。

(3) 注意事项

① 装支架的固晶夹具应足够平整，不能产生晃动。

② 若支架间高度相差半个晶粒，应挑出重装，以免影响固晶质量。

③ 要在戴橡胶手指套的条件下操作。

④ 装入件及辅料：已点胶好的支架；设备及工装：固晶夹具，显微镜，台灯，镊子，铁盘，指套。

⑤ 控制重点：确保支架方向一致。

4.2.5 固晶

(1) 准备

① 核对配料单，确认产品型号、支架型号、芯片型号、芯片参数。

② 在随工单上填写工作日期、支架型号、芯片型号、芯片批号以及操作者的工号、投料数及单管型号。

③ 准备好固晶用的针笔，针笔需用 500 目细砂纸磨好（针要从上到下逐渐变细，针尖要尖，四周圆且光滑，不能有毛刺）。

④ 开启照明灯，将扩张好的圆片平稳放入固晶座上，正面在上，反面（有晶的一面）在下。

⑤ 将固晶座移到显微镜下，对着晶粒调整显微镜的眼距（目镜向外移变大，反之变小）及高度，使眼睛能清楚看到晶粒。

(2) 固晶步骤

① 把固晶夹具放在固晶面板上，左手将夹具移到固晶座下，对着晶粒调整固晶座上的4个螺钉，调到针笔扎下去晶粒不会跟上来、也不会滑掉为最佳。调时应从高往低调，以免太低抹掉晶粒。最后微调一下显微镜的高度，使眼睛能看清晶粒与支架。

② 用固晶针笔将晶粒逐一扎到支架上的固晶位置，取晶粒的原则可采用 10×10 固法。

③ 固完一批后进行扶晶，使晶粒平稳立在碗中央，扶完晶后左手抽出夹具，将支架放在铁盘中，每盘按适当的数量放好后送 QC 站。

(3) 注意事项

① 固晶首根应送检。首批送检，检验合格方可固晶。

② 晶粒平稳固在胶的中间，晶粒四面有银胶，银胶高度不应超过晶粒的 1/3。

③ 固完后芯片要扶正，且不能让晶粒粘胶而造成芯片的反向漏电流超标。

④ 固晶时必须戴上防静电手腕以确保芯片不被静电击穿。

⑤ 装入件及辅料：已点胶的支架，扩张完的芯片；设备及工装：照明台灯，拨针，镊子，指套，显微镜，固晶座，针笔，500 目细砂纸，铁盘，固晶针笔。

(4) 控制重点

晶粒四面包胶；晶粒要平、稳，且在碗中央；杜绝斜片、晶粒固反；晶片不可悬浮在银胶上，要固到底，以免掉晶片。

固晶规范及处理方法如表 4.1 所示。

表 4.1 固晶规范及处理方法

固晶图面	固晶规范	判定	处理方式
焊垫	晶片任一个面银胶胶量占晶片高度的 1/4～1/2，并保持晶片周围 2/3 以上不粘胶	OK	
	保持焊垫和晶片表面不粘胶，晶片不能偏离碗底中间位置，碗壁不能粘胶	OK	
	焊垫粘胶或有污染物、杂物	NG	焊垫粘胶或有污染物，应挟掉晶片，搁置一边，另做处理
	晶片位置不正，严重偏离碗底中间位置	NG	用固晶笔将晶片轻轻推至碗底中间位置
	支架错位	NG	用镊子将错位支架纠正

续表

固晶图面	固晶规范	判定	处理方式
	晶片没有固在固晶区（此种情况主要是用平头支架固晶时出现）	NG	用固晶笔将晶片轻轻推至支架中间位置
	晶片倾倒	NG	夹掉晶片并重新补固晶片
	银胶量太多，超过 PN 结，或晶片四个面的其中一个面粘胶量超过 PN 结	NG	夹掉晶片并重新补固晶片
	银胶量占晶片高度的 1/5 以下，胶量太少	NG	用镊子夹起晶片，补点银胶后将晶片固回
	晶片固歪	NG	用固晶笔将歪斜晶片固正

4.2.6 固化

(1) 准备

① 打开烘箱，检查烘箱内是否有东西，核对需要烘烤产品的产品型号、材料型号。

② 打开烘箱电源开关，鼓风、加热，设定烘箱温度，将烘箱预热到150℃。

(2) 固化步骤

将固好芯片的支架送 QC 站检验，检验合格方可放入烘箱烘烤，并真实记录时间与温度。

① 银胶（826-1DS）或绝缘胶（EP-1000）

烘烤温度：150℃±5℃。

烘烤时间：烘箱内有平面或单管产品，则烘烤时间90min。

② 烘烤完将支架取出烘箱，送 QC 站检验是否完全固化。

③ 检验合格方可放入冷却区，使其自然冷却，以待焊线。

(3) 注意事项

① 勿混产品，随工单与产品要跟随对应。

② 冷箱体时，必须将箱体预热到设定的温度。

③ 热箱体时，必须确保温度与设定的相符合。

④ 烘烤产品出烘箱完成后，必须马上关闭烘箱门，以免造成温度降低。

⑤ 烘箱在烘烤状态下严禁打开烘箱门。

⑥ 除烘箱操作人员外，其他人员未经允许严禁调整或使用。

⑦ 正常使用每天应擦洗烘箱，晾干后方可使用。用完应及时关闭烘箱电源。

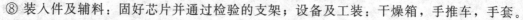

⑧ 装入件及辅料：固好芯片并通过检验的支架；设备及工装：干燥箱，手推车，手套。

(4) 控制重点

烘烤时间要足够；温度要设定正确。

固晶缺陷示意图如图 4.2 所示。

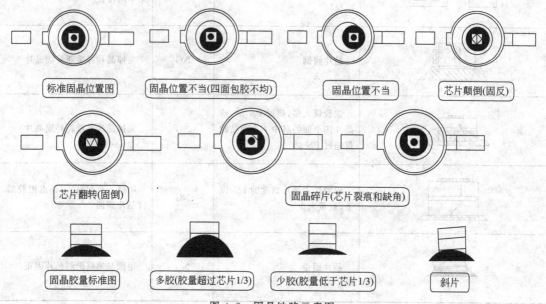

图 4.2 固晶缺陷示意图

4.2.7 焊线

(1) 准备

① 核对配料单，确认产品型号、支架型号。

② 接通机台电源，预热机台 20min。

③ 设定机台加热板温度，使机台预热到设定的温度。

④ 填写随工单（内容：日期、产品型号、支架型号）。

(2) 焊线步骤

① 将固好晶粒的支架放入送料器内，先来回做几次送料动作，确定自动送料器的位移距离或轨道已调整正确。

② 将支架放进轨道，移到第一个焊接点，按住操作盒的主操作按钮（白色）不放，机器焊头下降，停留在第一预备点（芯片），再按住线夹（红色）按钮，然后按左上角复位按钮，机台回到初始状态。

③ 按下主操作按钮，焊头往下探测一次高度，此时焊头回到复位状态，处于重新输入程序状态。

④ 按下主操作按钮后，机器自动打到第一焊接点，对准第一焊点（芯片），然后松开主操作按钮，机器自动完成第一点的焊接并停留在 LOOP 点，此时瓷嘴离晶粒的高度越高，线弧也越高。

⑤ 按下主操作按钮，焊头从 LOOP 点下降，自动移位到第二焊点（支架），此时将转换开关 K3 打到跨度，调节一焊和二焊之间的跨距，再打到高度挡调节瓷嘴与支架的距离（瓷嘴离支架上方 0.2mm）。

⑥ 松开主操作按钮，完成第二焊点的焊接动作，高压放电烧球，同时按下手动过片送料，完成一条线焊接，机器动作行程回到初始位置点，进行第二点焊接。

⑦ 弧形调节：按下主操作按钮不放，再按下线夹按钮（可选择"弧形1"、"弧形2"或"弧形1＋弧形2"）。

⑧ 调节完毕，将转换开关K2和K3打到锁定挡。

⑨ 重复①~⑦之动作直至焊完整根支架。

⑩ 完成一根，取下支架放入夹具中，整批焊完后放入铁盘中并填写随工单。

⑪ 整盘焊完送QC站。

（3）注意事项

① 焊线首根送检、测试拉力，从而适当调整时间、功率等，检验合格方可。

② 拉力不得低于5g（1kg对应9.8N）。

③ 每2h测试一次拉力。

④ 真实记录拉力数据及机台时间、功率。

⑤ 首批焊完应送QC站检验。

⑥ 每天使用完应关闭机台电源。

⑦ 每天应清洁机台各部件卫生。

⑧ 装入件及辅料：待焊线之支架，金丝；设备及工装：超声波金丝球焊机，防静电腕带，手指套，镊子，拨针，酒精，钨丝，铁盘，夹具。

（4）控制重点

焊点要正，焊球光滑一致；要有一定的弧度和拉力；杜绝虚、松、漏焊；作业人员应每人佩戴手指套和防静电腕带；房间温度应控制在18~30℃，湿度应控制在30％~65％RH，当湿度低于30％RH时用加湿器进行加湿。

注意 焊线机温度一般设置为220℃左右，对温度要求严格的晶粒可降至180℃，对温度要求不严格的晶粒可在250℃左右。第一焊点的压力设置为55~70g，第二焊点压力设置为90~115g。焊线拉力适中，焊线弧度高度H为大于1/2晶片高度，小于3/2晶片高度；第一焊点直径为金线直径的2~3倍，焊点应有2/3以上在电极上；焊线不能有虚焊、脱焊、断焊，能承受5g以上拉力，尾丝不能太长。

焊线规范及处理方法如表4.2所示。

表4.2 焊线规范及处理方法

焊线图面	焊线规范	判定	处理方式
	因机器切线失误造成连续焊线	NG	夹掉焊错的金线并通知工程部修机
	弧度过高，以支架面为基准，弧度高度超过16mil	NG	夹掉金线再补焊线
	拔焊垫	NG	刮掉晶片和银胶，重新补固晶片后再焊线

续表

焊线图面	焊线规范	判定	处理方式
	焊垫不全或焊垫脱落	NG	刮掉晶片和银胶,重新补固晶片后再焊线
	所留线尾长度不能超出接触晶片边缘	OK	
	所留线尾太长,超出或接触晶片边缘	NG	用镊子夹掉线尾
	支架错位	NG	用镊子将错位支架纠正
	晶片破裂面积大于晶片面积1/5以上或破裂到PN结	NG	刮掉晶片和银胶,重新补固晶片后再焊线
	松焊或虚焊	NG	夹掉金线再补焊线
	金线踏线低于晶片高度	NG	用钨丝将金线弧度调好
	拉直线	NG	夹掉金线再补焊线
	线球保持一定的高度,不能成饼状	OK	

续表

焊线图面	焊线规范	判定	处理方式
	金线保持良好弧度,金线的拉力在5g以上	OK	
	第一焊点线球应落在焊垫的范围内,线球直径不得小于金线直径1.5倍	OK	
	线球面积的1/3以上偏移在焊垫外面	NG	夹掉线球重焊
	第二焊点应落在支架四边的范围内,如左图中虚线圆所示范围	OK	
	第二点应焊在光滑面上,所覆盖的粗糙面不能超过金线所覆盖面积的1/3	OK	
	QC时金线受力点在第二点	NG	QC时金线受力点应在第一点

4.2.8 配胶、抽真空

(1) 准备

① 核对配料单,确认产品型号,核对配方(环氧胶、扩散剂、颜料的型号及配比)。

② 打开预热烤箱,检查设定温度(70℃),将环氧胶(主剂WL-802-A胶或EP-400-A、颜料)放入预热烤箱进行预热(温度达到设定温度后再预热30min,使胶变稀以利脱泡,切记温度不可过高,否则会缩短使用时间)。

③ 打开抽真空机电源,并将加热打开,设定温度为70℃(每周用丙酮清洗箱体一次)。

④ 插上电子秤电源,保持电子秤平衡并打开开关,待其稳定。

⑤ 用丙酮将胶杯、不锈钢棒清洗干净,并用高压气枪吹干。

(2) 配胶步骤

① 将干净胶杯放在电子秤托盘中央,检查电子秤的单位(设定为g)并将电子秤清零(放偏会带来误差,导致配比出错)。

② 按已定的比例，往胶杯中依次倒入扩散剂、颜料（配胶前先将颜料搅拌均匀后方可用于配胶）、A 胶、B 胶。注：每倒完一次原料后，在配胶记录本上记录实际读数后再将电子秤清零。

③ 用干净的不锈钢棒搅拌混合物，直至各原料均匀混合，目视无明显的絮状物。注：扩散剂和颜料在胶杯底部，应先倒入少量 A 胶搅拌（根据配胶量而定，正常配 1kg 左右可先倒入 A 胶 200g），在将胶杯倾斜目视胶杯底部无未搅拌起来的扩散剂和颜料，方可再倒入 A 胶，最后倒入 B 胶进行搅拌，搅拌时间不得低于 3min。

（3）抽真空步骤

① 将已配好的环氧胶水平放入真空机箱内进行预热（预热时间 3～5min），同时松动烘箱橡皮圈四周，关闭烘箱门，关闭抽真空机的所有放气口。

② 设定抽真空机的抽真空时间（10min），预热时间到后开启抽真空机开始抽真空。

③ 达到设定时间后真空泵自动关闭，打开真空机正上方的放气口，当真空压力表指示针指到零时，打开真空机门，取出环氧胶，目视检查胶无气泡后送下道工序使用。

（4）注意事项

① 必须确认胶杯与不锈钢棒是清洗干净的。

② 电子秤要保持干净，托盘下面不能与称体相连（除了中间的传感头）。

③ 配胶时要细心并真实记录电子秤的读值。

④ 配胶时颜料与扩散剂的量不能够有误差，环氧胶误差不能够超过±1g。

⑤ B 胶易吸潮，产生沉淀，故使用后立即盖紧。

⑥ 胶应在 4h 内使用完成。

⑦ 放气时必须通过指定的放气口放气，不得使用烘箱侧面放气阀，以免吸入杂物。

⑧ 真空油不要滴到胶杯内。

⑨ 装入件及辅料：环氧胶（802A/B 或 EP400A/B），扩散剂（DF-090），颜料；设备及工装：电子秤，胶杯，不锈钢棒，烘箱，抽真空机，高压气枪。

（5）控制重点

确认配方正确；严格按配方比例配胶；环氧胶搅拌均匀；抽真空要彻底；房间温度应控制在 18～30℃，湿度应在 30%～70%RH，当湿度低于 30%RH 时用加湿器进行加湿（需戴防静电腕带）。

4.2.9　粘胶

（1）准备

① 核对配料单，确认产品型号、支架型号，并把支架放在 110℃ 的烘箱预热 30min。

② 用丙酮清洗粘胶机各部件，并用高压气枪吹干。

③ 将粘胶机拆装件装配好。

④ 将烧杯靠着粘胶机的装胶面缓慢倒入环氧胶，以免产生气泡。

⑤ 打开电源及红外灯泡，打开电机旋转开关。

⑥ 调节电机转速，将环氧胶滚均匀。

⑦ 将支架放在粘胶机下方，支架间隔夹具放在支架后方。

（2）粘胶步骤

① 双手固定好支架，粘胶过程中支架应倾斜接触在滚轮上大约 15°～30°，接触停留时间 1～2s，利用粘胶滚轮的转动将环氧胶粘入支架碗内，直至支架碗内粘胶饱满。

② 取出粘胶支架，依次排入间隔夹具内，并确认方向的一致性，重复此动作直到一整批粘完为止。

③ 每次粘胶完整一批，都应在显微镜底下看是否有气泡或碗偏，从而适当调整粘胶机。

(3) 注意事项

① 支架应倒着按同一方向整齐放入支架间隔夹具中（粘胶支架应间隔排入）。

② 粘胶后的支架应及时进行插管，且要保持支架的温度（必要时使用暖风机加热）。

③ 粘胶是针对深碗状支架而言，平头支架可少量粘胶。

④ 胶受热且长时间暴露在外，黏度易变高，从而粘胶易产生气泡，故每3h滚轮要更换新的环氧胶。

⑤ 装入件及辅料：抽真空后的环氧胶，支架；设备及工装：粘胶机，支架间隔夹具，红外灯泡。

(4) 控制重点

保持支架有足够的温度；红外灯泡常开加热；确保碗不变形且无气泡；房间温度应控制在18～30℃，湿度应控制在30%～70%RH（需戴防静电腕带）；确保支架粘胶饱满。

注意 作业需要提前30min左右将已焊线支架放在预热烤箱（90～100℃）预热；粘胶与灌胶所用胶水同一比例，小心胶水错误。

4.2.10 手动灌胶

(1) 准备

① 核对配料单产品型号、模粒型号、模粒挡位。

② 用丙酮清洗灌胶机，并用高压气枪吹，将部分拆装件放入70℃烘箱加热。

③ 将拆装件装入灌胶机。

④ 打开灌胶机电源、高压气、胶桶加热开关。

(2) 手动灌胶步骤

① 将环氧胶顺着不锈钢棒缓慢倒入灌胶机内，盖上顶盖，将剩余的胶放在暖风机下加热。

② 将注胶开关打到走胶挡，反复走胶，排出输送管及机器内空气。

③ 将注胶开关打到注胶挡，连续清胶，排出机器内气泡，直至注胶顺畅无气泡为止。

④ 双手拿起模粒，45°倾斜靠在注胶针头上，踩下脚踏开关，各气缸顺序动作，直至将模粒灌满。

⑤ 取出模条，将其放入铁盘中（按同一方向），以待插支架。

⑥ 重复动作直到整批灌完。

(3) 注意事项

① 吹模粒时每根要吹到位，从左到右、从上到下对准模口吹两次，每吹好两盘模粒要及时放进烘箱，在灌胶前再吹一次。

② 烘箱、抽真空机每天用清水擦一遍。

③ 取支架时要检验确认好产品型号、数量，最早焊线的半成品先灌，未灌完的支架需标识清楚产品型号（开一台机器时，现场只能有一种待灌胶产品，做多少领多少）。

a. A胶需70℃预热30min以上，颜料需预热变稀。

b. 配胶时须经过检验或工艺在场监督确认，颜料使用之前必须搅拌2min，颜料、扩散剂先从少量倒起，加A胶搅拌均匀后再加B胶，然后再搅拌均匀。

c. 配好的胶需在 70℃抽真空抽 10～15min。注意气泡，真空油不要滴到胶杯内。

d. 每次做有色散色的产品必须先做 3 个同样挡位、支架、模粒的样品，并和原始样品对比，需检验确认过方可灌胶。

e. 每盘都注意插偏浅，两边是否都压到位，支架两侧是否都在卡槽内，支架是否变形，挡位是否压坏。

f. 应常观察机器内的胶量，胶量减少至内孔面时应加环氧胶。

g. 灌胶时要看胶量是否足够，模粒里面、支架碗内是否有气泡。

h. 灌比较特殊且较小的模粒的时候，机器速度要调慢且针头要靠着模粒内壁，杜绝表面气泡。

i. 杜绝刺膜现象，要求针头的高度、位置以及设备的速度要调整适当。

j. 脱模时必须检查外观，插偏浅、表面裂痕、刺模、柱子松动等不良模粒挑出，从外观看不出明显缺陷的模粒另放待定区，交由品管工艺决定是否可用。

k. 灌胶机灌完整个流程后应进行彻底清洗干净。

l. 灌胶机的按钮和行程调节参见自动灌胶机操作规程。

④ 装入件及辅料：抽完真空的环氧胶，粘胶后抽真空的支架，预热后的模粒；设备及工装：灌胶机，铁盘。

（4）控制重点

灌胶机要清洗干净；胶量要适量一致；模粒要有足够的温度；做新型号时检验员需首检，确认产品型号、支架、模粒及挡位是否配合正确，具体参考加工单及模粒型号材料；房间温度应控制在 18～30℃；湿度应控制在 30％～70％RH，当湿度低于 30％RH 时用加湿器进行加湿（需戴防静电腕带）。

注意　将胶从胶杯倒入盛胶槽中时要控制速度，保持均匀速度，一次倒胶不得超过盛胶槽的 2/3；同时倒入里面的胶体应沿杯壁往下流；灌胶机的下胶速度要调好，不能太快，否则会容易产生气泡，也不能太慢，否则会影响生产进度；灌胶机台必须 4h 清洗一次。

4.2.11　插支架

（1）准备

① 粘完胶的支架。

② 灌完胶的模粒。

（2）插支架步骤

① 先检查模粒的方向是否一致，应调整一致。

② 拿一条支架对准模粒各点，再按模粒上的导轨将支架插进模粒里。

③ 检查支架是否压到位，胶量是否足够，方向是否正确。

④ 检查完的按一定的数量放在一起，以待烘烤。

（3）注意事项

① 插支架是在灌胶和粘胶工作进行时同时进行的。

② 插支架时一定要保持支架（用暖风机加热）、模粒和环氧胶有足够的温度。

③ 如果模粒中的环氧胶过多或过少，应用针头进行补正。

④ 要检查是否插偏、深、浅、反。

⑤ 为防止插反（针对有缺口的模粒）：

a. 支架统一在负极（支架大头）画线做记号（点胶或固晶时由作业人员标记、检验或工艺确认）；

　　b.模粒统一在缺口边的柱子上做记号（由灌胶班人员标记，检验或工艺确认）。

　　⑥ 装入件及辅料：预热后支架，粘胶后支架，模粒，环氧胶；设备及工装：针头，台灯，铁盘，铁架，暖风机，布指套。

（4）控制重点

　　要斜粘防止碗上气泡；支架、模粒要保持一定的温度；房间温度应控制在 18～30℃；湿度应控制在 30%～70%RH，当湿度低于 30%RH 时用加湿器进行加湿（需戴防静电腕带）。

4.2.12 自动灌胶

（1）准备

　　① 用丙酮清洗灌胶机、20L/P 胶杯组、注胶头，并用高压气枪吹。

　　② 将拆装件装入灌胶机。

　　③ 打开灌胶机电源、高压气，铝模预热、支架预热、胶杯预热开关。

　　④ 将铝模温控、支架温控、胶杯温控分别调到 125℃、110℃、40℃。

　　⑤ 核对配料单（支架、模粒、颜料型号），根据要求剪好挡位（不要的挡位一定要剪平且不能高于所要求的挡位），检查不要混模粒。

　　⑥ 模粒预热：烘箱温度 125℃，时间 40min。

（2）自动灌胶步骤

　　① 将环氧胶顺着装胶面缓慢倒入 20L/P 胶杯组、注胶头，盖上顶盖，将剩余的胶放在暖风机下加热。

　　② 打开粘胶马达，粘胶马达的速度一般调节到 1.5 倍以下（粘胶马达速度越慢，越不容易产生气泡）。

　　③ 把装胶槽放在注胶头下面，在手动的模式下选择注胶，再按连续注胶，调节注胶量直至调到胶量数值符合模粒的胶量，然后取出装胶槽。

　　④ 在主菜单选择参数设定，进入数值设定菜单，然后调节压支行程，输入符合模粒卡位的数值。

　　⑤ 按周期停止，把手动模式转换为自动模式，再顺时针旋转周期停止，然后按启动/清除开关自动灌胶。

（3）注意事项

　　① 吹模粒时每根要吹到位，从左到右、从上到下对准模口吹两次，每吹好两盘模粒要及时放进烘箱，在灌胶前再吹一次。

　　② 烘箱、抽真空机每天用清水擦一遍。

　　③ 取支架时要检验确认好产品型号、数量，最早焊线的半成品先灌，未灌完的支架需标识清楚产品型号（开一台机器时，现场只能有一种待灌胶产品，做多少领多少）。

　　④ A 胶需 65℃预热 30min 以上，颜料预热变稀。

　　⑤ 配胶时须经过检验或工艺在场监督确认，颜料使用之前必须搅拌 5min，颜料、扩散剂先从少量倒起，加 A 胶搅拌均匀后再加 B 胶，然后再搅拌均匀。

　　⑥ 配好的胶须在 70℃抽真空抽 10～15min。注意气泡、真空油不要滴到胶杯内。

　　⑦ 每次做有色散色的产品必须先做 3 个同样挡位、支架、模粒的样品，并和原始样品对比，需检验确认过方可灌胶。

　　⑧ 粘胶的滚动轴承在 45℃预热 3min 后再倒胶。倒胶时要注意胶量，不要溢胶，每隔

30min 要检查胶是否饱满，是否有气泡。

⑨ 每盘都注意插偏浅，两边是否都压到位，支架两侧是否都在卡槽内，支架是否变形，挡位是否压坏，压支行程高低调整合适，再确认模粒的挡位是否正确。

⑩ 应常观察机器内的胶量，胶量减少至内孔面时应加环氧胶。

⑪ 粘胶组应 2h 换一次，每次换胶须头三根检查是否有气泡，胶量是否饱满。

⑫ 灌胶时要看胶量是否足够，模粒里面、支架碗内是否有气泡，从而再适当调整灌胶机。

⑬ 灌比较特殊且较小的模粒的时候，机器速度要调慢且针头要靠着模粒内壁，杜绝表面气泡。

⑭ 杜绝刺膜现象，要求针头的高度、位置以及设备的速度要调整适当。

⑮ 脱模时必须检查外观，插偏浅、表面裂痕、刺模、柱子松动等不良模粒挑出，从外观看不出明显缺陷的模粒另放待定区，交由品质管理工艺决定是否可用。

⑯ 短烤：新四门烘箱为 130℃，两台旧烘箱为 125℃，1 号烘箱为 135℃，时间 45min，进烘箱必须 6 盘一起进，要设报警时间或记录进烘箱的时间，出烘箱可以两盘一起出但在外不得停留时间过长，以免模粒冷却。

⑰ 长烤：110℃ 8h，每次记录好放置的批数、产品型号和层数、进出烘箱的时间。

⑱ 灌胶机灌完整个流程后应进行彻底清洗干净。

⑲ 装入件及辅料：抽完真空的环氧胶，摆入盛料盘中的支架装入堆叠站（支架方向大头一致朝左，特殊型号另要求），预热后的模粒。设备及工装：灌胶机，铁盘。

(4) 控制重点

灌胶机要清洗干净；胶量要适量一致；模粒要有足够的温度；做新型号时检验员需首检，确认产品型号、支架、模粒及挡位是否配合正确，具体参考加工单及模粒型号材料；房间温度应控制在 18～30℃，湿度应控制在 30%～70%RH，当湿度低于 30%RH 时应用加湿器进行加湿（需戴防静电手腕）；摆支架时方向要一致，不能压丝（需戴防静电腕带）。

注意　新模粒每条正常使用次数为 50 次，目前 WR166 新模粒正常使用次数只能达到 45 次（柱子容易松）。手动灌胶在正常操作不停的情况下每个班需配 510 条，也就是 17 批模粒；自动灌胶在正常操作不停的情况下每个班需配 240 条，也就是 8 批模粒。

4.2.13　短烤

(1) 准备

① 打开烘箱电源、鼓风、加热开关。

② 插完支架的模粒，将烘箱温度预热到 125℃。

(2) 烘烤步骤

① 根据要求将烘箱温度设定为 125℃。

② 不同产品烘烤温度及时间要求如下：(125±5)℃，40min（φ3 单管）；(125±5)℃，45min（φ5 单管）；(115±5)℃，85min（φ8 以上单管）。

③ 将插完支架的模粒放入烘箱，应按照从右到左、从上到下进行放置。

④ 认真做好记录，并写明产品型号，每个烘箱第一批进、最后一批进、第一批出的模粒都要认真记录好时间及温度（记录于短烤记录本，以便检查）。

⑤ 烘烤完毕后，每次取出一批趁热脱模并进行下轮灌胶。

⑥ 脱完模粒的支架按每批 30 根，用铁线捆绑紧。

(3) 注意事项

① 将插完支架的模粒放入烘箱，应轻拿轻放，打开或关闭烘箱门应轻推，以免振动支架。

② 真实记录好时间与温度。

③ 拨出支架的模粒应趁热，再进行下一个循环的灌胶。

④ 脱模时要看是否表面有裂痕、气泡、杂物或插偏、插深、插浅、插反，从而适当调整有关工序。

⑤ 每天用完烘箱及时切断电源。

⑥ 正常使用烘箱每天应擦洗内箱壁，加热晾干后方可使用，并记于烘箱擦洗记录本。

⑦ 装入件及辅料：插完支架的模粒；设备及工装：烘箱，手套，铁架。

(4) 控制重点

确保烘烤时间足够；确保烘箱温度与设定温度是一致；房间温度应控制在 18～30℃，湿度应控制在 30%～70%RH，当湿度低于 30%RH 时用加湿器进行加湿（需戴防静电腕带）。

4.2.14　长烤

(1) 准备

① 打开烘箱电源、鼓风、加热开关，设定烘箱温度为 120℃。

② 将烘箱定时器设为 h 挡（h 代表小时），时间为 8h。

(2) 烘烤步骤

① 根据要求，将烘箱温度设定为 120℃（注：烘箱温度有问题，会另行通知）。

② 产品烘烤温度及时间要求如下：120℃，8h（灌胶短烤完成后的支架）。

③ 将脱模完捆绑好的支架，按照每批次 30 根整齐摆放在铁架上。

④ 每个铁架最多只能摆放 30 批，每个铁架只能摆放一层，分三列，中间间隔不可放置，有利于烘烤过程中通风。

⑤ 认真填写随工单，写明产品型号、日期、工号、批数、进箱时间、出箱时间及进箱操作人员工号。

⑥ 认真做好长烤记录（记录于长烤记录本）并写明产品型号，每进一次支架都要真实记录好进烘箱时间及出烘箱时间、放置的层数和数量。

(3) 注意事项

① 目视烘箱显示器，确保长烤烘箱温度是在设定的范围，方可放入支架进行长烤。

② 真实记录好时间与温度。

③ 长烤完成后，按照指定位置，将支架放入货架的冷却区（支架冷却时间需要 30min）。

④ 每天用完烘箱及时切断电源。

⑤ 正常使用烘箱，每天应擦洗内箱壁，加热晾干后方可使用。

⑥ 装入件及辅料：脱完模待长烤的支架；设备及工装：烘箱，手套，铁架。

(4) 控制重点

确保烘烤时间足够；确保烘箱温度与设定温度一致；房间温度应控制在 18～30℃，湿度应控制在 30%～70%RH，当湿度低于 30%RH 时用加湿器进行加湿（需戴防静电腕带）。

注意 在离模过程中,打开气阀开关(需电源则接通电源)。依据短烤记录,到时间把产品从短烤箱中取出,确认是否烤好,未烤好不能离模,需再烤,确认烤好才能离模。离模品质要求:产品未烤干不能提前离模,当班领班、品质管理人员负责监督。

4.2.15 半切(一切)

(1)准备

① 核对产品型号、支架型号,选择合适的模具,并将半切模具装到液压机上。
② 打开液压机的电源,调节液压时间,旋动抽油泵开关。

(2)半切步骤

① 将液压机开关调节到自动状态,上升、下降为 ON。
② 将支架灯头朝外,光滑面朝下或碗朝右,平稳放入半切模具的定位座中。
③ 同时按动液压机的手动双开关,气缸下降,即完成一次半切。
④ 取出支架并将其整齐装入周转箱排好。
⑤ 重复②~④动作直到整批半切完。
⑥ 整盘切完后,认真填写随工单。

(3)注意事项

① 开始进行模具装配时,应注意是否是该型号的模具(是否限位或有长短脚支架)。
② 必须是长烤后放入冷却区完全冷却的支架。
③ 装配时应注意模具中的排屑孔是否通畅、铁片是否垫到位。
④ 进行半切时,如果模具表面留有铁屑,应用刷子清扫干净。
⑤ 如支架变形,应整理完后再切,以免半切卡坏(用钳子剪去严重变形)。
⑥ 模具的装配及液压时间调节参见液压机操作规程。
⑦ 装入件及辅料:已长烤后的单管;设备及工装:液压机,半切模具,周转箱,刷子。

(4)控制重点

注意切脚方向及是否限位;切口要光滑无毛刺;房间温度应控制在 18~30℃,湿度应控制在 30%~70%RH,当湿度低于 30%RH 时用加湿器进行加湿(需戴防静电腕带)。

4.2.16 测试

(1)准备

① 备好待测支架。
② 选取相应的测试工装,并与测试仪连接。
③ 打开测试仪电源并设定各电性参数。

(2)测试步骤

① 将支架放入测试工装,探针对准支架的 20 根被切的短脚。
② 按下测试工装的摇柄,开始测试。
③ 观察各芯片的发光情况,如有缺亮的管子应将其折弯。测试仪显示面板的红色灯亮,表明其芯片的正向电压(U_F)不符合规定;而粉红色灯亮,表明其芯片的反向漏电流(I_R)超标;绿色灯亮,表明完全符合电性参数的规定。
④ U_F、I_R,插偏浅、半切、缺亮、气泡、杂物按图 4.3 所示用黑色笔做记号。
⑤ 测完一盘,填写相应的随工单。

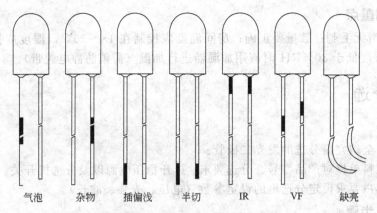

| 气泡 | 杂物 | 插偏浅 | 半切 | IR | VF | 缺亮 |

图 4.3 不同测试结果标记方式

(3) 注意事项

① 在整个测试过程中，如有缺亮，应先检查工装与支架的接触性再判断。

② 作业结束，关闭测试仪电源。

③ 测试仪的电性参数设定参见附录1。

④ 装入件及辅料：半切后的支架；设备及工装：测试仪，红、黄、黑记号笔，测试工装，铁盘，斜口钳。

(4) 控制重点

电参数的设定；电参数的测试；管子外观的检验；房间温度应控制在 18～30℃，湿度应控制在 30%～70%RH，当湿度低于 30%RH 时用加湿器进行加湿（需戴防静电腕带）。

注意 ①不同产品不能混在一起；②分类要清楚。

4.2.17 全切（二切）

(1) 准备

① 打开全切机电源。

② 旋开高压气阀门。

③ 根据前测时的分类将不合格单管挑出，放入不同的塑料袋中并记录数量。

④ 将待切支架整齐放在盘里。

(2) 全切步骤

① 将支架灯头朝外，放入全切机定位槽中。用双手将支架顶住定位块。

② 踩动脚踏开关后放开，全切气缸下降，将支架各连接面切离。

③ 重复以上动作直到切完整批支架。

④ 按类别填写随工单。

(3) 注意事项

① 支架放入全切机定位槽时，观察支架的连接面和全切机的切离面，应平齐。

② 全切机定位槽下的切屑应及时清理干净。

③ 不分选的管子要按固定的数量（1000 或 500）放在盘里，再进行全切。

④ 全切完毕后关闭机器电源及高压气。

⑤ 装入件及辅料：待全切的支架；设备及工装：全切机，高压气，铁盘，斜口钳。

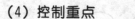
(4) 控制重点

引脚要光滑无毛刺；数量要正确；房间温度应控制在 18～30℃，湿度应控制在 30%～70%RH，当湿度低于 30%RH 时应用加湿器进行加湿（需戴防静电腕带）。

4.2.18　分选

(1) 准备

① 准备好全切完需分选的发光二极管。
② 根据配料单核对产品型号、分选要求。打开稳压电源以及分选机开关。
③ 根据客户要求设定分选机的设定参数（电压、光强、波长）。

(2) 分选步骤

具体步骤及操作方法参照分选机说明书。

(3) 注意事项

① 每次分选前必须彻底清理每个箱子，以免混产品。
② 分选机工作时，操作员必须时刻在旁观察，使机器正常高速运行。
③ 分选完毕，应清洁机台各部件，关闭电源和高压气。
④ 装入件及辅料：全切好的单管；设备及工装：分选机，稳压电源，镊子，高压气。

(4) 控制重点

设定参数；密切观察机台状态；房间温度应控制在 18～30℃，湿度应控制在 30%～70%RH，当湿度低于 30%RH 时应用加湿器进行加湿（需戴防静电腕带）。

4.2.19　包装

(1) 准备

① 备好符合规格的塑料袋。
② 填写出厂合格证、公司标识证。

(2) 包装步骤

① 将单管按一定的数量装入塑料袋中，检验盖章。
② 在塑料袋中装入出厂合格证、公司标识证。
③ 将塑料袋的口封好。
④ 将一包包单管按一定数量装入小纸箱中。
⑤ 装完小纸箱后按一定的数量放入大纸箱中。
⑥ 纸箱应预先封好底部，装完后封住上口，来回横封和竖封。
⑦ 按纸箱印刷位置打上型号、数量及特殊客户的标识方式和颜色。

(3) 注意事项

① 装袋时要同时检查是否混产品。
② 装袋时要检查每箱的数量是否一致。
③ 装入件及辅料：分类完的单管，塑料袋，合格证，公司标识证，包装箱，透明胶带；设备及工装：美工刀片，印章，钢笔。

(4) 控制重点

数量一定要正确；杜绝混产品。

4.3 单管 LED 工艺指导书示例

单管 LED 工艺指导书如表 4.3 和表 4.4 所示。

表 4.3 单管 LED 工艺指导书一

制定		批准			文件编号		* * * *-001	
			×××××××电子有限公司		版 本 号	1.0	页次	1/1
					实施日期		20 * */8/1	
			LED 发光二极管工艺指导书		产品型号		* * *-9581UR-70/30	
					受控状态			

主要材料				
材料名称	材料型号及规格		材料名称	材料型号及规格
芯片	ES-CAHR509(A6)		环氧胶	EP-400A/B
支架	2003Z36B		扩散剂	—
模粒	WR-166-1		颜料	—
芯片粘胶	826-1DS		金丝	$\phi 0.025$

配方	主剂	:	固化剂	:	扩散剂	:	颜料
	100	:	100	:	0	:	0

插管说明	无方向要求	半切模具及方向	2003-1 支架光面朝下切

首次测试参数设计			
正向电流 I_F/mA	正向电压 U_F/V	反向电压 U_R/V	反向漏电流 I_R/μA
20	1.9~2.2	5	≤10

分 选 参 数 设 定				
亮度(I_V)	正向电压(U_F)	波长(λ_d)	反向电压(U_R)	反向漏电流(I_R)

固晶焊线位置及方向:

表 4.4　单管 LED 工艺指导书二

制定		批准		×××××××电子有限公司		文件编号		＊＊-B-04-003	
						版本号	1.0	页次	1/1
						实施日期		20＊＊/8/1	
				LED 发光二极管工艺指导书		产品型号		＊＊＊-0581UR-35	
						受控状态			
主要材料									
材料名称		材料型号及规格			材料名称		材料型号及规格		
芯片		ES-CAHR509（A6）			环氧胶		EP-400A/B		
支架		2003S3			扩散剂		—		
模粒		WR-008-1			颜料		—		
芯片粘胶		826-1DS			金丝		φ0.025		
配方		主剂	：	固化剂	：	扩散剂	：	颜料	
		100	：	100	：	0	：	0	
插管说明		大头朝缺口		半切模具及方向			2003 支架光面朝下切		
首次测试参数设计									
正向电流 I_F/mA		正向电压 U_F/V		反向电压 U_R/V			反向漏电流 I_R/μA		
20		1.8～2.4		5			≤10		
分 选 参 数 设 定									
亮度（I_V）		正向电压（U_F）		波长（λ_d）		反向电压（U_R）		反向漏电流（I_R）	
800～1000		1.8～1.9							
		1.9～2.0							
1000～1300		2.0～2.1		618～635		5		≤10	
		2.1～2.2							
1300～1600		2.2～2.3							

固晶位置及方向：

复习思考题

1. 请简述单管 LED 封装的流程。

2. 分析固化与固晶的区别。

第 5 章

数码管概述

5.1 数码管生产流程

数码管生产流程如图 5.1 所示。

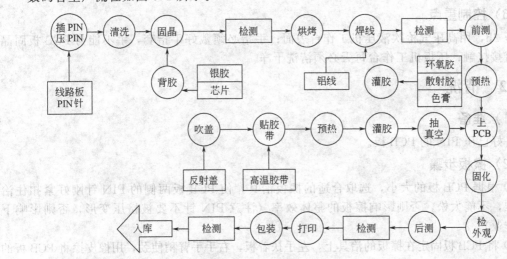

图 5.1 数码管生产流程

5.2 数码管生产规程

5.2.1 插 PIN、压 PIN

(1) 准备

① 备好 PCB、PIN（每种产品的 PCB 板和 PIN 针都是配套的，不得混用）；
② 备好已吹干净的铁架、铝盘。

(2) 插 PIN 步骤

① 将铁架整齐地放入铝盘。
② 手抓 PCB 板的两侧，不得接触 PCB 板的正面。
③ 将 PCB 固晶面朝上，将 PIN 针朝 PCB 的 PIN 孔插入，插到位为止。

④ 将插好 PIN 的 PCB 放在铁架上，防止 PCB 翻倒，PIN 针脱落（不得漏插、不插、插错）。

(3) 压 PIN 步骤

① 调好液压机的压力及时间并用抹布及高压气枪清洗机台，打开压 PIN 机电源。

② 调整压 PIN 治具，使其在液压机的模船的中间位置上。

③ 手指戴好手指套，将插好 PIN 的 PCB 放入压 PIN 治具。

④ 按一下冲压开关即完成一次压 PIN，取出压好 PIN 的 PCB，放入周转箱。

(4) 善后处理

切断电源，清理工作场所。

(5) 注意事项

① 冲压后，每根 PIN 头都必须跟 PCB 平齐（如 PIN 少，必须补好 PIN 后再冲压）。

② 一次冲压多片 PCB 时，注意 PCB 不得重叠，以免 PCB 压坏。

③ 液压机详细操作规程见重要设备操作规程。

④ 装入件及辅料：PCB，PIN；设备及工装：铁架，铁盘，液压机，压 PIN 治具，手指套，周转箱。

(6) 控制重点

压 2h，用高压气枪吹液压机工作台表面；手指必须戴好手指套，手不能与 PCB 板固晶位置直接接触；压板机工作台每天必须清洗干净。

5.2.2 清洗

(1) 准备

备好已压 PIN 的 PCB 板。

(2) 擦板步骤

① 根据 PCB 板的大小，选取合适的擦板治具，使 PCB 板两侧的 PIN 针刚好紧扣住治具为准，不能太松，否则影响擦板的整体效率（注意 PIN 针不要被挤压变形，否则影响下一道作业）。

② 将 PCB 板固定在擦板的治具上，左手扶着板，右手手臂稍使劲，用橡皮擦将 PCB 板的固晶、焊线面反复逐片擦 3 次以上。特别注意 PCB 板的四个边缘也要擦，整理 PIN 弯曲部位。

③ 取出 PCB 板放入铝盘待吹板。

(3) 吹板步骤

① 将塑料盘吹净放置桌面右侧，擦好的 PCB 置于左侧桌面。

② 左手抓 PCB 板的两侧，注意正面朝上放，右手用高压气枪先将 PCB 的反面来回吹两次，再转到正面从右自左、从上自下（可根据板面大小但均不少于 3 次）将其吹干净。

③ 将吹干净的 PCB 放入塑料盘里，并用另一个干净的塑料盘倒扣盖好，放置待固晶区（个人工号跟踪）。

(4) 善后处理

作业完毕，关闭高压气阀，清理工作台面。

(5) 注意事项

① PCB 正面每个固晶和焊线点都要用橡皮擦到位。

② 在吹板时，注意高压气枪不要与 PCB 靠得太近，约 2cm。

③ 装入件及辅料：PCB，丙酮；设备及工装：超声波清洗机，铁盘，铁盆，高压气，橡皮擦。

(6) 控制重点

手不能和 PCB 板接触。

5.2.3　背胶

(1) 准备

① 从冰箱冷藏中取出银胶罐，并将银胶罐放在室温中解冻 45min。

② 在芯片膜的一处写上晶粒型号、批号、光强、晶粒数。

③ 用酒精棉清洗机台胶池及刮刀和小瓢。

④ 扩张机最佳温度 50℃，上绷子（绷子由内绷与外绷配套组合，首先内绷光滑面先套紧到加热块上，其次把芯片撕开，晶片朝上放入加热块中间，最后扩张机顶盖向下压两次压紧），扩张机压紧后取出即可。

⑤ 绷好的芯片上有露出多余的塑料膜，用剪刀剪去。

⑥ 解冻时间到后将银胶搅拌数次（大约 1~2min）。

(2) 背胶步骤

① 将已解冻好的银胶用小瓢移置于背胶机的银胶池，左手握住背胶机的手柄向后用力，胶池就会上升，右手移动平板刮刀，以水平方向刮过胶池，务必使银胶表面光滑且没有气泡、杂物或纹路，重复动作直到光滑无瑕为止。

② 将上过绷子的芯片水平放在背胶机上。

③ 左手重复之前的动作，使胶池慢慢上升靠近芯片，右手轻轻地在芯片表面轻刷，使芯片底部粘满银胶。在刷胶的过程中手的力度一定要保持一致。

④ 刷完取出并在显微镜下检查背胶情况，有胶不足的重背，有相邻两粒芯片被银胶粘在一起的，将其夹掉。

⑤ 将检好的芯片银胶面朝下放入空芯片盒里。

⑥ 用镊子将掉落在胶池上之晶粒及杂物挑出，并将掉落晶粒数量详细填写在记录本上。

(3) 注意事项

① 芯片底部的银胶要粘饱满。

② 装入件及辅料：芯片，银胶（C850-6）；设备及工装：备胶机，扩张机，剪刀，酒精，棉花，芯片盒，插栓，绷子，刷子，镊子，显微镜，记号笔，干燥瓶。

(4) 控制重点

银胶不能超过芯片高度的 1/2。

5.2.4　固晶

(1) 准备

① 在随工单上填写工作日期、点阵型号、芯片的批号、片号、晶粒数以及操作者的工号、投料数。

② 准备好固晶用的针笔、底尺，针笔需用 500 目细砂纸磨好（针要从上到下逐渐变细，针尖要尖，四周圆且光滑，不能有毛刺）。

③ 开启照明灯，将背好胶的圆片正面朝上，反面（有晶的一面）朝下，平稳放入固晶座上。

④ 将固晶座移到显微镜下，对着晶粒调整显微镜的眼距（目镜向外移变大，反之变小）

高度，使眼睛能清楚看到晶粒。

(2) 固晶步骤

① 把 PCB 放在底尺上（注意 PCB 要放平），左手将底尺移到固晶座下，对着晶粒调整固晶座上的四个螺钉，调到针笔扎下去晶粒不会跟上来、也不会滑掉为最佳。调时应从高往低调，以免太低抹掉晶粒，最后微调一下显微镜的高度，右手握住旋转轮上下旋转到清晰为止。

② 用固晶针笔将晶粒逐一扎到 PCB 上的固晶位置，取晶粒的原则根据点阵的晶粒数，可采用 5×7、8×8 等固法。

③ 固完一片，左手抽出底尺，将 PCB 放在铁盘中，每盘按适当的数量放好后送 QC 站检验。

(3) 注意事项

① 固晶烘烤好的产品要及时焊线，而未焊线的产品放置的时间只能允许在 3 天范围内，不得超越。

② 装入件及辅料：已清洗的 PCB，背好银胶的芯片；设备及工装：照明台灯，拨针，镊子，显微镜，固晶座，底尺，针笔，500 目细砂纸，铁盘。

(4) 控制重点

固晶位置；取芯片方法；每人需戴防静电腕带。

(5) 固晶缺陷

固晶缺陷如图 5.2 所示。

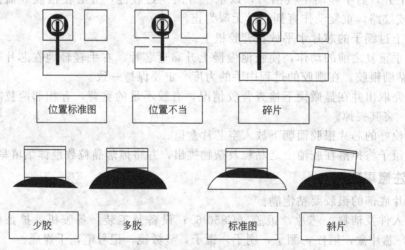

图 5.2　固晶缺陷

5.2.5　烘烤

(1) 烘烤步骤

① 检验完的 PCB 应及时（4h 内）送烘箱烘烤，PCB 进烘箱时填写烘烤记录表（记录表见附录 2）。正常烘烤温度：（150±5）℃；返修烘烤温度：（135±5）℃，正常烘烤时间：60min；返修烘烤时间：90min。

② 将烘烤完的 PCB 取出烘箱，若需要可用电风扇冷却。

③ 将冷却好的 PCB 放在焊线区，以待焊线。

(2) 注意事项

① 每天使用烘箱前，应先将烘箱预热至所需的温度。

② 每天用完烘箱及时切断电源。

③ 正常使用之烘箱每隔两周用丙酮擦洗内箱壁，晾干后方可使用。

④ 装入件及辅料：固好芯片并通过检验的PCB；设备及工装：烘箱，手推车，电风扇，手套。

5.2.6 焊线

(1) 准备

① 接通电源开机预热20min。

② 装钢嘴（由机修装）。

③ 装铝丝。

a.取出铝丝轴，将其套在铝丝固定轴上，红色缺口朝上。

b.用镊子将铝丝轴上的红色缺口线头轻轻夹起，穿过玻璃管，经过两个过孔到铁线夹。

c.打开铁线夹，用镊子将铝丝穿过换能杆到后一个钢嘴，再经过铁线夹，最后倾斜45°穿过钢嘴。

④ 用丙酮清洗钢嘴。

a.右手拿装有丙酮的容器，且使钢嘴泡在丙酮中。

b.左手每按一下测试按钮，即让钢嘴浸在丙酮中清洗，大约四五次，且按测试钮每次不可超过2s。

⑤ 调节显微镜。

a.用专用纸擦净显微镜的物镜、目镜。

b.摆正显微镜。

c.调节焊线机上的灯光强弱，使之适合自己的眼睛。

d.调节目镜眼距。

e.调节显微镜的高度，使之看清PCB。

f.固定显微镜。

⑥ 调整焊线机，在焊线机正上方有四个调节钮，从上至下每个钮的作用依次如下：

第一个钮调节第一点焊线功率，一般调在3：00左右，一压3.00；

第二个钮调节第一点焊线时间，一般调在30ms左右；

第三个钮调节第二点焊接功率，一般调在3：00左右，二压3.00；

第四个钮调节第二点焊接时间，一般调在30ms左右。

(2) 焊线

① 将夹有PCB的夹具放到钢嘴下，左手按控位盘上中点开关，用右手调第一焊点高度至3/2个晶粒高度（离PCB的高度），移动夹具使PCB上晶粒的铝垫对准钢嘴，中指松开，即完成第一焊点的焊接。

② 左手将控位盘向后退适当距离，使钢嘴处于晶粒下方金道的1/2以内（指靠晶粒的一边），左手中指按控位盘中点开关，右手调节第二点预备高度至1/2个晶粒高度，手指松开，即完成第二点焊接。

③ 重复①、②之动作直至焊完整片，然后再焊金道短接线。注意焊短接线第一点时预备高度要调低。

④ 完成一片，放入铁盘。

(3) 注意事项

① 正常上班不必关机。

② 当钢嘴脏时，应清洗钢嘴。

③ 每天上班所焊第一片应送 QC 站测拉力，每天至少需测两次的拉力，单点拉力不得小于 7g，平均拉力不得小于 8.5g，否则调整后再送检。

④ 换品种、修机台后都要送检一片，测定拉力和弧度。

⑤ PCB 上的多余的铝丝等异物一定要用镊子夹走。

⑥ 装入件及辅料：待焊线之 PCB，硅铝丝；设备及工装：超声波焊线机，镊子，拨针，材料固定座（治具），丙酮，钨丝。

（4）焊线不良

焊线不良实例如图 5.3 所示。

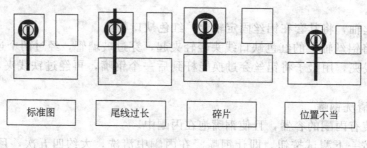

标准图   尾线过长   碎片   位置不当

斜片

图 5.3   焊线不良实例

（5）控制重点

焊点品质；焊线拉力；当焊线的湿度低于 30%RH 时，应将地板拖湿（每人需戴防静电腕带）；戴布手指套；焊点正。

5.2.7   前测

（1）准备

① 备好待测的 PCB。

② 选取相应的测试程序。

③ 调整好测试台的电性参数（不同的芯片参数的设定见附录1）及极性选择。

（2）前测步骤

① 将 PCB 的 PIN 插入测试工装，并盖上相应的反射盖，按一下测试按钮，即开始自动测试。

② 自动测试后观察测试台上的故障显示模块，其相应的点不应亮，若亮则相应的点就为电性不良（注：故障模块红灯亮，则被测器件对应点 U_F 不合格或缺亮；绿灯亮，则被测器件对应点 I_R 不合格；黄灯亮，则被测器件对应点 U_F、I_R 均不合格；故障模块全绿亮，则被测器件内部有短路或连线，其中交叉点或平行线为对应测试块连线处，$I_R > 500\mu A$，即显示短路）。

③ 自动测试完，取下 PCB，按良好、U_F 不合格、I_R 不合格、短路，不均分开，各用铁盘装好。

④ 测完一盘，填写相对应的随工单。

（3）注意事项

① 在整个测试过程中，应注意保护 PCB 正面，以免造成塌线、断线现象。

② 作业结束，关闭测试机电源。

③ 装入件及辅料：待前测之 PCB；设备及工装：LED 显示模块自动测试仪，测试工装铁盘。

（4）控制重点

亮度不均的判断；操作者的手法。

5.2.8 全检

（1）准备

① 备好需要全检的产品。

② 备好铁盘。

③ 开启照明灯。

④ 调整显微镜。

（2）全检步骤

① 拿一整片产品放在显微镜下，产品的每一个点都要看，发现有塌线需要把线铲掉。

② 线铲掉的产品需要另外返修。

（3）注意事项

① 手要保持干燥。

② 注意压丝。

③ 装入件及辅料：PCB；设备及工装：显微镜。

（4）控制重点

压丝过程。

5.2.9 吹反射盖

（1）准备

① 备好点阵反射盖、铁盘，备好高压气枪。

② 将排气扇打开。

③ 用半湿抹布将铁盘擦拭一遍。

④ 用高压气枪将铁盘吹干净。

（2）吹盖步骤

① 拿一片反射盖，用高压气枪将反射盖的六面均吹干净，特别是反射盖的字节内。

② 将吹干净的反射盖用干净的铁盘装好，装满一盘后，用另一个干净的铁盘盖好，以待贴高温胶带。

（3）注意事项

① 吹好的反射盖必须于 24h 内贴高温胶带，否则要重吹。

② 装入件及辅料：数码管的反射盖；设备及工装：高压气，高压气枪，排气扇，铁盘，抹布。

5.2.10 贴高温胶带

（1）准备

① 用半湿布擦拭工作台及各工具。

② 备好已吹干净的反射盖。

(2) 贴胶带步骤

① 根据各型号点阵的尺寸大小与高温胶带的宽度，将已吹干净的反射盖整齐地排在工作台上（各反射盖间的间距为 2~3mm）。

② 将高温胶带平整地贴在反射盖表面，两头的高温胶带紧贴工作台，以做固定（两头的高温胶带不能拉出太长）。

③ 用橡胶滚轮在高温胶带上来回滚动，使高温胶带贴反射盖表面。

④ 用剪刀柄将高温胶带与反射盖间的气泡推掉，特别是反射盖字节旁不得有气泡。

⑤ 将整板贴好胶带的反射盖用美工刀片切成一条一条（其长度可根据铁盘的长度而定），放入铁盘。

(3) 检杂物

① 将贴好胶带的反射盖一条一条拿到台灯下逐个字节检查杂物，有杂物 > 5mil 者，将其从胶带上取出，以待重贴（做散色）。

② 将合格的按一定的数量用干净铁盘装好。

(4) 注意事项

① 贴好高温胶带的反射盖必须于 24h 内灌胶。检过杂物的反射盖必须于 6h 之内灌胶，否则要重检。

② 装入件及辅料：已吹干净的反射盖，高温胶带；设备及工装：橡皮滚轮，剪刀，抹布，美工刀片，铁盘，台灯。

5.2.11 反射盖预热

(1) 操作步骤

① 用刀片把玻璃残留的胶削掉。

② 将玻璃用湿布两面擦干净。

③ 检查贴好的反射盖无杂物，无未贴到位，无模糊。

④ 将烘箱预热到 55℃。

⑤ 将烘箱的鼓风电源加热开启 20min，将已贴好胶带并检无杂物的反射盖移到干净的玻璃上摆整齐，放入烘箱预热。预热时间：30~40min。

(2) 注意事项

① 此工序应与上 PCB 工序作时间上的配合。

② 装入件及辅料：已贴好胶带并检无杂物的反射盖；设备及工装：烘箱。

5.2.12 配胶

(1) 准备

① 打开烘箱机电源，并将加热打开，将烘箱温度分别设定为 38℃（5010A），70℃（700A），加热环氧胶。

② 将烧杯、玻璃棒用丙酮清洗干净。

③ 插上电子天平电源，并打开开关。

(2) 配胶步骤

① 将干净烧杯放在电子天平托盘上，并将电子天平清零。

② 按已定的比例，往烧杯中依次倒入扩散剂、环氧胶（注：每倒入一次原料，将电子

天平清零一次，以便读数；5010A/B 的比例为 150/50；700A/B 的比例为 100/100）。

③ 用干净的玻璃棒搅拌直至各原料均匀混合（扩散剂在烧杯底部，应特别注意将其搅拌均匀）。

（3）注意事项

① 配胶要保持工作台干净。

② 此工序要与灌胶工序配合。

③ 配胶顺序依次是扩散剂、700B、700A。

④ 装入件及辅料：环氧胶（700A/B），环氧胶（5010A/B），扩散剂（DF-090）；设备及工装：电子天平，量杯，玻璃棒，丙酮，抽真空机。

（4）控制重点

配胶精确；胶内无杂物。

5.2.13 灌胶

（1）准备

① 用丙酮清洗灌胶机，并用高压气枪吹，将部分拆装件放入 70℃烘箱加热。

② 将拆装件装入平面灌胶机。

③ 从烘箱中取出已预热的反射盖。

④ 打开灌胶机电源、高压气。

（2）灌胶步骤

① 将环氧胶顺着装胶面缓慢倒入灌胶机储胶桶内，盖上顶盖，将剩余的胶放在预热机下预热。

② 左手将玻璃中的数码管反射盖翻过，使反射盖的盖面朝下，方向统一（针头要对准反射盖）。

③ 用脚踏下灌胶机的脚踏开关，排出机器内的空气，直到胶量顺畅无杂物。

④ 调好灌胶机的胶量，然后踩一下脚踏开关，使环氧胶流入反射盖，松开脚踏开关。

⑤ 重复此动作直到整盘里的反射盖灌完。

（3）注意事项

① 要将针筒对准反射盖才能灌胶。

② 在灌胶过程中，不得使反射盖外表粘上胶或将胶滴在铁盘里。

③ 保持工作台及整个环境卫生，以免杂物进入环氧胶内。

④ 拆装平面灌胶时，应将电源开关、高压气关掉。

⑤ 每次配好的胶应一次用完（注：可适量留点，以备抽真空后补胶用）。

⑥ 每次第二盘需要称重量是否按定额。

⑦ 装入件及辅料：已配好的环氧胶，已贴好高温胶带的反射盖；设备及工装：高压气，平面灌胶机，烘箱，铁盘。

（4）控制重点

灌胶的温度低于 23℃，应用加热器加热；注意胶量的使用。

5.2.14 抽真空

（1）准备

① 打开抽真空机电源，并将加热打开，设定温控仪温度为 38℃（5010A/B）、70℃

（700A/B），将真空机箱体预热到设定温度。

② 将反射盖放入真空机内，然后松一松皮带，并关上真空机箱体门，对反射盖及环氧胶进行预热，预热时间为 10～15min。

（2）抽真空

① 预热时间到后，关闭抽真空机的所有放气口，将定时开关打开，设定时间为 10min，并打开真空泵开关，开始抽真空。

② 定时时间到后，真空泵自动停止抽真空，此时打开真空机的放气阀门。当压力表指示为零时，打开真空机门，取出反射盖。

③ 逐片检查反射盖上的胶量，若有少胶，则补上适量的胶，使每片反射盖里的胶适量均匀。

④ 补完胶后应再抽真空 10～20min。

⑤ 抽完真空的反射盖应及时上 PCB。

（3）注意事项

① 盘子要挑平的。

② 装入件及辅料：已灌胶的反射盖；设备及工装：抽真空机，铁盘。

（4）控制重点

发现有漏胶时应及时挑出来。

5.2.15 上 PCB

（1）准备

① 将丙酮倒入杯子（放在盘子的正上方）。

② 把全检好的 PCB 放在桌子的旁边。

（2）上 PCB 步骤

① 从真空机里取出已抽真空好的反射盖，把 PCB 放在反射盖的左边。

② PCB 表面粘好丙酮，然后缓慢地将 PCB 压入反射盖中（特殊的 PCB 要用镊子压）。

③ 适量调整每片反射盖里的环氧胶，胶多将之减少，胶少将之增加。

（3）注意事项

① 在上 PCB 过程中，注意压板速度，不要因压得太快使胶溢出。

② 在调胶时应该小心，不要让反射盖上粘胶。

③ PCB 一定要压到位。

④ 装入件及辅料：已灌好胶并抽真空好的反射盖，全检好的 PCB，棉花，丙酮；设备及工装：大小镊子，铁盘。

（4）控制重点

应及时上 PCB，不要让环氧胶在外面停太久，造成胶稠。

5.2.16 固化

（1）准备

将鼓风烘箱预热到 73℃。

（2）固化步骤

① 根据烘箱的大小，适当放入上好 PCB 的反射盖。

② 点阵：将钢条放好，再将玻璃一层一层叠上去（放 7 盘）放完。

③ 分段烘烤 73℃、3h 后再将烘箱温度调到 83℃、4h。

④ 烘烤完将烘箱电源关掉，让其内部自然冷却到 45℃ 以下，方可取出玻璃。

(3) 注意事项

① 上好 PCB 的数码管，应及时送烘箱烘烤（从配胶开始到进烘箱，应在 4h 内完成）。5010A/B 胶为常温胶，12h 自然干，不需加热（天冷要 36h）。进烘箱固化注意端平。

② 装入件及辅料：上好 PCB 的点阵；设备及工装：鼓风机，烘箱，闹钟。

5.2.17 检外观

(1) 在台灯下，逐片检查外观

① 反射盖外部不应有环氧胶，若有用美工刀片刮去。

② PIN 上不应有环氧胶，若有用美工刀片刮去，后整理 PIN 弯曲。

(2) 撕去高温胶带，检查盖面外观

① 检查点阵字节内有无杂物及气泡。若有明显杂物及气泡，PIN 朝上处理。

② 检查点阵表面有无明显划伤及油墨脱落，若有 PIN 朝上处理。

③ 将检好或修好的点阵用铁盘装好，方向统一以待后测（注：多盘重叠，中间应隔一层纸片，以免划伤盖面）。

(3) 填写随工单

① 灌胶工号；

② 数量；

③ 检外观工号。

装入件及辅料：已烘烤完的点阵；设备及工装：台灯，镊子，美工刀片，铁盘。

5.2.18 后测

(1) 准备

① 备好待后测的点阵。

② 选取相应的测试程序打开。

③ 设定好测试台的电性参数（不同芯片的参数设定见附录 2）及极性选择。

④ 打开测试机，预热 5min。

(2) 测试步骤

① 将样品校正板插入测试工装，校正亮度和波长。

② 将点阵的 PIN 插入测试工装，按一下按钮，即开始自动测试。

③ 自动测试后观察测试机上的故障显示模块，其相应的点不应亮。若灯亮，则相应的点就为电性不良。

④ 自动测试完，在点亮的状态下，观察数码管字节内有无杂物、气泡、节变等，并观察数码管各字节间的亮度均匀性（判断不均参照样品）。

⑤ 挡位需要分开放，送检需要每一挡用一个盘子，一次只能有 3 个挡。

⑥ 测试完后按 A 品、B 品、C 品分开，各用铁盘装好，C 品中又分缺亮、不均、短路、杂物、气泡。

A 品：节（点）内杂物、气泡小于等于 7.5mil，而且无其他缺陷。

B 品：节（点）内杂物、气泡大于 7.5mil，小于 20mil，不均。

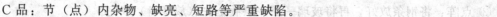

C品：节（点）内杂物、缺亮、短路等严重缺陷。

⑦ 填写随工单。

（3）注意事项

① 在测试过程中，若发现缺亮者，应先看相对应的 PIN，可用镊子刮一下，再查 PIN 与插座接触是否良好。作业结束，关闭测试机电源。

② 装入件及辅料：待后测的点阵；设备及工装：LED 显示模块自动测试仪，测试工装，密尔图，铁盘，刀片。

5.2.19　打印和包装

（1）准备

① 将印油滴在有机玻璃板上，用油印滚轮将印油均匀地分散在有机玻璃上（注：印油不可太多，薄薄一层即可）。

② 根据产品的型号挡位，选用相应的挡位印章。

（2）打印步骤

① 右手持印章，在有机玻璃板上粘上印油。

② 将打印的产品检查有无气泡、杂物，是否外观不良，挑出后按方向摆放。

③ 将印章在点阵的打印位置上轻按下，即完成打印（注：打印字迹应清晰，否则单片用棉花醮上丙酮擦去字迹，重新打印）。

④ 打完后 PIN 朝上，检查 PIN 是否弯曲，若弯曲需整理，黑 PIN、外观不良、胶斜挑出。

⑤ 将检查好的点阵用铁盘装好。

（3）包装步骤

① 将工装把产品反面朝上放整齐（检查 PIN 弯曲），再用泡沫片在产品上压好，随工装反一下（检查外观不良、气泡、大杂物，打印清晰）。

② 将检好后的点阵一层一层放入包装箱。

③ 外包装箱应标明产品名称、型号、数量，箱内应有合格证，标明型号、生产日期、操作者及最小包装的数量。填写送检单以待送检。

④ 装入件及辅料：后测合格的数码管，印油，丙酮，棉花，泡沫片，包装箱；设备及工装：油印滚轮，印章，有机玻璃板，镊子，铁盘。

（4）控制重点

不良品做好记录。

复习思考题

1. 请分析数码管封装与单管 LED 封装的区别。

2. 数码管与单管 LED 封装相比多一个 PCB 环节，请问该环节设计的主要意义是什么？

第二篇 LED应用

第6章

认知LED照明

由于现行的工频电源和常见的电池电源都不适合直接供给LED，采用LED驱动器，使得可以驱使LED在最佳电压或电流状态下工作。本章将介绍LED驱动器的基本概念及分类，并以恒压源供电电阻限流电路进行分析，最终完成一个LED灯泡的制作，从而初步了解LED在照明中的应用。

6.1 LED器件的驱动

(1) LED驱动器的概述

LED驱动器是指驱动LED发光或LED模块组件正常工作的电源调整电子器件。由于LED驱动器广泛的用户需求及在LED应用产品上的重要性，使得作为LED驱动器的核心部件的LED驱动IC成了整个技术环节中的关键元素。

(2) LED驱动器的要求

驱动LED面临着不少挑战，如正向电压会随着温度、电流的变化而变化，而不同个体、不同批次、不同供应商的LED正向电压也会有差异；另外，LED的"色点"也会随着电流及温度的变化而漂移。LED的排列方式及LED光源的规范也决定着基本的驱动器要求。

总的来说，LED驱动器的要求包括以下几个方面。

① 对输出功率和效率的要求，这涉及LED正向电压范围、电流及LED排列方式等。

② 对供电电源的要求，可分为三种方式：AC-DC电源、DC-DC电源和直接采用AC电源驱动。

③ 对功能的要求，其中包括对调光的要求、对调光方式（模拟、数字或多级）的要求、对照明控制的要求等。

④ 其他方面的要求：尺寸的大小符合现代社会的发展方向，集成化、小型化，外围元

件少而小，使其占印刷电路板面积小，以便小尺寸封装；成本的控制、故障处理（保护特性）及完善的保护电路，如低压锁存、过压保护、过热保护、输出开路或短路保护；遵从相关标准及可靠性好等。

除此之外还应该有更多的考虑因素，如机械连接、安装、维修/替换、寿命周期、物流等一些现实使用会考虑到的问题。

（3）LED驱动的分类

从 LED 器件的发光机理可以知道，当向 LED 器件施加正向电压时，流过器件的正向电流使其发光。因此 LED 的驱动就是如何使它的 PN 结处于正偏置，而且为了控制（调节）它的发光强度，还要解决正向电流的调节问题。具体的驱动方法可以分为直流驱动、恒流驱动、脉冲驱动和扫描驱动等。

直流驱动

直流驱动是最简单的驱动方法，由电阻 R 与发光二极管 LED 串联后直接连接到电源上。连接时令 LED 的阴极接电源的负极方向，阳极接正极方向。当 LED 处于正偏置时，发光二极管发光；二极管与电阻的位置是可以互换的。直流驱动时，LED 的工作点由电源电压 U_{cc}、串联电阻及 LED 器件的伏安特性共同决定。对应于工作点的电压、电流分别为 U_f 和 I_f，改变 U_{cc} 的值或 R 的值，可以调节 I_f 的值，从而调节 LED 的发光强度，如图 6.1 所示。这种驱动方式适合于 LED 器件较少、发光强度恒定的情况，例如目前有的公交车上用于固定显示"××路"字样的显示器上，就可以使用直流驱动。一方面它显示的字数很少，另一方面它的显示内容固定不变，因此只要在需要显示字样的笔画上排列 LED 发光灯就行了，这样一块屏上大约有 100 只管子。采用直流驱动，可以简化电路、降低造价。直流驱动电路的电源电压和电阻应该仔细选择，以便在满足发光强度的情况下尽量节约电能。

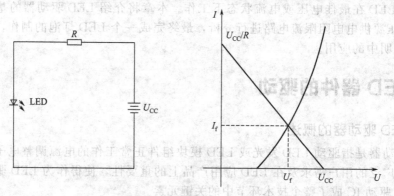

图 6.1 LED 的直流驱动

在直流驱动方式下，多个 LED 器件可以相互并联或串联连接，如图 6.2 所示。

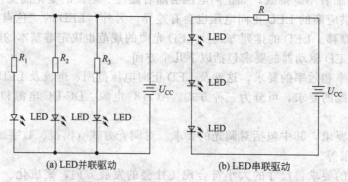

(a) LED并联驱动   (b) LED串联驱动

图 6.2 LED 器件的并联与串联驱动

在串联情况下，有

$$I_f = (U_{CC} - nU_f)/R$$

式中，n 为串联的 LED 器件数量。

在并联情况下，有

$$I_f = (U_{CC} - U_f)/R$$

在并联连接时，应该注意各个 LED 器件需要有自己的串联（限流）电阻，而不要共用一个串联电阻。因为共用同一电阻使得各个 LED 器件的正向电压相同，而器件的分散性将造成在相同的正向电压下其正向电流并不相同，导致各器件的发光强度不同。

恒流驱动

由于 LED 器件的正向特性比较陡，加上器件的分散性，使得在同样电源电压和同样的限流电阻的情况下，各器件的正向电流并不相同，引起发光强度的差异。如果能够对 LED 正向电流直接进行恒流驱动，只要恒流值相同，发光强度就比较接近（同样存在着发光强度与正向电流之间各个器件的分散性，但是这种分散性没有伏安特性那么陡，所以影响也就小很多了）。由于晶体管的输出特性具有恒流性质，所以可以用晶体管驱动 LED。

可以将晶体管与 LED 器件串联在一起，这时 LED 的正向电流就等于晶体管的集电极电流，如图 6.3 所示。如果直接使用晶体管基极电流控制其集电极电流，由于晶体管放大倍数的分散性，同样的基极电流会产生不同的集电极电流，因此应该采用基极电压控制方式，即在发射极中串联电阻 R_e，这时有

$$I_c \approx I_e = (U_b - U_{be})/R_e$$

式中，U_b 为外加基极电压，U_{be} 为基极-发射极电压。由于晶体管 U_{be} 的分散性比放大倍数点的分散性要小，所以各 LED 器件的正向电流在其 U_b 与 R_e 相同的情况下，基本上是可以保证是一致的。此外电压控制方式比电流控制方式更方便。

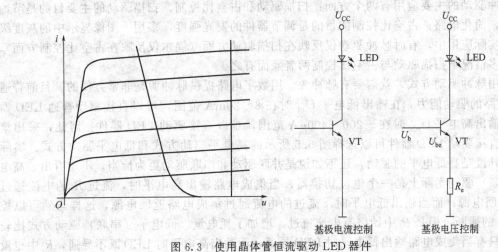

基极电流控制　　　基极电压控制

图 6.3　使用晶体管恒流驱动 LED 器件

脉冲驱动

利用人眼的视觉惰性，采用向 LED 器件重复通断供电的方法点亮 LED，就是通常所说的脉冲驱动方式。采用脉冲驱动方式时应该注意两个问题：脉冲电流幅值的确定和重复频率的选择。首先，要想获得与直流驱动方式相当的发光强度，脉冲驱动电流的平均值 I_a 就应该与直流驱动的电流值相同。如图 6.4 所示，平均电流 I_a 是瞬时电流 i 的时间积分，对于矩形波来说，有

$$I_a = \frac{1}{t} \int_0^T i \, dt$$

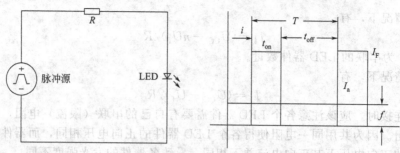

图 6.4 LED 的脉冲驱动

$$I_a = I_F(t_{on}/T)$$

其中 t_{on}/T 是占空比的一种描述，严格意义上的占空比应该是 t_{on}/t_{off}，但因 $t_{off} = T - t_{on}$，所以 t_{on}/T 也就间接表示了 t_{on}/t_{off}。为了使脉冲驱动方式下的平均电流 I_a 与直流驱动电流 I_o 相同，就需要使它的脉冲电流幅值满足：

$$I_F = (T/t_{on})I_a = (T/t_{on})I_o$$

可见，脉冲驱动时脉冲电流的幅值应该比直流驱动电流大 t_{on}/t_{off} 倍。所幸的是脉冲驱动下的最大允许电流幅值比直流驱动的最大允许电流值高得多。

其次，是脉冲重复频率（或重复周期）的问题。通过视觉惰性的分析，已经知道脉冲重复频率必须高于 24Hz，否则就会产生闪烁现象。在实际应用中，往往采用更高的频率，例如 50Hz、60Hz、120Hz，甚至高达 1920Hz。选择重复频率时，不仅要考虑避免闪烁现象，有时还要考虑电路设计的方便。重复频率的上限受器件响应速度的限制，无论是 LED 器件还是驱动器件，当频率高到一定程度，达到器件无法正常导通和关断的时候，就不能正常工作了。LED 器件的上限工作频率在十几兆赫到数百兆赫范围内。

脉冲驱动的主要应用有两个方面：扫描驱动和占空比控制。扫描驱动的主要目的是节约驱动器，简化电路；占空比控制的目的是调节器件的发光强度，多用于图像显示中的灰度级控制。实际应用中，有时脉冲驱动仅反映在扫描驱动方面（偶尔仅反映在占空比控制方面），而在很多情况下扫描驱动与占空比控制两者兼而有之。

采用脉冲驱动方式，就需要有脉冲源。用数字电路提供脉冲源是非常方便的。目前普通 TTL 电路的驱动能力，在输出低电平 U_{ol} 时在 8~20mA 范围，可以直接驱动普通 LED 器件，在输出高电平 U_{oh} 时在 -200~400μA 范围，难以直接驱动 LED 器件。因此，采用集成电路直接驱动 LED 器件可以选择图 6.5 所示的高电平驱动方式和低电平驱动方式。实际上，与其说是高低电平的驱动，还不如说是并联驱动和串联驱动更为恰当。不难看出，高电平（并联）驱动实际上是一个电流切换器，当集成电路输出高电平时，流过 R 的电流通过 LED 返回电源；而当输出低电平时，流过的电流通过集成电路返回电源，这样当然可以控制 LED 的通断，但是 R 中始终有电流流过，增加了耗电量。低电平（串联）驱动方式比较合理，只有当集成电路输出低电平时 LED 导通，而输出高电平时 LED 既不导通，R 中也没有电流，因而电能的消耗比较合理。

在实际应用中往往 LED 所需要的驱动电流较大，集成电路的输出能力显得不足。这时可以外加晶体管进行驱动，如图 6.5 所示。外加晶体管与 LED 器件的连接同样可以区分为并联与串联两种方式。同样的原因，以采用串联方式为好。由于选用 PNP 晶体管和 NPN 晶体管的不同，还有采用集电极输出与发射极输出的不同，串联驱动的具体电路又可以分成如图 6.5 所示的四种情况：（a）NPN 晶体管集电极输出；（b）NPN 晶体管发射极输出；（c）PNP 晶体管集电极输出；（d）PNP 晶体管发射极输出。

（a）、（b）两种情况都是输入高电平控制 LED 导通；（c）、（d）为输入低电平控制 LED 导

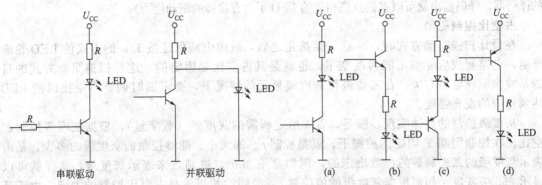

图 6.5　集成电路外加晶体管的驱动方式

通。考虑到集成电路输出高电平时的驱动能力较弱，因此采用 PNP 晶体管，在集成电路输出低电平时控制 LED 导通比较合适。对于 PNP 晶体管驱动的集电极输出与发射极输出两种情况，也可以进行比较。电路（c）为集电极输出，输出电流的大小受放大倍数的影响，不容易一致；而电路（d）的发射极输出，可以比较稳定地控制 LED 的工作电流。因此推荐采用电路（d）。

扫描驱动

扫描驱动通过数字逻辑电路，使若干 LED 器件轮流导通，用以节省控制驱动电路。

图 6.6 所示为用于对 n 个 LED 器件进行扫描驱动的电路。假定切换电路在切换过程中没有时间延迟，且每个 LED 的导通时间 t_{on} 是相等的，则占空比 $t_{on}/T = 1/n$。此时的驱动电流幅值 I_F 应该等于相当直流驱动电流 I_0 的 n 倍，才能达到与直流驱动一样的效果。

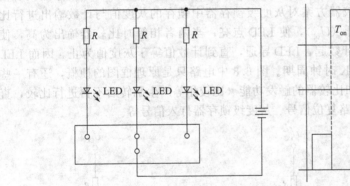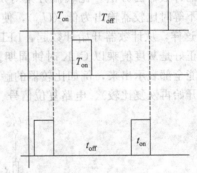

图 6.6　扫描驱动电路

当然，I_f 值必须小于该器件的最大允许脉冲幅值电流，这样，n 的值就不可能取得太大，否则不是显示亮度不够，就是电流超过极限位。一般 n 最大取为 16，这时的显示亮度大约是直流驱动下能够显示的最大亮度的 1/4。这个亮度对于室内应用，一般是能够满足要求的，但对于室外应用就不行了。室外应用时，n 可选择为 4。

为了说明扫描驱动的具体形式，常用 $1/n$ 作为参数进行描述。例如常说采用 1/4、1/8 或 1/16 扫描方式等。图 6.7 给出了 1/16 扫描驱动电路的原理框图。计数器对时钟产生的计数脉冲进行 4bit 二进制计数，其输出从 0000 到 1111 有 16 种取值，再通过 4/16 译码器进行译码，译码的结果由 16 个输出端输出。选择输出低有效

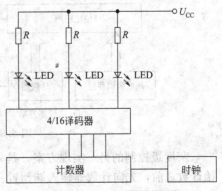

图 6.7　1/16 扫描驱动电路

的译码器，译码输出就可以直接点亮相应的 LED 了（有足够的驱动能力）。

占空比控制驱动

在设计扫描驱动方式时，一旦 n 值确定之后，就由电路保证按 $1/n$ 的方式使 LED 轮流导通，电路制成后 n 值不能再改变了，也就是其占空比是固定的。这与扫描驱动方式的目的是减少驱动电路有关。在需要进行灰度级显示的情况下，要求随时调整占空比以使 LED 达到相应的发光强度。

灰度级控制的具体实现步骤是，首先给定所需的灰度级（数字量），根据灰度级控制占空比。在控制周期 T 固定的前提下，就是控制 t_{on} 的大小。能够控制的灰度级的多少，是由表示灰度级的二进制数的位数决定的，例如常用 8bit 二进制数来表示灰度级，这样就可以显示 256 级灰度。如何根据灰度级的值控制 t_{on} 时间的长短，是占空比控制的关键。由于是对时间量的控制，所以很自然地就会想到采用定时器来实现，可以用一个 8 位二进制计数器对标准时钟进行计数，实现 8bit 灰度级的控制。当给定的灰度级在 00H～FFH 变化时，占空比 t_{on}/T 在 00H/FFH(0)～FFH/FFH(1) 之间调节。在灰度级为 00H 时，一个周期 T 内的 t_{on} 时间为 0；当灰度级为 FFH 时，$t_{on}=T$。8 位计数器对标准时钟 CLK 进行计数时，计数器输出的 8bit 编码在 00H～FFH 变化，反映了所计 CLK 脉冲的个数，也就反映了从开始计数到计数器输出为某一值的时间。8bit 计数器每计满 256 个 CLK 就完成了一个控制周期，之后又从 0 开始下一个周期的控制。所以对应于某一灰度级的计数器，输出端编码值与计数器计满时的编码（第 256 个编码）之比就是占空比 t_{on}/T。

如何用灰度级的值对计数器的输出进行控制，从而调节显示器导通的时间，是实现灰度级控制的另一个重要问题。常用的方法有两个，一个是使用比较器的方案，另一个是采用具有输入预置功能的计数器的方法。比较器方案对灰度级锁存器中锁存的灰度值与计数输出进行比较，当两者不等时比较器输出为低 (U_{ol})，使 LED 点亮；当两者相等时比较器输出为高，使 LED 熄灭。这样，从计数器开始计数起，LED 导通，直到计数值等于灰度值为止。因而 LED 的导通时间正好是灰度值乘以 CLK 时钟周期。图 6.8 中电路只是原理框图的梗概，还有一些辅助部分未能全部表示出来，例如比较器的触发功能（比较相等产生翻转后不再进行比较，直至下一周期开始再恢复比较）、电路复位信号、灰度级锁存器打入信号等。

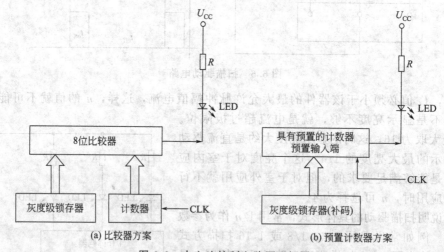

图 6.8 占空比控制电路原理框图

灰度级控制的另一实现方案，是采用具有输入预置数功能的计数器。这种计数器可以在开始计数之前，先向计数器输入端预置一个数据，然后计数器就从预置数开始向下计数。可以把灰度值的补码预置入计数器，从开始计数到计满为止，恰好计了灰度值原码个数的 CLK 脉冲，再利用计数器的输出端作为输出信号，控制 LED 的关断，就能够实现灰度级控制了。

第二种方案看似简单，实际上却很少应用。原因有二，其一是该方案需要对灰度值求补，因而增加了相应的电路；其二是该方案不便于电路的共用，这是更为重要的原因。方案二的关键部件是可预置数计数器，由于各个 LED 器件所需显示的灰度级不同，因此预置的数据就不同，所以必须为每一个 LED 器件配备一个可预置数计数器。对比之下，第一种方案的可共用电路较多。首先，计数器是完全可以共用的，因为多个 LED 器件尽管显示的灰度级不同，但是计数都是从 00H 到 FFH，都使用相同的 CLK 时钟。如果用一个计数器对多个比较器输出，各个比较器分别对自己的灰度级输入与公共的计数器进行比较，是完全可行的。此外，比较器也可以共用，例如灰度级显示时一个 CLK 时钟周期大约是 $2\mu s$，而普通 TTL 比较器电路的响应在几十毫微秒范围，因此用一个比较器进行多路灰度级比较是可能的。

组合驱动

以上所介绍的各种驱动方式，在实际应用中往往是组合在一起使用的。

LED 显示屏是将发光灯按行按列布置的，驱动时也就按行按列驱动。在扫描驱动方式下可以按行扫描按列控制，当然也可以按列扫描按行控制。所谓"扫描"的含义，就是指一行（列）一行（列）地循环接通整行（列）的 LED 器件，而不问这一行（列）的哪一列（行）的 LED 器件是否应该点亮，也不问它的灰度值应该是多少。某一列（行）的 LED 器件是否应该点亮，以及它的灰度值大小，由所谓的列（行）"控制"电路来负责。

图 6.9 所示为一个 m 行 n 列结构的 LED 显示屏，当采用行扫描列控制的驱动方式时，从 H1 到 Hm 轮流将高电位接通各行线，使连接到各该行的全部 LED 器件接通正电源，但具体哪一个 LED 导通，还要看它的负电源是否接通，这就是列控制的任务了。例如在屏幕上需要 LED11 点亮、LED21 熄灭，在扫描到 H1 行时，L1 列的电位就应该为低，而扫描到 H2 行时 L1 列的电位就应该为高。这样行线上只管一行一行地轮流导通，列线上进行通断控制，实现了行扫描列控制的驱动方式。

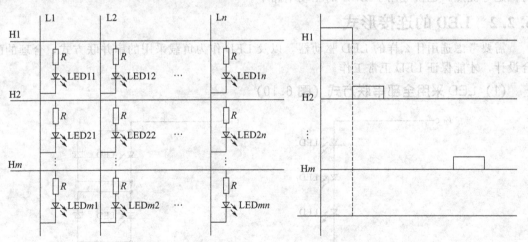

图 6.9 行扫描列控制原理及波形图

上述的列控制只控制了 LED 的通断，如果需要进行灰度级显示，那么列控制就不是通断控制，而是占空比控制了。这时，在当前扫描行上，该行各 LED 器件根据所需显示的灰度级，分别由对应的列线给出占空比控制信号。这样，就把扫描驱动与占空比控制结合在一起了。

6.2 恒压式驱动电路分析

　　LED具有环保、寿命长、光电效率高等众多优点，近年来在各行各业的应用得以快速发展，LED的驱动电路成了产品应用的一大关键因素。理想的LED驱动方式是采用恒压、恒流，采用串联方式级联多个LED，但驱动器的成本增加。其实每种驱动方式均有优缺点，根据LED产品的要求、应用场合，合理选用LED驱动方式，精确设计驱动电源成为关键。

6.2.1 恒压源供电电阻限流电路分析

　　根据LED电流、电压变化特点，采用恒压驱动LED是可行的。虽然常用的稳压电路存在稳压精度不够和稳流能力较差的缺点，但在某些产品的应用上，其优势仍然是其他驱动方式无法比拟的。

　　电容降压的工作原理是利用电容在一定的交流信号频率下产生的容抗来限制最大工作电流。采用电容降压时应注意以下几点。

　　① 根据负载的电流大小和交流电的工作频率选取适当的电容，而不是依据负载的电压和功率。

　　② 限流电容必须采用无极性电容，绝对不能采用电解电容，而且电容的耐压须在400V以上。最理想的电容为铁壳油浸电容。

　　③ 电容降压不能用于大功率条件，因为不安全。

　　④ 电容降压不适合动态负载条件。

　　⑤ 电容降压不适合容性和感性负载。

　　⑥ 当需要直流工作时，尽量采用半波整流，不建议采用桥式整流，而且要满足恒定负载的条件。

　　采用电容降压电路是一种常见的小电流电源电路，由于其具有体积小、成本低、电流相对恒定等优点，也常应用于LED的驱动电路中。

6.2.2 LED的连接形式

　　需要考虑选用什么样的LED驱动器，以及LED作为负载采用的串并联方式，合理的配合设计，才能保证LED正常工作。

(1) LED采用全部串联方式 (图6.10)

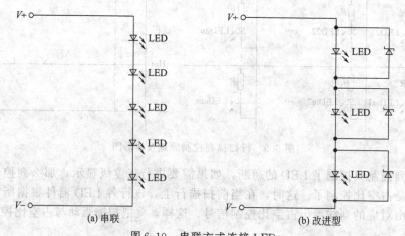

(a) 串联　　　　　　　　　　(b) 改进型

图6.10　串联方式连接LED

（2）LED采用全部并联方式（图6.11）

（3）LED采用混联方式（图6.12）

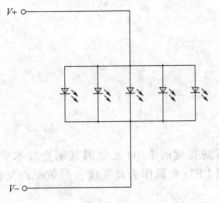

图 6.11 并联方式连接 LED

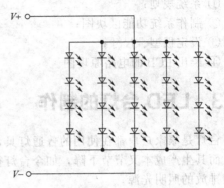

图 6.12 混联方式连接 LED

（4）不同连接形式的比较（表6.1）

不同的连接形式具有各自不同的特点，并且对驱动器的要求也不相同，特别是在单个LED发生故障时电路工作的情况、整体发光的可靠性、保证整体LED尽量能够继续工作的能力、减少总体LED的失效率等就显得尤为重要。

表 6.1 LED 连接形式的比较

连接形式		优点	缺点	应用场合
串联	简单串联	电路简单，连接方便。LED的电流相同，亮度一致	可靠性不高，驱动器输出电压高，不利于其设计和制造	LCD 的背光光源、工频 LED 交流指示灯、应急灯照明
	带旁路串联	电路较简单，可靠性较高。保证 LED 的电流相同，发光亮度一致	元器件数量增加，体积加大。驱动器输出电压高，设计和制造困难	
并联	简单并联	电路简单，连接方便，驱动电压低	可靠性较高，要考虑 LED 的均流问题	手机等 LCD 显示屏的背光源、LED 手电筒、低压应急照明灯
	独立匹配并联	可靠性高，适用性强，驱动效果好。单个 LED 保护完善	电路复杂，技术要求高，占用体积大，不适用于 LED 数量多的场合	
混联	先并联后串联	可靠性较高，驱动器设计制造方便，总体效率较高，适用范围较广	电路连接较为复杂，并联的单个 LED 或 LED 串之间需要解决均流问题	LED 平面照明、大面积 LCD 背光源、LED 装饰照明灯、交通信号灯、汽车指示灯、局部照明
	先串联后并联			
	交叉阵列	可靠性高，总体的效率较高，应用范围较广	驱动器设计制造较复杂，每组并联的 LED 需要均流	

6.2.3 设计驱动电路 PCB 板

（1）PCB 基础介绍

PCB 是 Printed Circuit Board 印制线路板的简称。通常把在绝缘材料上按预定设计制成印制线路、印制元件或两者组合而成的导电图形，称为印制电路。而在绝缘基材上提供元器件之间电气连接的导电图形，称为印制线路。这样就把印制电路或印制线路的成品板，称为印制线路板，亦称为印制板或印制电路板。

（2）恒压源驱动 LED 台灯 PCB 的设计流程

在 PCB 的设计中，正式布线前，还要经过很多的步骤，以下就是设计一个恒压源驱动 LED 台灯 PCB 板的主要流程：

① 系统规划；

② 制作系统功能区块图；

③ 设定板型、尺寸；

④ 绘出 PCB 的电路原理图。

6.3 LED 台灯的制作

台灯是家家户户都在使用的普通灯具，这几年高亮度的 LED 光源因其制造技术突飞猛进，而其生产成本又节节下降，如今台灯得以使用 LED 光源作为高亮度、高效率而又省电、无碳排放的照明光源。

6.3.1 LED 台灯概述

目前市场上的台灯按其种类可分为三种：一种是普通的白炽台灯，一种是卤素台灯，另一种是荧光台灯。

LED 台灯具有以下优点：

① 采用特殊工艺，高光效，低衰减；

② 直流供电，无频闪，无电磁辐射；

③ 绿色环保，高效节能；

④ 固体光源，抗机械振动；

⑤ 寿命长，是传统光源的几十倍；

⑥ 光源方向性好，按需照明；

⑦ 照度充足，满足所需照明需求。

6.3.2 焊接知识与焊接技巧

电子电路的焊接、组装与调试在电子工程技术中占有重要位置。任何一个电子产品都是由设计→焊接→组装→调试形成的，而焊接是保证电子产品质量和可靠性的最基本环节，调试则是保证电子产品正常工作的最关键环节。

（1）焊接知识

所谓焊接即是利用液态的"焊锡"与基材接合而达到两种金属化学键合的效果。

（2）焊接技巧

① 焊接操作姿势与卫生　一般在工作台上焊印制板等焊件时，多采用握笔法。焊接时，一般左手拿焊锡，右手拿电烙铁。

② 焊接温度与加热时间　合适的温度对形成良好的焊点很关键。同样的烙铁，加热不同热容量的焊件时，要想达到同样的焊接温度，可以用控制加热时间来实现。若加热时间不足，易形成夹渣（松香）、虚焊。此外，有些元器件也不容许长期加热，否则可能造成元器件损坏。

③ 焊接步骤　五步焊接法：对于热容量大的工件，要严格按五步操作法进行焊接。焊接五步法如图 6.13 所示，这是焊接的基本步骤。

对热容量小的工件，可以按三步操作法进行：准备；放上烙铁和焊锡丝；拿开烙铁和焊锡丝。这样做可以加快节奏。

焊锡　　　　　　　　　　　　　　　　　　　　　　烙铁头

(a) 准备　　　(b) 放上烙铁　　　(c) 熔化焊锡　　　(d) 拿开焊锡丝　　　(e) 拿开烙铁

图6.13　焊接五步法

④ 焊点合格的标准

a. 焊点有足够的机械强度。

b. 焊接可靠，保证导电性能。

c. 焊点表面整齐、美观。

⑤ 焊接的基本原则

a. 清洁待焊工件表面。

b. 选用适当工具。

c. 采用正确的加热方法。

d. 选用合格的焊料。

e. 选择适当的助焊剂。

f. 保持合适的温度。

g. 控制好加热时间。

h. 工件的固定。

i. 使用必要辅助工具。

⑥ 焊接的注意事项　焊接印制板，除遵循锡焊要领外，须特别注意焊接顺序。一般焊接的顺序是：先小后大、先轻后重、先里后外、先低后高、先普通后特殊。即先焊轻小型元器件和较难焊的元件，后焊大型和较笨重的元件；先焊分立元件，后焊集成块；对外连线要最后焊接。如元器件的焊装顺序依次是电阻器、电容器、二极管、三极管、集成电路、大功率管。

技能训练一　LED灯泡的制作

1. 实训目的

① 熟悉LED灯泡驱动电路的设计与制作。

② 掌握基本的焊接手法，并能完成LED灯泡驱动电路板的焊接、组装。

③ 能完成一个LED灯泡的组装。

2. 实训材料

① 白光超亮LED灯珠/LED光源，38颗。

② LED灯板（38灯珠），1个。

③ LED电源，配套驱动电源（适合20，38颗灯珠），1个。

④ LED成品灯杯（E27通用接口，PBT阻燃塑料），1个。

⑤ 连接线，2根。

图6.14中38颗LED灯珠已安装在LED灯板上了。需要注意的是，最终完成的LED灯泡是使用220V交流电的，所以一定要注意安全用电。

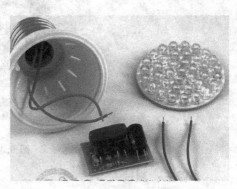

图6.14　实训材料

3.实训工具

① 30～40W 的电烙铁（不漏电）。

② 焊丝若干。

③ 一台万用表，检测必备。

④ 掐线钳/斜嘴钳。

⑤ 一盏 E27 接口的台灯，或者一个 E27 接口的灯座。

4.实训步骤

步骤一：焊接灯珠

取出 38LED 灯板，如图 6.15 所示。将 LED 光源按先中心后外围的方式，逐个装好，逐个焊接。LED 光源长脚的一侧为正极，与 LED 灯板上的实心白色侧对应。虚线对应的就是发光二极管的负极。焊接好了第一个 LED 发光二极管，就迈出了制作 LED 灯泡的第一步。背面需要仔细观察焊接位置，防止虚焊。

图 6.15　38LED 灯板　　　　　　　　　　图 6.16　成品灯杯

步骤二：驱动电路与电源的连接

接下来，焊接 LED 驱动电源部分。驱动电源上有四个孔位需焊接连线。其中：L 接火线，N 接零线，＋为正极输出，－为负极输出。

图 6.16 所示为成品灯杯中的 2 条线，其中直接与底部相连的为火线，与驱动电源的 L 孔相接；另一根则为零线，与驱动电源板上的 N 孔相接。

特别注意　220V 输入的火线、零线焊接要非常小心，焊接后的线头一定要剪短，并且要仔细检查，确保焊点没有松动、没有焊锡渣、没有短路！一旦短路，会造成线路炸开的现象！

焊接好四根连接线（图 6.17），将驱动板上的正极线与 LED 灯板上的正极焊接好，负极也焊上。灯板上的正负极标志要仔细辨别，特别是正极，标注不是很明显。

图 6.17　焊接好四根连接线

步骤三：测试

安全第一，一定要做好安全用电工作。将配件中的线整理一下，防止灯板与驱动电源板接触。然后将 LED 灯泡装进台灯或灯座里，插上插头，开灯（图 6.18）。确认 LED 灯泡正常点亮后，将驱动电源板上的固定孔位套到成品灯杯的固定柱上。最后将灯板盖上，轻轻压入成品灯杯中，卡住。

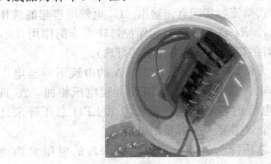

图 6.18　LED 灯泡装进台灯

步骤四：检查、故障排除

根据实际制作过程看，最容易出现的错误：

① LED 被插反极性；

② LED 引脚和线路板接触不良；

③ LED 焊接时间过长损坏；

④ 大电容虚焊。

断开 220V 电源，将 LED 灯泡从台灯上取下。

① 先目测灯板正面的 LED 灯珠。从正面看，LED 灯珠并不是一个正宗的圆，其中有一侧是平的，这端就是负极。整个灯板上的灯珠排列是非常有序的，平的一侧会依次排列，中间不会出现平平侧相对或圆圆侧相对的现象。如果有就说明 LED 灯珠插反了。焊下错误的 LED 灯珠，重新焊接。

② 手工焊接过程中，虚焊是常见问题。可以用数字万用表的二极管（通断）挡来逐个检查。当安装正确时，LED 灯珠会发亮。

特别注意　电烙铁一定要选用不漏电的，焊接时要果断，焊接时间控制在 2s 以内，否则 LED 有可能被焊坏！焊接技巧：先点焊一下一根 LED 灯珠的引脚，然后融化焊锡，将 LED 紧贴 PCB 并扶正，再焊接另一根引脚，最后再剪掉多余的引脚。

③ 如果 LED 灯泡是完全不亮的，除了检查正负极连接线有没有接反外，还要检查驱动电源板上的大电容是不是虚焊了。

④ 在盖上 LED 灯板时可能会挤压大电容，所以易造成焊锡脱落断裂现象，要仔细检查。

步骤五：电路原理图（图 6.19）分析

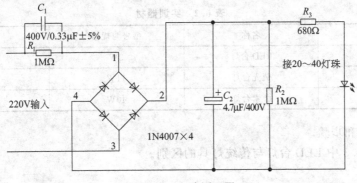

图 6.19　电路原理图

套件采用典型的电容降压式恒流驱动电路，线路简洁，仅9个元件，成本低，效率高，广泛应用于灯珠型的LED灯泡中。其工作原理是利用电容在一定的交流信号频率下产生的容抗X_C，来限制最大工作电流，达到恒流的效果。C_1是降压电容（起限流作用），R_1是关断电源后C_1的电荷泄放电阻。四只整流二极管组成桥式整流，实现直流输出。C_2电解电容起滤波作用，兼带开灯时防电流冲击保护灯珠的作用。R_2、R_3这两只电阻起保护灯珠安全的作用（R_2为保护电阻，R_3为限流电阻，防止反复开关灯时的高电压、高电流损坏灯珠）。

① 限流电容　LED串联时，以白色LED为例，每个LED在20mA的电流下导通电压在3.3V左右，LED数量不同，则总电压就不同，总电压为所有LED导通电压相加，20只灯总电压就为66V，40只就为132V，而串联电容的容量其实是需要考虑LED总压降来计算的，比如供电电压为220V，估算一下用20个灯需要多少容量的电容。

设流过LED的电流为20mA，而20个灯总压降为66V，所以电容两端的电压大约为$220-66=154V$，即电容在154V的电压下，电流为20mA。

$$I = UX_C = 154 \times 2 \times 3.14 \times 50 \times C$$

即
$$20mA = 154 \times 2 \times 3.14 \times 50 \times C$$

求出$C = 0.4133\mu F$。但是这样的容量没有，可以选择$0.68\mu F$的电容，这样得重新来计算，方法如上，只是考虑增加LED数量就行了。

② 泄放电阻　跨接在电源或其他电压源上的阻值很大的电阻，以连续支取固定电流来改善稳压状况。当设备关断时，它还能耗散滤波电容器中遗留的电荷。

③ 滤波电解电容　安装在整流电路两端，用以降低交流脉动波纹系数，提升高效平滑直流输出的一种储能器件。有极性电解电容器通常在电源电路或中频、低频电路中起电源滤波、去耦、信号耦合及时间常数设定、隔直流等作用，一般不能用于交流电源电路。在直流电源电路中作滤波电容使用时，其阳极（正极）应与电源电压的正极端相连接，阴极（负极）与电源电压的负极端相连接，不能接反，否则会损坏电容器。

④ 限流电阻　减小负载端电流。在发光二极管一端添加一个限流电阻，可以减小流过发光二极管的电流，防止损坏。

技能训练二　LED台灯和传统灯具的性能比较

1. 实训目的

① 熟悉LED台灯的驱动方式。

② 熟悉各种传统台灯的优点与缺点。

③ 能对两者进行比较，得出结论。

2. 实训器材（表6.2）

表6.2　实训器材

序号	名称	型号与规格	数量
1	LED台灯	3W	1
2	荧光台灯	11W	1
3	卤素台灯	40W	1

3. 实训内容和步骤

① 了解表6.3中LED台灯与传统灯具的区别。

表 6.3 LED 台灯与传统灯具的区别

比较项目	LED 台灯	荧光灯台/卤素台灯
效率	光电转换率高,比传统光源省电80%。寿命长、光效高、免维护,具有可观的经济性与社会效益	光源电能大部分变成热能,造成能源浪费。传统光源寿命短、维护量大,人工费及材料费增加,造成使用成本大大提高
安全	光源工作温度 60℃左右,工作电流为毫安级,不产生火花,灯具温度低,不会引燃易爆气体,没有安全隐患,玻璃不易结垢雾化,不会降低照明效果,不易遇水破裂、掉落伤人,光效高、瓦数小,特定场合可改装成 36V 安全电压	白炽灯和卤素灯等传统光源工作温度为 300℃以上,工作电流较大,线路老化后容易产生火花,灯具表面温度高,存在引燃易爆气体的隐患,灯具玻璃易结垢雾化,降低照明效果,高温工作易遇水破碎、掉落伤人,功率大,电流大,电压为220V,存在安全隐患
稳定	输入电压范围宽:90～270V AC,适应性好,光源亮度恒定,恒压恒流输出,不随电压波动而忽明忽暗,点亮无延时现象,频繁开关对灯具寿命无影响,无频闪,减轻了视觉疲劳	电压适应性较差,亮度随电压波动而变化,稳定性较差,开关时光源容易受电流冲击而损坏,开关影响光源寿命,点亮时响应性差,有延时现象,且频闪容易造成视觉疲劳
环保	不含汞等有害重金属,有利环保和可持续发展,属于绿色照明产品	多数含有不可回收的污染物质,对环境有害,不适合长期使用
维护	光源设计工作寿命 5 万小时,大大高于传统光源,适合长期照明的工作环境,抗震性好,免维护,LED 属于固体光源无灯丝,适合在振荡环境中长期使用,灯具表面工作温度低,灯具玻璃不易损坏	设计寿命白炽灯为 1000～4000h,在高温或振动环境中寿命更短,传统光源和镇流器在振荡环境中易损,维护量大,安全隐患多,灯具表面温度高,灯具玻璃易损坏

② 观察三种灯具的外观结构,并进行拆卸,熟悉内部电路结构,画出原理图并分析驱动电路。

③ 检查无误后组装台灯,并通电测试。

4.注意事项

① 在拆卸组装三种台灯时注意安全,断电作业,并按操作规范执行。

② 测量温度时以人手距离灯头 1cm 为宜,切勿直接触摸,避免烫伤。

③ 改变电源电压时不要速度过快,匀速改变一定量值,即可达到效果。

5.问题讨论

① 三种灯具的驱动方式是否相同?哪种更为复杂?

② 三种灯具的优缺点各是什么?

复习思考题

1. LED 驱动器按照驱动方式可以分为几类?

2. LED 电容降压的原理是什么?

3. LED 的连接方式有几种?

4. 开发一个 LED 台灯的驱动电路板的流程是什么?

5. 是否所有的 LED 都需要驱动器?为什么?

6. 简述恒压式驱动电路的优缺点。

7. 五步焊接法指的是哪五步?

8. 试列出 LED 灯具与传统灯具的不同。

第 7 章

LED屏幕显示

7.1 恒流式驱动电路

7.1.1 恒流式驱动电路概述

(1) LED 驱动电源的特点及要求

首先，LED 不能直接使用常规的电网电压。从 LED 的伏安特性可知，只能给 LED 两端加上一定的直流电压或通上一定的直流电流才能使 LED 发亮。另外，在选择和设计 LED 驱动电源时还要考虑到以下几点要求。

① 高可靠性。特别像 LED 路灯的驱动电源，装在高空，维修不方便，维修的花费也大。

② 高效率。LED 是节能产品，驱动电源的效率要高。对于电源安装在灯具内的结构，尤为重要。因为 LED 的发光效率随着 LED 温度的升高而下降，所以 LED 的散热非常重要。电源的效率高，它的耗损功率小，在灯具内发热量就小，也就降低了灯具的温升，对延缓 LED 的光衰有利。

③ 高功率因数。功率因数是电网对负载的要求。一般 70W 以下的用电器，没有强制性指标。虽然功率不大的单个用电器功率因数低一点对电网的影响不大，但晚上都点灯，同类负载太集中，会对电网产生较严重的污染。对于 30~40W 的 LED 驱动电源，不久的将来也许会对功率因数方面有一定的指标要求。

④ 驱动方式。现在通行的有两种。其一是一个恒压源供多个恒流源，每个恒流源单独给每路 LED 供电。这种方式组合灵活，一路 LED 故障不影响其他 LED 的工作，但成本会略高一点。另一种是直接恒流供电，LED 串联或并联运行。它的优点是成本低一点，但灵活性差，还要解决某个 LED 故障影响其他 LED 运行的问题。这两种形式，在一段时间内并存。多路恒流输出供电方式，在成本和性能方面会较好。

⑤ 浪涌保护。LED 抗浪涌的能力是比较差的，特别是抗反向电压能力，加强这方面的保护也很重要。有些 LED 灯装在户外，如 LED 路灯，由于电网负载的启用和雷击的感应，从电网系统会侵入各种浪涌，有些浪涌会导致 LED 的损坏。因此 LED 驱动电源要有抑制浪涌侵入，保护 LED 不被损坏的能力。

电源除了常规的保护功能外，最好在恒流输出中增加 LED 温度负反馈，防止 LED 温度过高。

⑥ 防护方面。灯具外安装型的电源结构要防水、防潮，外壳要耐晒。

⑦ 驱动电源的寿命要与 LED 的寿命相适配。

⑧ 要符合安全规范和电磁兼容的要求。

(2) LED 采用恒流源驱动的优点

① 从 LED 的伏安特性分析　若是采用恒压式供电，必须要求恒压源有足够高的精度，否则 LED 工作极其不稳定，甚至会烧坏 LED。

② 从伏安特性的温度系数分析　LED 的伏安特性并不是固定的，而是随温度而变化的，所以电压定了，电流并不一定是不变的，而是随温度变化的。这是因为 LED 是一个二极管，它的伏安特性具有负温度系数的特点。

③ 从 LED 显示屏的显示效果分析　由于 LED 制造工艺的差异性，即使是同厂家同型号的 LED，其正向压降也存在分散性，当采用恒压驱动多只并联的 LED 时，各工作电流也会有所不同，导致光学特性的不一致，因此，最好的办法是恒流控制。

7.1.2　恒流式驱动电路的形式与结构

(1) 恒流式驱动

相关恒流式驱动内容详见 6.1 节中恒流驱动的描述。

(2) 基本恒流源电路

① 镜像恒流源。基本镜像恒流源电路如图 7.1 所示。三极管 VT_1、VT_2 参数完全相同，则有 $\beta_1 = \beta_2$，$I_{ceo1} = I_{ceo2}$，由于两管具有相同的基-射极间电压 ($U_{be1} = U_{be2}$)，故 $I_{e1} = I_{e2}$，$I_{c1} = I_{c2}$。当 β 较大时，基极电流 I_b 可以忽略，所以 VT_2 的集电极电流 I_{c2} 近似等于基准电流 I_{REF}，即

$$I_{c2} = I_{c1} \approx I_{REF} = (U_{CC} - U_{be})/R \approx U_{CC}/R$$

由上式可以看出，当 R 确定后 I_{REF} 就确定了，I_{c2} 也随 I_{REF} 而定，可以把 I_{c2} 看作是 I_{REF} 的镜像，所以称为镜像恒流源。

② 用三极管提供基准电压的恒流源 (图 7.2)。

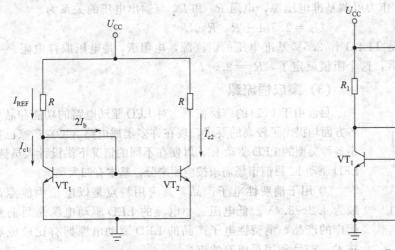 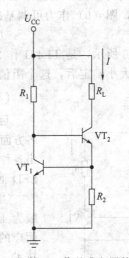

图 7.1　基本镜像恒流源电路　　　图 7.2　三极管 U_{be} 作基准电压的恒流源

③ 用稳压二极管提供基准电压的恒流源 (图 7.3)。

④ 用三端可调电压基准集成电路提供基准电压的恒流源。TL431 (图 7.4) 是一个有良好的热稳定性能的三端可调分流基准源。它的输出电压用两个电阻就可以任意地设置 2.5～36V 内的任何基准电压值。

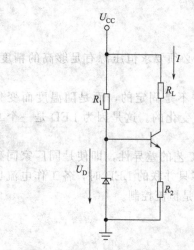

图 7.3 稳压二极管作基准电压的恒流源

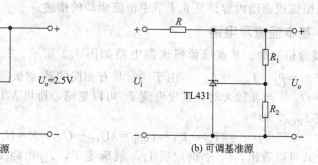

图 7.4 TL431 的外形图和图形符号

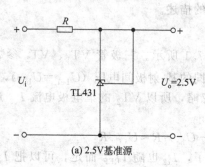

(a) 2.5V基准源

(b) 可调基准源

图 7.5 TL431 的基本连接方式

TL431 可等效为一只稳压二极管，其基本连接方法如图 7.5 所示。图（a）作为 2.5V 基准电压源，图（b）作为可调基准电压源，电阻 R_1 和 R_2 与输出电压的关系为

$$U_o = 2.5(1 + R_1/R_2)U_i$$

如图 7.6 所示，是 TL431 作 2.5V 基准电压的恒流源，电阻 R_2 是电压取样电阻。一旦需要的电流大小确定后，这个阻值就定了，$R_2 = 2.5/I$。

（3）集成恒流源

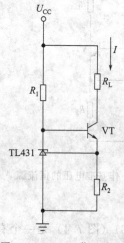

图 7.6 TL431 作基准电压的恒流源

目前由于 LED 的广泛使用，对 LED 驱动电路的功能和品质等各方面均提出了较高的要求，现在许多集成电路（IC）产家已生产出各种类型的 LED 驱动 IC，以便在不同的情况下供设计人员选择。LED 驱动 IC 目前市场需求按应用来分，基本有四大类。

① 用于消费性电子产品。其应用特点是以电池为能源，一般是 4.2～8.4V。低电压、小电流的 LED 驱动电源是目前量大面广的产品，消费性电子产品的 LED 驱动电源拥有比较成熟的技术、产品和相对成熟的市场。

② 用于汽车照明产品。因其电源稳压器来自汽车蓄电池，一般是 48V，所以需要较高电压降的 LED 驱动 IC。汽车照明产品使用 LED 的数量较多，LED 多采用串、并联连接，需要较高的电压，对于取自 48V 汽车蓄电池的电源来说是十分方便的。

③ 用于建筑装饰照明和家庭照明。主要功能是将交流电压转

换为恒流电源，并同时完成与 LED 的电压和电流的匹配。建筑装饰照明和家庭照明需要将交流（AC）直接变换成直流（DC）恒流源的 LED 驱动 IC，目前还不能提供单个的集成电路产品，大多数是模块化电路。

④ 用于 LED 屏幕显示。LED 显示屏驱动 IC 可分为通用 IC 和专用 IC 两种。

7.1.3 集成恒流源电路的应用

(1) 低电压类 IC

低电压类 IC 是指其输入电压低，一般不超过 15VDC，主要在以电池为电源的便携式产品中使用。可实现低电压类驱动的 IC 型号较多，几乎大多数的 IC 生产公司均有相似的产品。每个型号的 LED 驱动 IC 既有共同点，又有各自的特点。

LM3590 为小功率白色 LED 简单驱动 IC，图 7.7 所示是它的外形图。输入电压 6～12V；输出电流 20mA；降压型；SOT23-5 贴片封装。

LM3590 的引脚功能：1—可编程电流输入端，编程电阻 $R_{SET}=100(1.25/I_{OUT})$；2—地；3—恒流输出端；4—电压输入端，输入电压范围 6～12V；5—使能端（EN 为低电平时，无输出；EN 为高电平时，有输出）。

LM3590 的典型应用电路，如图 7.8 所示。

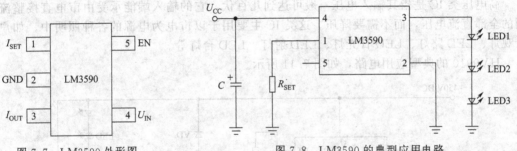

图 7.7 LM3590 外形图   图 7.8 LM3590 的典型应用电路

MAX1561 为高效率升压型变换器，它们能够以恒定电流、87％的效率驱动多达 6 个白光 LED，可为便携式电子设备提供背光照明。其升压转换结构允许白光 LED 串联连接，使每个 LED 保持相同的电流，以获得均匀的亮度，不需要限流电阻，如图 7.9 所示。

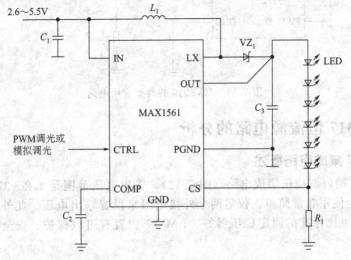

图 7.9 MAX1561 的典型应用电路

(2) 中电压类 IC

中电压类 IC 是指其输入电压一般在几伏至几十伏之间。该类 IC 主要用于以蓄电池为输入电压源，以汽车的 LED 灯饰产品为主，如汽车阅读灯、刹车灯、转向灯等。

AMC7150 的典型应用电路，如图 7.10 所示。

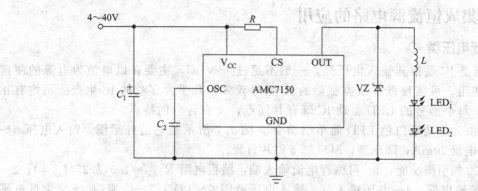

图 7.10　AMC7150 的典型应用电路

(3) 高电压类 IC

高电压类 IC 是指其输入电压一般可达到几百伏，它的输入端能承受由市电直接整流得到的全部直流电压，而不需要降压。这类 IC 主要用于以市电为电源的各种照明中，如户外景观灯、LED 路灯、LED 日光灯、LED 射灯、LED 台灯等。

HV9910 的典型应用电路，如图 7.11 所示。

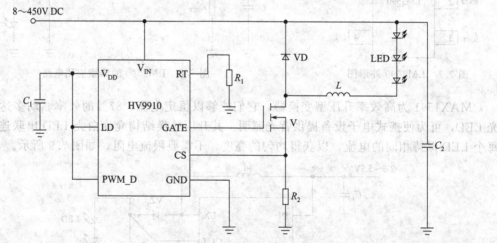

图 7.11　HV9910 的典型应用电路

7.1.4　LM317 恒流源电路的分析

(1) LM317 集成电路概述

LM317 是三端可调稳压集成电路（图 7.12），输出电压范围是 1.2～37V，负载电流最大为 1.5A。它的使用非常简单，仅需两个外接电阻来设置输出电压。此外，它的线性调整率和负载调整率也比标准的固定稳压器好。LM317 内置有过载保护、安全区保护等多种保护电路。

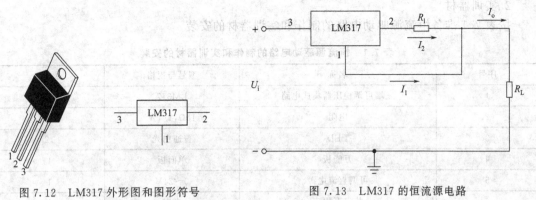

图 7.12 LM317 外形图和图形符号
1—调节端；2—输出端；3—输入端

图 7.13 LM317 的恒流源电路

(2) 用 LM317 构建恒流源电路

LM317 工作时，LM317 建立并保持输出端与调节端之间 1.25V 的标称参考电压（U_{ref}）。利用这一特点可以构建一个简单的恒流源电路，如图 7.13 所示。从图可以看出，流过负载 R_L 的电流 I_o 为：$I_o = I_1 + I_2$。而 $I_2 = U_{21}/R_1$，因 U_{21} 之间的电压为 1.25V 且固定不变，若保持 R_1 不变，则 I_2 也就不变，又因 I_1 相对于 I_o 而言很小，所以 $I_o \approx I_2$ 能保持不变，即输出电流恒定。

(3) LM317 构成恒流源驱动 LED

LED 选用普通白光型，其工作电压为 3.0～3.5V，工作电流为 15～20mA，电源输入电压为 12V。因本电路是降压型，故 U_o 必须小于 U_i，因此采用 3 只 LED 串联组成一条支路，共用 12 只 LED 组成 4 条支路，如图 7.14 所示。

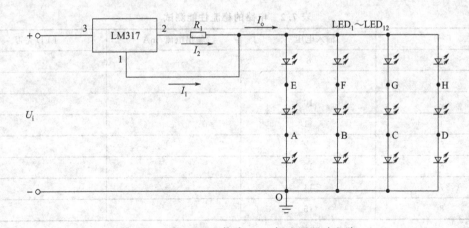

图 7.14 由 LM317 构成 LED 恒流源驱动电路

技能训练三 恒流源驱动电路的制作和安装

1.实训目的
① 进一步了解 LM317 组成的恒流源驱动 LED 电路的工作原理。
② 学习用 LM317 组建恒流源电路的方法和实际电路的连接。
③ 学习 LED 驱动电源性能的测试方法。

2.实训器材

按表 7.1 准备恒流源驱动电路的制作和实训器材的安装。

表 7.1　恒流源驱动电路的制作和实训器材的安装

序号	名称	型号与规格	数量
1	三端可调稳压器集成电路	LM317	1
2	电阻	18Ω，1/4W	1
3	LED	普通白光	12
4	万能板	单面板	1
5	可调直流电源	0～24V	1
6	数字万用表	自定	1
7	电烙铁	35W（或自定）	1

3.实训内容与步骤

按图 7.15 所示制作和安装恒流源驱动电路的步骤如下。

① 用万用表检测各元器件，确认各元器件的引脚和极性。

② 按装配图安装元器件。

③ 焊接元器件间的连接线。

④ 检查电路无误后，焊上断口 K1 和 K2，接通电源（12V DC），LED 点亮。

4. LM317 恒流源驱动 LED 电路的测试与分析

（1）电路的稳流性能测试

输入电压从 8V 逐渐增加到 15V，测量电路的输出电流，并观察 LED 的亮度变化情况。测量数据填入表 7.2 中。

表 7.2　电路的稳流性能测试

序号	输入电压/V	输出电流/mA	LED 亮否
1	8		
2	9		
3	10		
4	11		
5	12		
6	13		
7	14		
8	15		

（2）电路的效率测试

电路的输入电压保持 12V，分别测量下列三种情况时电路的输入电压和电流、输出电压和电流并计算电路的效率，结果填入表 7.3 中。

① 当每支路的 LED 为三只串联时，保持原电路不变；

② 当每支路的 LED 为二只串联时，将电路中的 A-O、B-O、C-O 和 D-O 短接；

③ 当每支路的 LED 为一只串联时，将电路中的 E-O、F-O、G-O 和 H-O 短接。

表 7.3　电路的效率测试

LED 串联数量	输入电压/V	输入电流/mA	输出电压/V	输出电流/mA	效率 η
3					
2					
1					

5. 问题讨论

① 从电路的稳流性能测试中分析，当电源电压变化时，电路能否稳流？电源电压的变化是否有一定的范围？

② 从电路的效率测试中分析，哪一种情况电路的效率最高？为什么？

③ 在图 7.15 的电路中，若 LED 串的并联数再增加，电路能否正常工作？电路中的哪些元件及参数要做调整？如何调整？

7.2　点阵显示系统

7.2.1　点阵显示系统概述

(1) LED 显示屏概述

把红色和绿色的 LED 放在一起作为一个像素制作的显示屏，叫双色屏或彩色屏；把红、绿、蓝三种 LED 管放在一起作为一个像素的显示屏，叫三色屏或全彩屏。

无论用 LED 制作单色、双色或三色屏，欲显示图像需要构成像素的每个 LED 的发光亮度都必须能调节，其调节的精细程度就是显示屏的灰度等级。灰度等级越高，显示的图像就越细腻，色彩也越丰富，相应的显示控制系统也越复杂。一般 256 级灰度的图像，颜色过渡已十分柔和，而 16 级灰度的彩色图像，颜色过渡界线十分明显。所以，彩色 LED 屏当前都要求做成 256 级灰度的。

应用于显示屏的 LED 发光材料有以下几种形式。

① LED 发光灯（或称单灯）　一般由单个 LED 晶片、反光碗、金属阳极、金属阴极构成，外包具有透光、聚光能力的环氧树脂外壳。可用一个或多个（不同颜色的）单灯构成一个基本像素，由于亮度高，多用于户外显示屏。

② LED 点阵模块　由若干晶片构成发光矩阵，用环氧树脂封装于塑料壳内，适合行列扫描驱动，容易构成高密度的显示屏，多用于户内显示屏。

③ 贴片式 LED 发光灯（或称 SMD LED）　就是 LED 发光灯的贴焊形式的封装，可用于户内全彩色显示屏，可实现单点维护，有效克服马赛克现象。

(2) LED 显示屏分类

LED 显示屏分类多种多样，大体按照如下几种方式分类。

① 按使用环境分为户内、户外及半户外。户内屏面积一般从不到 1 平方米到十几平方米，点密度较高，在非阳光直射或灯光照明环境使用，观看距离在几米以外，屏体不具备密封防水能力。

户外屏面积一般从几平方米到几十甚至上百平方米，点密度较稀（多为 1000~4000 点/m²），发光亮度在 3000~6000cd/m²（朝向不同，亮度要求不同），可在阳光直射条件下使用，观看距离在几十米以外。屏体具有良好的防风、抗雨及防雷能力。

半户外屏介于户外及户内两者之间，具有较高的发光亮度，可在非阳光直射户外下使用。屏体有一定的密封,一般在屋檐下或橱窗内。

② 按颜色分为单色、双基色、三基色(全彩)。单色是指显示屏只有一种颜色的发光材料,多为单红色,在某些特殊场合也可用黄绿色(例如殡仪馆)。双基色屏一般由红色和黄绿色发光材料构成。三基色屏分为全彩色(full color),由红色、黄绿色(波长 570nm)、蓝色构成;真彩色(nature color),由红色、纯绿色(波长 525nm)、蓝色构成。

③ 按控制或使用方式分同步和异步。同步方式是指 LED 显示屏的工作方式基本等同于电脑的监视器,它以 30 场/s 的更新速率,点点对应地实监视器上的图时映射电脑图像,通常具有多灰度的颜色显示能力,可达到多媒体的宣传广告效果。

异步方式是指 LED 屏具有存储及自动播放的能力,在 PC 机上编辑好的文字及无灰度图片通过串口或其他网络接口传入 LED 屏,然后由 LED 屏脱机自动播放,一般没有多灰度显示能力,主要用于显示文字信息,可以多屏联网。

④ 按像素密度或像素直径划分。由于户内屏采用的 LED 点阵模块规格比较统一,所以通常按照模块的像素直径划分,主要有:ϕ3.0mm 60000 像素/m^2,ϕ3.75mm 44000 像素/m^2,ϕ5.0mm 17000 像素/m^2。户外屏的像素直径及像素间距目前没有十分统一的标准,按每平方米像素数量大约有 1024 点、1600 点、2000 点、2500 点、4096 点等多种规格。

⑤ 按显示性能可分为:视频显示屏,一般为全彩色显示屏;文本显示屏,一般为单基色显示屏;图文显示屏,一般为双基色显示屏;行情显示屏,一般为数码管或单基色显示屏。

(3) LED 点阵模块

LED 点阵模块是一种显示器件,是组成显示屏的基本单元。它是由发光二极管按一定规律排列在一起再封装起来,加上一些防水处理组成的产品。

LED 点阵模块内部电路的连接方式不同,可分为共阴极和共阳极两种,如图 7.15 所示。单色点阵模块外形图如图 7.16 所示。

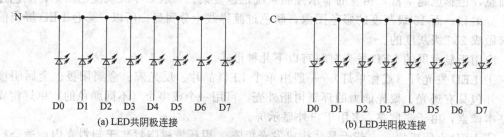

(a) LED共阴极连接　　　　　　　　　　　(b) LED共阳极连接

图 7.15　点阵模块内部 LED 两种连接方式

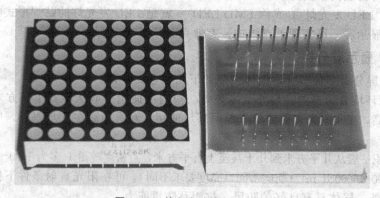

图 7.16　单色点阵模块外形图

8×8 的单色共阳极 LED 点阵模块的内部结构，如图 7.17 所示。

(4) LED 显示屏的显示原理

LED 点阵显示屏大部分是采用动态扫描显示方式，这种显示方式巧妙地利用了人眼的视觉暂留特性。将连续的几帧画面高速地循环显示，只要帧速率高于 24 帧/s，人眼看起来就是一个完整的、相对静止的画面（图 7.18）。

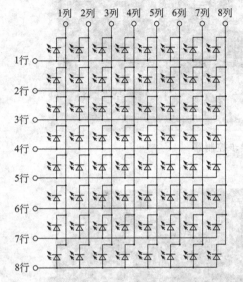

图 7.17　8×8 单色共阳极 LED 点阵模块内部结构

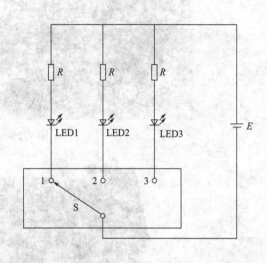

图 7.18　三只 LED 扫描显示

7.2.2　LED 显示屏

(1) 显示屏的组成

目前 LED 显示屏为了满足不同显示功能的需求，从简单的图文显示屏到复杂的全彩色视频显示屏，结构和功能存在较大的差别，但基本组成部分还是相似的。它主要由点阵显示单元、控制器、电源和计算机（PC 机）组成，如图 7.19 所示。

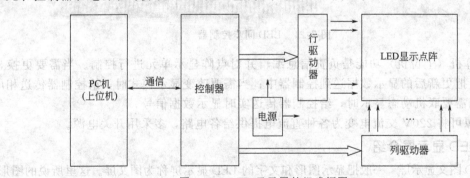

图 7.19　LED 显示屏的组成框图

① 点阵显示单元由 LED 显示点阵和驱动电路组成，是整个 LED 显示屏系统的一个部件，是独立完成显示任务的小系统。显示点阵多采用 8×8 点阵显示模块拼接而成。

② 控制器（又称控制卡）功能是接收计算机送来的命令和显示数据，将命令或数据传送给相应的显示单元，并负责各显示单元的同步显示。LED 控制器根据其功能的不同又分为异步控制器和同步控制器，见图 7.20 和图 7.21。

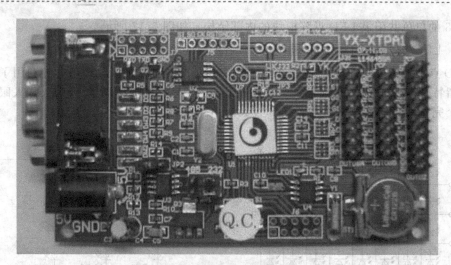

图 7.20　LED 异步控制器

图 7.21　LED 同步控制器

③ 计算机（上位机）功能是负责信息编辑并对点阵显示单元进行控制。当需要更换显示内容时，把更新后的显示数据送到控制器中；当需要改变显示模式时，给控制器传送相应的命令；当需要联机动态显示时，给控制器传送实时显示数据信号。

④ 电源可将 220V 交流电变为各种直流电提供给各电路，多采用开关电源。

(2) LED 显示屏介绍

① LED 图文显示屏　一般把显示图形和文字的 LED 显示屏称为图文屏。这里所说的图形，是指由单一亮度线条组成的任意图形，以便与不同亮度（灰度）点阵组成的图像相区别。

② LED 图像显示屏　通常所说的图像显示是相对于图形显示而言的。LED 图像显示屏中所谓的图形是指由单色或彩色的几何形状组成的画面，没有灰度级的过渡，显示不出深浅。

③ LED 视频显示屏　随着社会不断的进步，人们对公共传媒质量的要求越来越高，特别是在了解国内外时事动态和经济信息、观看文艺节目和体育比赛等方面，现在普遍要求能观看到及时的运动图像。

技能训练四 16×16 点阵 LED 显示屏的原理与制作

1. 实训目的

① 学会 LED 点阵模块的引脚判别,学会多块 LED 点阵模块的拼接使用。

② 进一步了解 LED 点阵的显示原理。

③ 了解用单片机控制 LED 点阵显示字符的基本原理。

④ 学习根据电路图连接电路。

2. 实训内容和步骤

现以 LED 显示屏上显示 16×16 点阵的"我"字为例,说明它的工作原理,如图 7.22 所示。这里介绍的 16×16 LED 显示屏是采用 4 块 8×8 LED 合并而成的。图 7.22 是 4 块 8×8 LED 组成的显示屏。

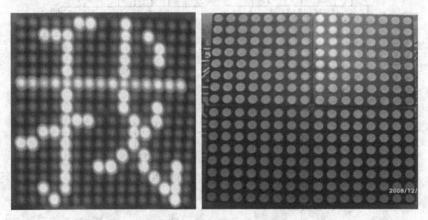

图 7.22 "我"字点阵显示

(1) 显示屏电路

这里使用的是共阴极的 8×8 点阵屏。8×8 点阵屏的引脚示意图如图 7.23 所示。

LED 阵列的显示方式是按显示编码的顺序,一行一行地显示,每一行的显示时间大约为 4ms,由于人类的视觉暂留现象,将感觉到 8 行 LED 是在同时显示的。若显示的时间太短,则亮度不够,若显示的时间太长,将会感觉到闪烁。本实验采用低电平逐行扫描,高电平输出显示信号,即轮流给行信号输出低电平,在任意时刻只有一行发光二极管是处于可以被点亮的状态,其他行都处于熄灭状态。

为了方便调试,把 4 块 8×8 组成的 16×16 的点阵屏的行信号扫描输出引脚和列信号显示输出引脚分别引到显示屏的两边。Protel 原理图如图 7.24 所示。

图 7.24 所示的原理图中的 S_i($i=1$,2,3,…,16)代表行扫描信号输出,D_i($i=1$,2,3,…,16)代表列显示信号输出。

(2) 显示屏驱动电路

显示屏驱动电路的原理图如图 7.25 所示。显示屏驱动电路主要由主芯片控制电路、电源电路、控制信号放大电路等组成。

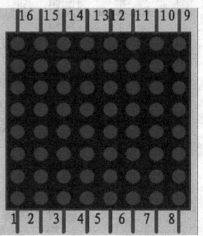

图 7.23 8×8 点阵屏引脚示意图

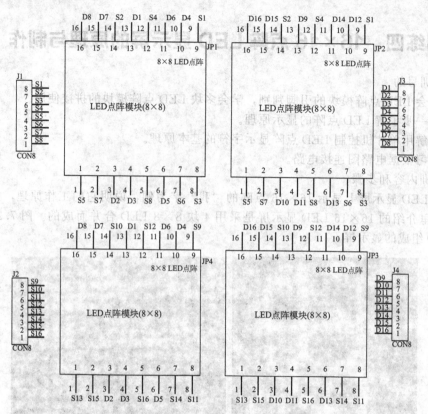

图 7.24   4 块 8×8 组成的 16×16 的点阵屏的原理图

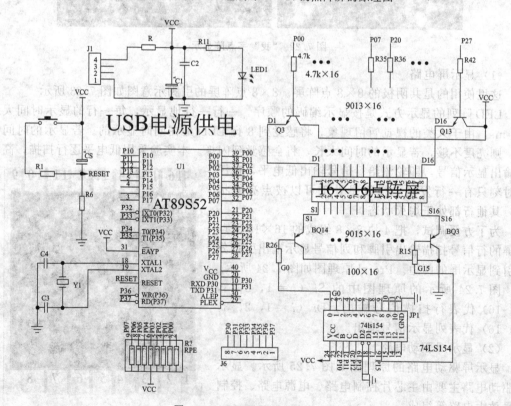

图 7.25   显示屏驱动电路原理图

① 主芯片控制电路 该部分电路主要由 AT89S52 和 74LS154 组成。单片机的 P0 和 P2 控制显示信号的输出，P1 的低 4 位控制 74LS154 的译码输入，从而控制扫描信号的输出。

② 电源电路 整个电路的供电由 USB 电源提供，利用电脑主机 USB 接口可以输出＋5V 电压，方便在实验室调试。

③ 控制信号放大电路 为提供负载能力，在 P0 和 P2 口接 16 个常用 9013 的 NPN 三极管放大驱动信号。电路中列方向由 P0 口和 P2 口完成扫描，由于 P0 口没有上拉电阻，因此接一个 1k×8 的排阻上拉。行方向则由 4-16 译码器 74LS154 完成扫描，它由 89C51 的 P1.0～P1.3 控制。同样，驱动部分则是 16 个 9015 的三极管完成的。

（3）程序与软件

在 UCDOS 中文宋体字库中，每一个字由 16 行 16 列的点阵组成显示，即国标汉字库中的每一个字均由 256 点阵来表示。可以把每一个点理解为一个像素，而把每一个字的字形理解为一幅图像。事实上这个汉字屏不仅可以显示汉字，也可以显示在 256 像素范围内的任何图形。用 8 位的 AT89S52 单片机控制，由于单片机的总线为 8 位，一个字需要拆分为 2 个部分，如图 7.26 所示。本电路把它拆分为左部和右部，左部由 16（行）×8（列）点阵组成，右部也由 16（行）×8（列）点阵组成。

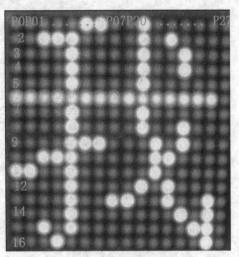

图 7.26 汉字"我"

接下来，以显示汉字"我"为例，来说明其扫描原理。

单片机首先由 P2 口输出显示数据信号给右部分的第一行，如图 7.26 所示，即第一行的 P20～P27 口，方向为 P20 到 P27。显示汉字"我"时，P21 点亮，由左到右排，为 P20 灭，P21 亮，P22 灭，P23 灭，P24 灭，P25 灭，P26 灭，P27 灭。即二进制 00000010，转换为 16 进制为 0x02。

右部分的第一行完成后，继续扫描左半部分的第一行。为了接线的方便，仍设计成由左往右扫描，即从 P00 向 P07 方向扫描。从图可以看到，这一行只有 P05、P06 亮，其他灭，即为 00000110，16 进制则为 0x60。然后单片机再次转向右半部分第二行，仍为 P21、P23 点亮，为 01010000，即 16 进制 0x0A。这一行完成后继续进行左半部分的第二行扫描，P02、P03、P04 点亮，为二进制 00111000，即 16 进制 0x1C。

依照这个方法，继续进行下面的扫描，一共扫描 32 个 8 位，可以得出汉字"我"的扫描代码为：

0x02，0x60，0x0A，0x1C，0x12，0x10，0x12，0x10，
0x02，0x10，0x7F，0xFF，0x02，0x10，0x12，0x10，
0x14，0x70，0x0C，0x1C，0x04，0x13，0x0A，0x10，
0x49，0x90，0x50，0x10，0x60，0x14，0x40，0x08

由这个原理可以看出，无论显示何种字体或图像，都可以用这个方法来分析它的扫描代码，从而显示在屏幕上。

不过现在有很多现成的汉字字模生成软件，就不必自己去画表格算代码了。

在网上汉字字模生成软件有很多种，如汉字字模生成软件 HZDotReader V3.0，它最主要的一个功能是可以选择汉字编码的取模方式，如图 7.27 所示。本例中的"我"字的取模方式为以横向 8 个连续点构成一个字节，最左边的点为字节的最低位，即 BIT0，最右边的点为 BIT7。

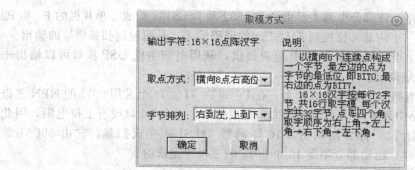

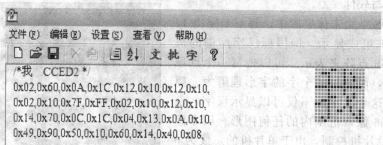

图 7.27   汉字编码取模方式

下面给出一个简单的静态显示"我"字的程序清单：

```
#include<reg52.h>
#define   CCED2  0x0000   /*我 */
unsigned char code word_zai[16][2] = {/*我   CCED2 */
0x02,0x60,0x0A,0x1C,0x12,0x10,0x12,0x10,
0x02,0x10,0x7F,0xFF,0x02,0x10,0x12,0x10,
0x14,0x70,0x0C,0x1C,0x04,0x13,0x0A,0x10,
0x49,0x90,0x50,0x10,0x60,0x14,0x40,0x08};
void main()
{   char scan,i,j;
P0=0;P1=0;P2=0;
while(1)
{   scan=0;
 for(i=0;i<16;i++)
  {P1=scan;
  for(j=0;j<50;j++)  //显示五十次
  {P2=word_zai[i][0];
   P0=word_zai[i][1];
  }
P0=0;P2=0;
scan++;
  }
}
}
```

（4）安装与调试

把显示屏电路和驱动电路分别做在两块电路板上，显示屏电路的行扫描信号输出引脚和列显示信号数据输出引脚分别由两排16针的排针引出，排针长的那一头接到电路板的底层，以方便插入驱动电路的插槽中。同样在驱动电路用两排16脚的插槽将行扫描信号输出引脚和列显示信号数据输出引脚引出。在画 PCB 时，应当注意显示屏电路 PCB 中两排排针之间的距离要与驱动电路 PCB 中两排插槽之间的距离一样，才能保证正确地将显示屏电路板排到驱动电路电路板上方。图 7.28 为该电路的实物与 PCB。

图 7.28　电路实物与 PCB

在画 PCB 时注意双面电路板的做板规则，特别要注意以下几个方面：

① 双面电路板的过孔比较大，一般在 80mil 以上；

② 定位孔的放置；

③ 在顶层焊接时，应注意在顶层插上元器件后是否会影响到焊接，如芯片等引脚比较短的元器件，当插在电路板后要在顶层焊接其引脚是比较困难的。

安装电路后，可将以下的测试程序烧到 AT89S52 中，将 AT89S52 插入驱动电路，若每一个发光二极管都能被点亮，则说明电路硬件做成功。

以下为测试程序清单：

```
#include<reg52.h>
void main()
{   char scan,i;
  P0=0;P1=0;P2=0;
while(1)
{   scan=0;
   for(i=0;i<16;i++)
   {P1=scan;
   P0=0xff;
   P2=0xff;
  scan++;
  }
```

即构成显示文本及图案的点亮。如同PCB板，经不同显示屏电路板的PCB引出的排针(孔)间的联系，当然PCB中的每排插都需对应的一点一孔，才能联系正常的显示效果。

若发现二极管不是全被点亮，则要用万用表来仔细地检测。一般会出现的问题是电路板上的线被短路、断开等。根据不亮的二极管来找电路出现的问题，应该是比较容易的。所以本电路的调试过程是较简单的。当然调试前必须要确保所购买的每一块显示屏都是完好的。

3.注意事项

① 为方便调试，应该给该电路加上一个下载电路部分，每次烧程序调试都要把芯片取出插入，容易损坏芯片的引脚。

② 为了适合大部分的取字模软件，在画原理图时应当考虑列显示屏显示信号输入引脚由左到右的接法；大部分的取字模软件都是从左到右的取模方式，所以应当把显示屏的列信号显示输入引脚从左到右接地接到单片机P2、P0口时，由高位接到低位。

4.问题讨论

① LED显示屏的屏体制作时选用点阵单元板需考虑几个因素？

② LED显示屏控制器有几种类型？它们之间有什么区别？

③ 16块双色16×32 LED单元板组成的一个屏体，其所需的电源功率是多少？

④ LED显示屏系统软件的作用是什么？

技能训练五　LED条形屏的组装

1.实训目的

① 熟悉组成LED条形屏的各个模块和配件。

② 学习各种连接线的制作。

③ 掌握LED条形屏各个模块之间的连接方法。

④ 学习利用计算机对条形屏的控制和显示内容的更新。

2.实训器材

按表7.4准备LED条形屏组装实训器材。

表7.4　LED条形屏组装实训器材

序号	名称	型号与规格	数量
1	LED显示单元板	单红，φ5.00mm，16mm×32mm	2(块)
2	控制器	条形屏用	1(个)
3	电源	LED显示屏电源(30A)	1(个)
4	计算机	自定	1(台)
5	数字万用表	自定	1(台)
6	电烙铁	35W	1(把)
7	排线钳	自定	1(把)
8	排线	16(PIN)	2m
9	排线插头	16(PIN)	4(只)
10	电源线	1mm²(红、黑)	5m
11	通信线	0.5mm²(四种颜色)	各2m
12	通信线接头	BD9	2(只)
13	电工工具	自定	1(套)

3.实训内容和步骤

① 数据线的制作 数据线用于控制器与 LED 点阵单元板及单元板之间的连接。控制器一般采用 16PIN 08 接口，其排列顺序如图 7.29 所示。而单元板的接口目前还没有标准，控制器的接口与单元板的接口一致时，制作一根数据线对接；当与控制器的接口不一致时，就需要制作一根转换线（转换一下接线的顺序）。

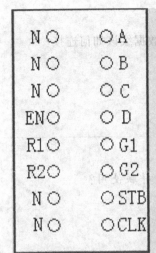
(a) 控制器 16PIN 08接口

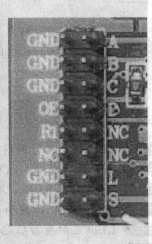
(b) 单元板数据接口

图 7.29 控制器和单元板数据接口

另外各接口的标号也不尽相同，常见的有 LA＝A；LB＝B；LC＝C；LD＝D；ST＝LT＝LAT＝L；CLK＝CK＝SK＝S；OE＝EN；N＝GND。

② 电源线的制作 电源分为 220V 电源线和 5V 电源线。220V 电源线用于连接开关电源到市电，最好采用 3 脚插头。由于 5V 的电流比较大，5V 直流电的电源线采用铜芯直径在 1mm 以上的红黑对线（红为正，黑为负）。

③ 控制器与计算机的连接方式 根据控制器的说明书，制作通信线。

④ 连接各部件 如图 7.30 和图 7.31 所示，将各部件连接起来。

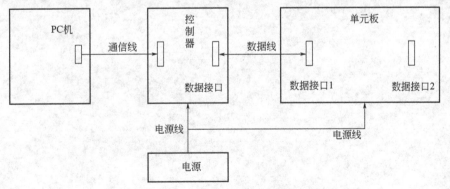

图 7.30 一块单元板的系统连接图

⑤ 软件安装 安装计算机控制器配套的控制软件。

⑥ 调整与演示 在计算机上对 LED 显示屏进行调整和显示演示。

4.问题讨论

① 画出控制器和点阵单元板的接口示意图，它们之间的顺序是否一致？

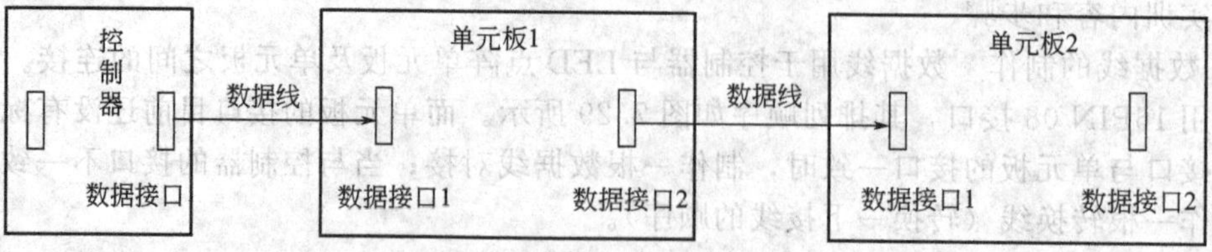

图 7.31　两块单元板的系统连接图

② 能否将两块点阵单元板垂直方向拼接成一个显示屏？这时数据线该如何连接？

③ 写出实训用控制器的主要技术指标，并解释其含义。

复习思考题

1. LED 驱动电源的特点是什么？

2. 用恒流源驱动 LED，是不是说 LED 可以无限制地串联或并联使用？

3. LED 驱动 IC 按应用来分有几类？主要用于哪些场合？

4. 低压类、中压类和高压类的驱动 IC 有什么主要的区别？

5. LED 显示屏按功能分类有哪几种？

6. LED 点阵模块和 LED 点阵单元有什么区别？

7. 什么是 LED 显示屏的扫描显示？扫描显示是利用人的什么特点？

8. LED 显示屏的基本组成部分有哪些？

9. 试说明图文显示屏、图像显示屏和视频显示屏的各自特点及使用场合。

第**8**章

LED景观工程

8.1 认识 LED 夜景工程

LED灯是一种新型光源，与普通的霓虹灯比，其特点是不产生光污染和热辐射、耗能低（节能60％以上，维护成本节约80％以上），在用电量巨大的景观照明市场中具有很强的竞争力，优势明显，且具有色彩丰富逼真、图形多变等优点，目前已被不少大城市用来装饰街道和标志性建筑物。

LED灯具色彩可变，易于控制是其优于其他种类光源和灯具的特性。因此，在实际的工程中采用 LED 时大多会选择使用这一特性，设计变色的照明效果。

此外，LED 色彩变化的频率和速度也是应该进行设计的内容。变化过快的色彩方案，容易造成视觉疲劳，缺乏设计的图形色彩更会导致观者的情绪烦躁。尤其在一些重要的交通节点，频繁闪烁变化的 LED 照明，甚至会影响到道路的交通安全。

LED 照明工程质量的优劣与照明设计密切相关，设计将会决定最终的效果。作为照明工程中的关键环节，在进行照明设计时就应充分考虑 LED 照明的特点，根据实际情况合理使用 LED 灯具。

8.1.1 开关电源驱动电路

(1) 开关电源驱动的基本构成和原理

目前，驱动 LED 中常用的直流稳压电源主要有线性电源和开关电源两类。根据调整管的工作状态，通常把稳压电源分成线性稳压电源和开关稳压电源两类。

开关电源驱动的基本构成与原理

① 基本构成如图 8.1 所示。

② 基本工作原理：输入的交流电（市电）首先经整流滤波电路形成直流电压 U_s，该直流电 U_s，再经通/断状态由图8.2所示波形 U_C 控制的电子开关电路后，变换成脉冲状交流电压 U_o'，U_o' 再经电感、电容等储能元件构成的整流滤波电路平滑后，输出直流电压 U_o。

开关电源的优点

① 功耗小，效率高，工作可靠稳定。

② 体积小，重量轻。

③ 稳压范围宽，适用范围广。

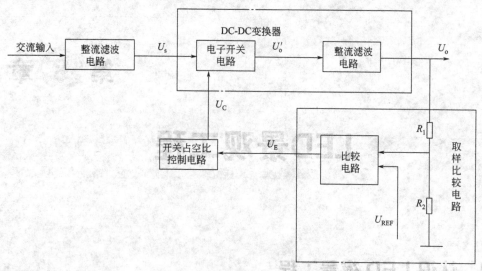

图 8.1 开关电源驱动的基本构成

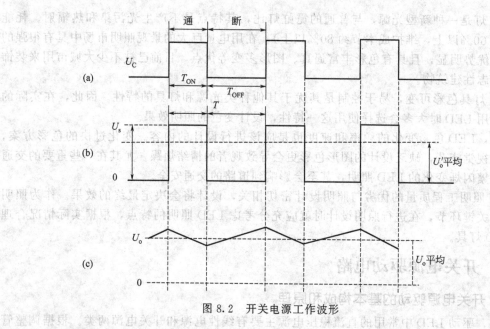

图 8.2 开关电源工作波形

④ 安全可靠。

⑤ 电路形式灵活多样、设计简便。

专用控制器件

PWM 控制电路的基本构成如图 8.3 所示。可见，PWM 控制电路由以下几部分组成：

① 基准电压稳压器，提供一个供输出电压进行比较的稳定电压和一个内部 IC 电路的电源；

② 振荡器，为 PWM 比较器提供一个锯齿波和与该锯齿波同步的驱动脉冲控制电路的输出；

③ 误差放大器，使电源输出电压与基准电压进行比较；

④ 以正确的时序输出使晶体管导通的脉冲倒相电路，振荡频率由外部电容（C_{EXT}）和电阻（R_{EXT}）加以设定。

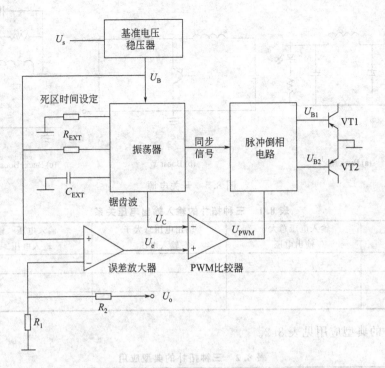

图 8.3 PWM 控制电路的基本构成

(2) 双端驱动集成电路 TL494 及其应用

TL494 为双端输出的 PWM 脉冲控制驱动器，总体结构比同类集成电路 SG3524 更完善。TL494 内部有两组误差放大器，以及由 PWM 比较器组成的主控系统、精度为 5V±0.25V 的基准电压输出。其两组时序不同的驱动脉冲输出端，内置发射极和集电极开路驱动缓冲器，以便于驱动 NPN、PNP 双极型开关管或 N 沟道、P 沟道 MOSFET 管。TL494 内部电路框图见图 8.4。

(3) LED 驱动电路的拓扑结构

开关电源是目前能量变换中效率最高的，一般有 Buck 型（降压型）、Boost（升压型），还有很少用到的 Buck-Boost 型（升降压型），效率可以达到 90% 以上，如图 8.5 所示。Buck、Boost 和 Buck-

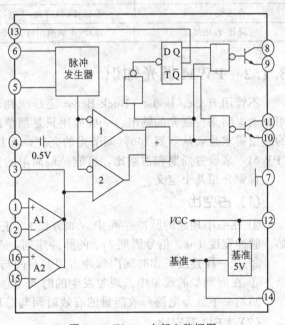

图 8.4 TL494 内部电路框图

Boost 等功率变换器都可以用于 LED 的驱动，只是为了更好地满足 LED 驱动需求，采用检测输出电流而不是检测输出电压进行反馈控制。

三种拓扑的输入输出电压关系见表 8.1。

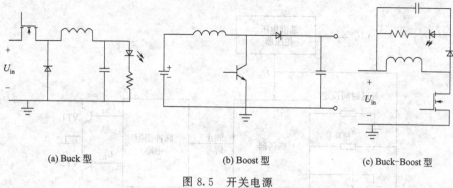

(a) Buck 型   (b) Boost 型   (c) Buck-Boost 型

图 8.5 开关电源

表 8.1 三种拓扑的输入输出电压关系

拓扑结构	输入电压总大于输出电压	输出电压总大于输入电压	输入电压<输出电压或输入电压>输出电压
降压型	√		
升压型		√	
降压-升压型			√

三种拓扑的典型应用见表 8.2。

表 8.2 三种拓扑的典型应用

拓扑结构	典型应用
降压型	车载、标牌、投影仪、建筑
升压型	车载、LCD 背光、手电筒（闪光灯）
降压-升压型	医疗、车载照明灯、手电筒（闪光灯）、紧急照明灯、标牌

8.1.2 PWM 调光知识

不管用 Buck、Boost、Buck-Boost 还是线性调节器来驱动 LED，它们的共同思路都是用驱动电路来控制光的输出。一些应用只是简单地来实现"开"和"关"的功能，但是更多的应用需求是要从 0 到 100% 调节光的亮度，而且经常要有很高的精度。使用脉冲宽度调制（PWM）来设置周期和占空比，可能是最简单的实现数字调光的方法。

首先介绍几个定义。

(1) 占空比

① 在一串理想的脉冲序列中（如方波），正脉冲的持续时间与脉冲总周期的比值。例如：脉冲宽度 $1\mu s$、信号周期 $4\mu s$ 的脉冲序列，占空比为 0.25。

② 在一段连续工作时间内脉冲占用的时间与总时间的比值。

③ 在周期型的现象中，现象发生的时间与总时间之比。

归纳一下就是电路释放能量的有效时间与总释放时间之比。

(2) LED 调光比

调光比则是按下面的方法进行计算：f_{oper}＝工作频率；f_{pwm}＝调光频率；调光比率＝f_{oper}/f_{pwm}（其实也就是调光的最低有效占空比）。比如 f_{oper}＝100kHz，f_{pwm}＝200Hz，则调光比为：100000/200＝500。这个指标在很多 LED 驱动芯片的规格书里都会做出说明。

(3) PWM 调光

PWM 调光是利用微处理器的数字输出来对模拟电路进行控制的一种非常有效的技术，

广泛应用在测量、通信、功率控制与变换及 LED 照明等许多领域中。

图 8.6 是一个可以使用 PWM 进行驱动的简单电路。图中使用 9V 电池来给一个白炽灯泡供电。如果将连接电池和灯泡的开关闭合 50ms，灯泡在这段时间中将得到 9V 供电。如果在下一个 50ms 中将开关断开，灯泡得到的供电将为 0V。如果在 1s 内将此过程重复 10 次，灯泡将会点亮并像连接到了一个 4.5V 电池（9V 的 50%）上一样。这种情况下，占空比为 50%，调制频率为 10Hz。

图 8.6 PWM 驱动的简单电路

LED 光源越复杂，就越要用 PWM 调光，这就需要设计者仔细思考 LED 驱动拓扑。Buck 调节器为 PWM 调光提供了很多优势。如果调光频率必须很高或者信号转换率必须很快，或者两者都需要，那么 Buck 调节器将是最好的选择。

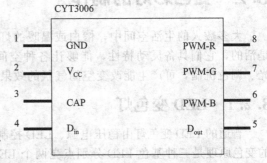

图 8.7 驱动器 CYT3006

8.1.3 典型 PWM 集成驱动器

市面上的 PWM 集成驱动器很多，在下面的内容中介绍一种单线数据传输 3 通道 PWM-LED 驱动器 CYT3006（图 8.7）。

CYT3006 引脚功能见表 8.3。

表 8.3 CYT3006 引脚功能

名称	SOP8	DFN8	功能
V_{CC}	1	1	输入电压 $3.5 \sim 5.5$V DC
CAP	2	2	芯片内部滤波电容
GND	3	3	芯片地
D_{in}	4	4	级联数据输入
D_{out}	5	5	级联数据输出
PWM-B	6	6	PWM 输出蓝色
PWM-G	7	7	PWM 输出绿色
PWM-R	8	8	PWM 输出红色

系统方框图见图 8.8。

串行总线方式可以有效地提高数据传输速度，每个 IC 内部又增设串行驱动器，方便地址位寻址，可以兼容舞台灯光，采用计数移位模式和地址模式，双模式数据传送方式，便于大数据量高速率传输。

PWM 型驱动器与功率器件结合，可有效地提高输出耐压，增强驱动能力。比如与三极管结合设计，输出串接多个 LED，提高像素点亮度。按照设计需求，选择合适的驱动管，达到符合设计的驱动电流和耐压，灵活选型，灵活配置。

CYT3006 外围器件简洁，除几个滤波电容外，不再需要配置外围器件，即可满足工作条件。输出与功率器件桥接，根据功率器件所需要的激励电流，计算合适的电阻，匹配合适的输出阻

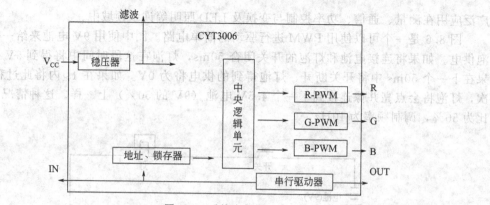

图 8.8　系统方框图

抗。PWM 的输出电流能力是 10mA，灌入电流能力是 25mA，设计时注意不要超过这个值，避免 IC 永久损坏。在满足功率器件推动参数时，尽量地减小激励电流，从而降低像素点功耗。

8.2　变色彩灯的制作

大多数人的生活空间中，惨白或温暖的灯光普遍都习惯了。而新的 LED 变色灯，颜色是活的，它们具备灵动特性，能够让各种空间的色彩影响我们的心情。同时，它也具备调光、调色机制，可产生能改变空间气氛的效果。

8.2.1　LED 变色灯

普通的 LED 变色灯由稳压电源、LED 控制器及 G、R、B 三基色 LED 阵列组成。变色灯的变色原理是三种基色 LED 分别点亮两个 LED 时，它可以发出黄、紫、青色（如红、蓝两 LED 点亮时发出紫色光）；若红、绿、蓝三种 LED 同时点亮时，它会产生白光。如果有电路能使红、绿、蓝光 LED 分别两两点亮、单独点亮及三基色 LED 同时点亮，则可发出七种不同颜色的光来。外部灯泡必须采用乳白色的，这样才能较好地混色，不可采用透明的材料。

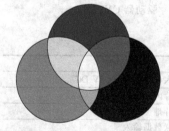

图 8.9　变色灯变色原理

（1）变色的光学原理

变色灯是由红（R）、绿（G）、蓝（B）三基色 LED 组成的。双色 LED 一般由红光 LED 及绿光 LED 组成，可以单独发出红光或绿光。若红光及绿光同时点亮时，红绿两种光混合成橙黄色。变色灯的变色原理如图 8.9 所示。

（2）变色灯的结构框图

LED 变色灯的结构框图如图 8.10 所示。电源输出直流电压供 LED 阵列和 LED 控制器。其中 LED 控制器是变色灯的关键。有的厂家直接把程序烧写在控制器中，也有的厂家使用计算机控制，可进行编写修改。

8.2.2　单灯头 LED 变色灯

下面介绍一种使用 CD4060 和降压式稳压电源制作的简单 LED 变色灯。

LED 变色灯的电路如图 8.11 所示。它由电源部分、变色控制部分及三基色 LED 阵列组成，现分别介绍其工作原理。

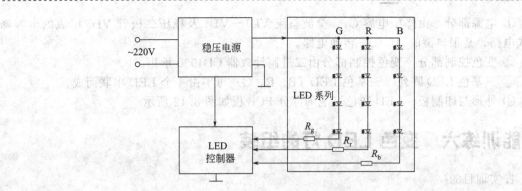

图 8.10　LED 变色灯的结构框图

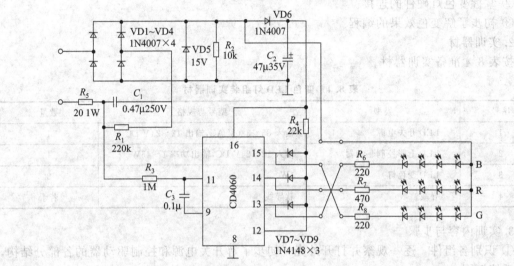

图 8.11　LED 变色灯电路图

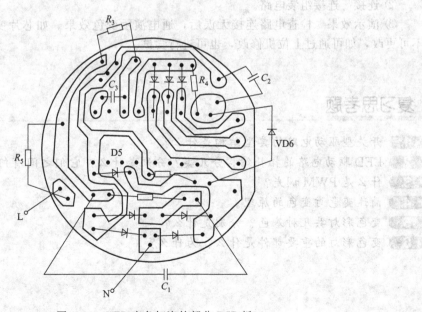

图 8.12　LED 变色灯泡的部分 PCB 板

① 电源部分 由降压电容 C_1、全波整流 VD1～VD4 及稳压二极管 VD5 组成的电容降压式电路,是很典型的 AC/DC 转换电路。

② 变色控制部分 变色控制部分由二进制计数器 CD4060 承担。

③ 三基色 LED 阵列 三基色 LED(B、R、G)每串由 4 个 LED 串联而成。

④ 外形与印制板 LED 变色灯泡的部分 PCB 板如图 8.12 所示。

技能训练六 变色 LED 灯的组装

1.实训目的

① 认识 LED 变色灯的基本原理。

② 掌握变色灯硬件的连接。

③ 初步了解变色效果的编程。

2.实训器材

按表 8.4 准备实训器材。

表 8.4 变色 LED 灯组装实训器材

序号	类型	型号与规格	数量
1	LED 开关电源	输入 85～380V AC,输出 12～24V DC	1
2	LED 七彩控制驱动器	输入 12～24V DC,输出功率 1～45W	1
3	LED 变色灯	1W	3
4	导线	软导线	若干

3.实训内容与步骤

① 识别各组件 逐一观察并打开外壳,初步了解开关电源和控制驱动器的各部分结构,分析系统框图。

② 连接 连接组装电路。

③ 演示效果 检查电路连接无误后,通电演示变色效果。如芯片变色程序已固化,则不可更改,如可通过上位机修改,也可进行尝试。

复习思考题

1. 开关型驱动电路的典型结构是什么?

2. LED 驱动电路的拓扑结构分几类?分别是什么?它们之间有何区别?

3. 什么是 PWM 调光?

4. 简述变色灯变色的原理。

5. 变色彩灯共几种基色?分别是什么?

6. 变色彩灯的重要部件是什么?为什么?

第 9 章

LED标准

9.1 LED 有关标准识别

9.1.1 制定 LED 标准的目的和意义

目的 统一行业标准和管理，使产品质量得到保证，可以杜绝市场的无序竞争。

意义 能使产品的研发既有章可循，又有明确的目标和方向。能规范 LED 产品的生产，提高产品质量，让产品的使用更加科学合理。引导行业步入有序、有标准的状态，促进 LED 照明行业健康地发展。

9.1.2 LED 标准体系

LED 标准体系就是包括 LED 芯片标准、LED 封装技术标准和 LED 照明标准的标准体系。LED 照明标准又分为产品标准和系统标准两大部分。产品标准分为基础标准、方法标准、性能标准和安全标准。系统标准分为测量标准、节能设计标准、使用规范标准、节电效益评价标准等。

照明 LED 产品标准可分为照明 LED 测试方法标准、照明 LED 光源通用标准、照明 LED 附件通用标准、照明 LED 连接件通用标准和 LED 照明灯具标准等。

9.1.3 LED 标准发展概况

(1) 国外发展现状 (表 9.1)

目前国际上从事照明 LED 标准化研究的组织有国际电工委员会（IEC）、国际照明委员会（CIE）和各国对应的标准化组织及相关企业。

表 9.1 全球著名的 LED 制造商简介

序号	LED 制造商	简介
1	CREE 科锐	著名 LED 芯片制造商,产品以碳化硅(SiC)、氮化镓(GaN)、硅(Si)及相关的化合物为基础,包括蓝、绿、紫外发光二极管(LED),近紫外激光,射频(RF)及微波器件,功率开关器件及适用于生产及科研的碳化硅(SiC)晶圆片
2	OSRAM 欧司朗	光电半导体制造商,产品有照明、传感器和影像处理器。其 LED 产品长度仅几个毫米,有多种颜色,低功耗,寿命长
3	NICHIA 日亚化学	著名 LED 芯片制造商,开发出世界第一颗蓝色 LED(1993 年),世界第一颗纯绿 LED(1995 年)

续表

序号	LED制造商	简介
4	Toyoda Gosei 丰田合成	生产汽车部件和LED,白光LED是采用紫外光LED与荧光体组合的方式,与一般蓝光LED与荧光体组合的方式不同
5	Agilent 安捷伦	其产品为汽车、电子信息板及交通信号灯、工业设备、蜂窝电话及消费产品等为数众多的产品提供高效、可靠的光源
6	TOSHIBA 东芝	汽车用LED的主要供货商,特别是仪表盘背光、车子电台、导航系统、气候控制等单元。使用的技术是InGaAlP,波长从560nm(纯绿)到630nm(红)。UV+phosphor(紫外+荧光),LED芯片可发出紫外线,激发荧光粉后组合发出各种光,如白光、粉红、青绿等光
7	Lumileds 流明	全球大功率LED和固体照明的领导厂商,其产品广泛用于照明、电视、交通信号和通用照明。超光率LED技术是其专利产品,结合了传统灯具和LED的小尺寸、长寿命的特点。还提供各种LED晶片和LED封装,有红、绿、蓝、琥珀、白等LED
8	SSC 首尔半导体	韩国最大的LED环保照明技术生产商。主要产品种类包括侧光LED、顶光LED、切片LED、插件LED及食人鱼(超强光)LED等

(2) 国内发展现状 (表9.2)

表9.2 我国的LED标准化工作

序号	标准类别	机 构	标准名称
1	GB	全国照明电器标准化技术委员会(SAC/TC224)	灯的控制装置 第14部分:LED模块用直流或交流电子控制装置的特殊要求
2	GB		杂类灯座 第2-2部分:LED模块用连接器的特殊要求
3	GB/T		普通照明用LED模块测试方法
4	GB/T		普通照明用LED模块用直流或交流电子控制装置性能要求
5	GB/T		道路照明用LED灯
6	GB/T		普通照明用LED灯和LED模块术语和定义
7	GB		普通照明用LED模块 安全要求
8	GB/T		普通照明用LED模块 性能要求
9	GB		普通照明用电压50V以上自镇流LED灯 安全要求
10	GB/T		普通照明用电压50V以上自镇流LED灯 性能要求
11	GB/T		装饰照明用LED灯
12	GB/T		普通照明用发光二极管性能要求
13	SJ/T	工业和信息化部半导体照明技术标准化工作组	半导体发光二极管测试方法
14	SJ/T		半导体照明术语和定义
15	SJ/T		小功率发光二极管空白详细规范
16	SJ/T		半导体发光二极管用荧光粉
17	SJ/T		半导体发光二极管芯片测试方法
18	SJ/T		氮化镓基发光二极管用蓝宝石衬底片
19	SJ/T		半导体发光二极管产品系列型谱
20	SJ/T		功率半导体发光二极管芯片技术规范
21	GB/T	全国稀土标准化技术委员会	白光LED灯用稀土黄色荧光粉

9.1.4 LED 标准规范

(1) 国外 LED 相关标准

国际电工委员会（IEC）曾颁布的 LED 相关规范或标准如下。

① 半导体分立器件和集成电路　IEC 60747-5

② 半导体分立器件和集成电路　第 5-2 部分：光电子器件　基本额定值和特性（1997-09）IEC 60747-5-2

③ 半导体分立器件和集成电路　第 5-3 部分：光电子器件　测试方法（1997-08）IEC 60747-5-3

④ 半导体器件　第 12-3 部分：光电子器件　显示用发光二极管空白详细标准（1998-02）IEC 60747-12-3

⑤ 普通照明用 LED 模块的安全要求　IEC 62031

⑥ 杂类灯座 第 2-2 部分：LED 模块用连接器的特殊要求　IEC 60838-2-2

⑦ 灯的控制装置 第 2-13 部分：LED 模块用直流或交流电子控制装置的特殊要求　IEC 61347-2-13

⑧ 发光二极管模块用直流或交流电子控制装置性能要求　IEC 62384

(2) 国内 LED 相关标准（表 9.3）

LED 相关地方标准，如由福建省质量技术监督局颁布并实施的地方标准：《普通照明用 LED 灯具》；《景观装饰用 LED 灯具》；《投光照明用 LED 灯具》；《道路照明用 LED 灯具》。

国家标准与地方标准的关系：地方标准要符合国家标准的基本规范；地方标准的制定和实施，又是对国家标准的很好补充；持续完善地方规范或标准，对推动和完善国家标准具有重要的意义；地方标准发展到比较成熟的阶段可以考虑上升为国家标准。

表 9.3　国家标准化管理委员会新发布的 8 项 LED 国家标准

序号	标准号	标准名称	发布日期	实施日期
1	GB 19651.3—2008	杂类灯座　第 2-2 部分：LED 模块用连接器的特殊要求	2008-12-30	2010-04-01
2	GB/T 24823—2017	普通照明用 LED 模块　性能要求	2017-11-01	2018-05-01
3	GB/T 24824—2009	普通照明用 LED 模块　测试方法	2009-12-15	2010-05-01
4	GB/T 24825—2009	LED 模块用直流或交流电子控制装置　性能要求	2009-12-15	2010-05-01
5	GB/T 24826—2016	普通照明用 LED 品和相关设备　术语和定义	2016-04-25	2017-05-01
6	GB/T 24827—2015	道路与街路照明灯具性能要求	2015-09-11	2016-04-01
7	GB 24819—2009	普通照明用 LED 模块　安全要求	2009-12-15	2010-11-01
8	GB 19510.14—2009	灯的控制装置　第 14 部分：LED 模块用直流或交流电子控制装置的特殊要求	2009-10-15	2010-12-01

9.2 我国照明工程应用的设计标准

9.2.1 我国的照明设计标准

节约能源、保护环境、提高照明品质是实施绿色照明的宗旨。节约能源的前提是要满足人们正常的视觉需求，也就是要满足照明设计标准的要求，不应该一味强调节能而降低照明的数量（照度）和质量（眩光、照度均匀度、颜色等）的要求。我国工程建设的标准体系建立得比较完善，不同的照明场所都已经制定或正在制定相应的设计标准，如表9.4所示。这些标准均是针对人们的视觉及工作需求而制定，具有一定的科学性和可行性，并尽量和国际标准靠拢，具有一定的先进性。

表9.4　我国的照明设计标准

序号	标准编号	标准名称	发布日期	实施日期
1	GB 50034—2013	建筑照明设计标准	2013-11-29	2014-06-01
2	JGJ/T 119—2008	建筑照明术语标准	2008-11-23	2009-06-01
3	CJJ 45—2015	城市道路照明设计标准	2015-11-09	2016-06-01
4	JGJ 153—2016	体育场馆照明设计及检测标准	2016-12-15	2017-06-01
5	JGJ/T 163—2008	城市夜景照明设计规范	2008-11-04	2009-05-01
6	GB/T 23863—2009	博物馆照明设计标准	2009-05-04	2009-12-01
7	GB 51348—2019	民用建筑电气设计标准	2019-11-12	2020-08-01

9.2.2　照明的分类及 LED 的适应性

在我国的照明设计标准中，根据不同的照明场所及其特点，对照明的方式进行了不同的分类，如表9.5所示。

表9.5　照明的分类及 LED 的适应性标准

序号	标准名称	分类	特点	LED 的适用性
1	建筑照明设计标准（GB 50034—2013）博物馆照明设计标准（GB/T 23863—2009）	一般照明	均匀照亮整个场所	照明要求高暂不适用
		局部照明	照亮特定视觉的某个局部	很好
		混合照明	一般照明与局部照明的混合	较好
		疏散照明	用于确保疏散通道被辨认	好
		安全照明	用于确保处于潜在危险之中人员安全	一般
		备用照明	用于确保日常活动继续进行	暂不适用
		值班照明	为值班所设置	一般
		警卫照明	用于警戒	一般
		障碍照明	可能危及航行安全的标志灯	好
2	城市道路照明设计标准（CJJ 45—2015）	人行道路	照度要求低	好
		快速路	照明要求高	一般
		主干路	照明要求较高	一般
		次干路	照明要求中	较好
		支路	照明要求低	好

续表

序号	标准名称	分类	特点	LED 的适用性
3	城市夜景照明设计规范 （JGJ/T 163—2008）	泛光照明	由投光灯投射	较好,选用小 局部投光
		轮廓照明	勾画被照对象轮廓	很好
		内透光照明	光线由室内向室外透射	较好
		重点照明	照亮特定视觉的某个局部	很好
		动态照明	明、暗或色彩变化	很好

9.2.3 不同照明场所对照明装置的要求

LED 标准规定的照明评价指标包括作业面或参考平面上的维持平均照度值、照度均匀度、统一眩光值（UGR）、照明光源的显色指数（Ra）、相关色温。

除去上述要求外，对照明装置的其他要求如下。

① 灯具遮光角的要求见表 9.6。

② 有视觉显示终端的工作场所照明应限制灯具中垂线以上等于和大于 65°高度角的亮度。

③ 灯具在该角度上的平均亮度限制应符合表 9.7 所示的规定。

④ 室内照明光源色表可按其相关色温分为三组，相关色温推荐值见表 9.8。

表 9.6 直接型灯具的遮光角

序号	光源平均亮度 /(kcd/m²)	遮光角/(°)	灯具遮光角(γ)示意
1	1~20	10	
2	20~50	15	
3	50~500	20	
4	≥500	30	

(a) (b) (c)

表 9.7 灯具平均亮度限制

序号	屏幕分类，见 ISO 9241-7	Ⅰ	Ⅱ	Ⅲ
1	屏幕质量	好	中等	差
2	灯具平均亮度限值	<1000cd/m²		<200cd/m²

注：1. 本表适用于仰角小于或等于 15°的显示屏。

　　2. 对于特定使用场所，如敏感的屏幕或仰角可变的屏幕，表中亮度限值应用在更低的灯具高度角（如 55°）上。

表 9.8 相关色温推荐值

色表分组	色表特征	相关色温/K	适用场所举例
Ⅰ	暖	<3300	客房、卧室、病房、酒吧、餐厅
Ⅱ	中间	3300~5300	办公室、教室、阅览室、诊室、检验室、加工车间、仪表装配
Ⅲ	冷	>5300	热加工车间、高照度场所

9.2.4 《城市道路照明设计标准》(CJJ 45—2015)

机动车交通道路照明应以路面平均亮度（或路面平均照度）、路面亮度总均匀度和纵向均匀度（或路面照度均匀度广眩光限制、环境比和诱导性）为评价指标。人行道路照明应以路面平均照度、路面最小照度和垂直照度为评价指标。

9.3 LED产品施工要求初析

9.3.1 LED产品施工注意事项

① 合理配置驱动电源。
② 做好产品防水措施。
③ 加强产品检测工作。
④ 严格控制灯具串接数量。
⑤ 保证灯具安装安全牢固。

9.3.2 LED工程中的简易计算

(1) 由已知电源功率计算 LED 的数量

若电源额定输出功率为 P，LED 允许功耗 P_m，则可配置的 LED 数量 n 为

$$n = P/P_m \text{（}n\text{ 取所得数据的整数）}$$

【例】 额定输出功率为 10W 的电源，在使用额定的正向电流为 20mA，耗散功率为 70mW 条件下，可配置多少个 LED?

解：可配置的 LED 个数

$$n = P/P_m = 10 \times 10^3/70 = 142.86 \approx 143 \text{（即取所得数据的整数）}$$

(2) 对于恒压式驱动，由已知的输出电源电压计算每条支路串联 LED 数量及并联支路数

① 计算每条支路的 LED 个数　若电源额定输出电压为 U，LED 额定正向电压 U_F，则每条支路 LED 串联的个数 n 为

$$n = U/U_F \text{（}n\text{ 取所得数据的整数最大值）}$$

② 计算并联支路数　若电源额定输出功率为 P，LED 允许功耗 P_m，每条支路 LED 串联的个数为 n，则并联支路数 m 为

$$m = P/(nP_m) \text{（}m\text{ 取所得数据的整数最小值）}$$

【例】 一个额定输出电压为 24V DC，功率为 10W 的电源，使用额定正向电流 20mA，耗散功率为 70mW，额定的正向电压为 1.8V，可配置多少个 LED?

解：先计算每条支路 LED 串联的个数

$$n = U/U_F = 24/1.8 = 13.33 \approx 14 \text{（即取所得数据的整数最大值）}$$

再计算并联支路数

$$m = P/(nP_m) = 10 \times 10^3/(14 \times 70) = 10.2 \approx 10 \text{（即取所得数据的整数最小值）}$$

即可以带 10 组支路，每条支路由 14 个 LED 串联构成的电路，共 140 个 LED。

（3）对于恒流式驱动，由已知的电源输出电流及 LED 的电流值计算出并联支路数及每条支路 LED 串联的数量

① 计算并联的支路数　若电源额定输出电流为 I，LED 额定正向电流为 I_F，则并联支路数

$$m = I/I_F \quad (m \text{ 取所得数据的整数最小值})$$

② 计算每条支路串接 LED 个数　若电源额定输出功率为 P，LED 允许功耗 P_m，并联的支路数为 m，则每条支路 LED 串接的个数 n 为

$$n = P/(mP_m) \quad (n \text{ 取所得数据的整数最小值})$$

【例】　一个额定输出电流为 350mA DC，额定功率为 10W 电源，驱动耗散功率为 70mW，正向电流为 20mA 的 LED，可怎样配置？

解：先计算并联支路数

$$m = I/I_F = 350/20 = 17.5 \approx 17 \quad (\text{即取所得数据的整数最小值})$$

再计算每条支路 LED 串联的个数

$$n = P/(mP_m) = 10 \times 10^3/(17 \times 70) = 8.4 \approx 8 \quad (\text{即取所得数据的整数最小值})$$

即可以带 17 组，每组 8 个 LED 串接，共 136 个 LED。

（4）线路损耗及线路压降的计算

【例】　用长度为 10m（正、负极电线各 5m），24AWG 的铜芯电线，通过电流为 2A，其损耗的功率及线路压降为多少？

解：电线采用的规格是 24AWG，查对照表可知线路的电阻 $R_1 = 0.894\Omega$。线路压降

$$U_1 = IR_1 = 2 \times 0.894 = 1.788\text{V}$$

线路损耗的功率

$$P_1 = IU_1 = 2 \times 1.788 = 3.576\text{W}$$

复习思考题

1. LED 标准体系包括哪些标准？

2. IEC 是什么的英文缩写？国家标准化管理委员会的英文缩写是什么？

3. 照明 LED 产品标准可分为哪几类？

4. 简述 LED 地方标准与国家标准的关系。

5. 试列举几点 LED 产品施工应注意的事项。

6. 有一个 4 英寸的彩色显示器，需要 8 个额定的正向电压为 3.0V、额定正向电流为 20mA、耗散功率为 150 mW 的白光 LED 提供适当的背光照明和全彩。每 4 个 LED 串联一起，组成两个 LED 串，问驱动电源电压、输出功率各为多少？

7. 有一 LED 驱动电源，额定输出电流为 700mA DC，功率为 20W，驱动耗散功率为 70mW，正向电流为 20mA，可怎样配置？

8. 计算机局域网中常用的超五类网线外面包皮上印有 24AWG 的字样，试说明其含义。

第 10 章

LED灯具检验

检验标准是指检验机构从事检验工作在实体和程序方面所遵循的尺度和准则，是评定检验对象是否符合规定要求的准则。LED 灯具的检验标准是根据国家规范、行业准则和企业需求制定的。根据检验标准可判定产品是否合格，是否满足各方面的标准并能正常使用。

10.1 LED 检验标准的依据

按照标准化对象，通常把检验标准分为技术标准、管理标准和工作标准三大类。

① 技术标准 对标准化领域中需要协调统一的技术事项所制定的标准，包括基础标准、产品标准、工艺标准、检测试验方法标准，以及安全、卫生、环保标准等。我国的检测标准就是属于此类标准。

② 管理标准 对标准化领域中需要协调统一的管理事项所制定的标准。

③ 工作标准 对工作的责任、权利、范围、质量要求、程序、效果、检查方法、考核办法所制定的标准。

我国标准的层级分为国家标准、行业标准、地方标准和企业标准，并将标准分为强制性标准和推荐性标准两类。

LED 灯在出厂前需根据国家质量标准进行相应的检测，其检测内容涉及以下方面。

① 灯和相关设备：光源、灯头灯座；控制装置；灯具。

② 光辐射安全和激光设备：光生物安全、非激光光学辐射安全、激光。

③ 其他：节能、安全等标准。

由此可以看出，LED 的检验标准不仅仅是对 LED 电子器件性能的要求，更规范了 LED 产品的结构、光辐射安全、节能和安全等方面。为了便于了解各环节与国家标准的关联，将 LED 产品分模块进行归纳整理，见表 10.1。

表 10.1 LED 检测对象及相应标准

检测对象	相应标准
LED 模块	定义：GB/T 24826—2016 普通照明用 LED 和 LED 模块术语和定义
	安全：GB 24819—2009 普通照明用 LED 模块 安全要求
	性能：GB/T 24823—2017 普通照明用 LED 模块 性能要求
	测试方法：GB/T 24824—2009 普通照明用 LED 模块测试方法
LED 模块用连接器	安全：GB 19651.3—2008 杂类灯座 第 2-2 部分：LED 模块用连接器的特殊要求

续表

检测对象	相应标准
LED灯具标准	安全:GB 7000.1—2007 灯具 第1部分:一般要求与试验
	性能(光度测量):GB/T 9468—2008 灯具分布光度测量的一般要求
LED驱动器	安全:GB 19510.14—2009 LED模块用直流或交流电子控制装置的特殊要求
	性能:GB/T 24825—2009 LED模块用直流或交流电子控制装置 性能要求
	EMC: GB 17625.1—2012 电磁兼容 限值 谐波电流发射限值 GB/T 17743—2017 电气照明和类似设备的无线电骚扰特性的限值和测量方法 GB/T 18595—2014 一般照明用设备电磁兼容抗扰度要求
自镇流LED灯	安全:GB 24906—2010 普通照明用50V以上自镇流LED灯 安全要求
	性能:GB/T 24908—2010 普通照明用50V以上自镇流LED灯 性能要求
CQC节能认证	CQC 31-465137—2010 反射型自镇流LED灯节能认证规则
	CQC 31-465315—2010 LED筒灯节能认证规则
	CQC 3128—2010 LED筒灯节能认证技术规范
	CQC 3129—2010 反射型自镇流LED灯节能认证技术规范

10.2 LED产品出厂检测要求

LED灯具检验标准规定了LED灯具的技术要求、试验方法、检验规则、标识方式、包装、运输和储存条件。其要求包含了外观结构、环境条件、工作电源、性能要求、电磁兼容、外壳保护、可靠性等因素,制订LED产品出厂检测要求是对产品性能更全面的综合要求。

10.2.1 外观结构

国际标准分类中,外观结构涉及木材、原木和锯材、印制电路和印制电路板、道路工程、声学和声学测量、词汇、图形符号、热泵、制冷技术、音频、视频和视听工程。在中国标准分类中,外观结构涉及木材加工材、卫生、安全、劳动保护、筑路材料、公路工程、原条与原木、基础标准与通用方法、广播、电视发送与接收设备等。

LED灯具的外观可以通过直接观察法检测是否存在缺陷,产品的结构决定了产品的性能及安全性,具体的外观结构要求如下。

① 外观要求 涂漆色泽均匀,无气孔、无裂缝、无杂质;涂层必须紧紧地黏附在基础材料上;LED路灯系统各部件机壳表面应光洁、平整,不应有划伤、裂缝、变形等缺陷。

② 尺寸要求 外形尺寸应符合图纸要求。

③ 材料要求 系统各部件的使用材料及其结构设计应符合图纸要求。

④ 装配要求 灯具表面各紧固螺钉应拧紧,边缘应无毛刺和锐边,各连接应牢固、无松动,必要时灯具的紧固、连接和密封要求应符合GB 7000.1—2002第4.12节。

外观结构要求包含了对外观的基本要求,尺寸要求可以在要求范围内存在一定误差,重点是装配要求,应根据国标要求对其安装部件进行检查。

10.2.2　环境条件

国际标准分类中，测试环境条件涉及电工器件、农用建筑物、结构和装置、道路车辆装置、电子设备用机械构件、医疗设备、声学和声学测量、环境试验、集成电路、微电子学、航空器和航天器综合、半导体分立器件、绝缘材料。在中国标准分类中，测试环境条件涉及电力半导体器件、部件、农牧/农垦工程、标准化、质量管理、电子/电气设备、电子设备机械结构、电工产品机械结构、体外循环、人工脏器、假体装置、矫形外科、骨科器械、基础标准和通用方法、环境条件与通用试验方法、半导体集成电路、噪声/振动测试方法、半导体分立器件综合、电工绝缘材料及其制品。

LED灯具的环境条件，主要是对温度、湿度进行要求，并分析振动及压强作用下的可靠性，包含的因素如下。

① 产品在温度-25～40℃内能可靠地工作。

② 产品在温度-40～85℃内能可靠存储。

③ 产品在相对湿度≤95％RH能可靠地工作。

④ 产品间歇暴露在振动条件下不会危害到产品的正常工作。

⑤ 产品在搬运期间遭受的自由跌落不会危害到产品的正常工作。

⑥ 产品在大气压为86～106kPa内能可靠工作。

10.2.3　工作电源

应合理规定LED灯具使用电源的电压及频率，以保障产品的正常使用。产品的额定电压为170～260V，额定频率为50/60Hz。

10.2.4　性能要求

LED灯具的核心是发光二极管，作为电子元件在检测时应注意避免因通电导致的温度过高问题，并对安全保护电路进行检测，LED灯具具体性能要求如下。

① LED灯具需有良好的散热系统，保证LED灯具在正常环境下工作时，铝基电路板温度不得超过65℃。

② LED灯具应具有过温保护功能。

③ LED灯具应具有控制电路异常保护功能，LED路灯必须设置有3C、UL或VDE认证的熔断装置，以作为电路异常时的过流保护。

④ LED灯具应具有抗LED异常的工作能力，即LED灯具中，每个LED串联组由独立的恒流源电路驱动，该恒流电路应保证在LED击穿短路异常情况下能安全运行，并且电流稳定。

⑤ LED灯具应具有防潮、排潮呼吸功能，LED灯具内部电路板需做防潮处理，灯具需有防水透气的呼吸器，保证灯具内部万一受潮后仍能稳压工作，并且靠自身工作产生的热量将水汽排除。

⑥ LED灯具总向下光通量与灯具耗能比≥56lm/W。

10.2.5　安全要求

LED灯具应符合GB 7000.5的要求，普通照明用LED模组应符合IEC 62031的要求，LED模组用交流或直流供电的电子控制装置应符合IEC 61347-2-13和IEC 62384的要求。

10.2.6　电磁兼容性要求

作为电子器件，均存在电磁干扰的现象，其电磁干扰不仅会对 LED 内部电路有一定的影响，同时会影响到周围器件，因此 LED 路灯的插入损耗、骚扰电压、辐射电磁骚扰、谐波电流应符合 GB/T 17743 和 GB 17625.1 的要求。

10.2.7　外壳防护等级

LED 灯具的外壳防护等级应达到相应标准中灯具的外壳等级，其外壳防护属于 LED 产品的结构需求。

10.2.8　LED 灯的可靠性

LED 灯的可靠性是指 LED 有效工作的时间，LED 灯具的平均无故障工作时间（MTBF）应不小于 50000h。

10.2.9　LED 灯的光源寿命

LED 灯具光源在正常使用条件下的平均寿命应大于 50000h。其中 LED 的寿命以光通量的 70% 为标准，当光通量低于初装的 70% 时视为使用寿命结束。

10.3　LED 产品出厂检测试验

LED 产品出厂检测试验是根据检测要求，制订相应的试验方案，其方案包含检测内容、检测方法、检测实施方案以及检测结果的验证标准。根据试验要求，其试验内容包含外观结构检测、环境条件试验、工作电源试验等，LED 产品出厂检测试验合格是产品批量生产的前提。

10.3.1　外观结构检查

外观检查是最直观、最直接的检测方式，可以直观淘汰不合格品。其检查内容包含：通过目视完成的外观检测、材料检查；采用卷尺或类似工具测量的尺寸检查，符合 GB 7000.1—2002 标准的装配检查，其检查判定依据为之前所指定的各项标准规定。

10.3.2　环境条件试验

根据不同的环境下 LED 灯具的性能指标，其试验的设计有很强的实用依据，自然界中的环境温度可从 −30℃ 到 40℃，加上电器本身的产热，其内部温度可能更高，因此涉及温度的试验必不可少。除温度外，湿度和振动也对 LED 灯具的寿命有一定的影响，因此在设计 LED 灯具出厂试验时应设置相应试验，并应满足检测标准的要求。

(1) 高低温试验

LED 灯具出厂高低温试验的试验温度为 −25℃ 和 40℃，试验时间各为（96±2）h，因高低温试验具有相似性，因此本节重点介绍高温工作试验。高温工作试验，按 GB/T 2423.2 规定的 Bd 类进行，其试验设计的目的是严重高温环境下 LED 灯具仍能正常使用，其性能符合国家标准要求。具体试验步骤如表 10.2 所示。

表 10.2 高温工作试验步骤

试验步骤	具体内容
初始检测	将试验样品置于环境温度为 25℃±5℃、相对湿度为 55%±5%RH 的室内环境下,检查外观和结构,并通以额定电压和额定频率的电流,参照 EN 13201-3 和 EN 13201-4 的方法或类似的国家及行业标准测量 LED 灯具的平均照度,然后在暗室中,将 LED 灯具发出的光投射到距路灯等体平面 2.0m 的墙上,测量路灯照度分布图,通过用适当的装置测量矩形长宽边的所有夹角和矩形的长度、宽度及面积,测量路灯的照度分布,并记录下每个夹角、所有边长、整体面积的数值
条件试验	① 将处于室温的试验样品,在不包装、不通电的状态下放入试验箱
	② 使试验箱的温度达到规定的试验温度(40℃±3℃)
	③ 在此温度下,试验样品在额定电压和额定频率下通电保持 96h,持续时间应从温度达到稳定时算起
	④ 切断试验箱电源,试验样品从箱中取出,在室温下恢复 2h
最后检测	将试验样品置于环境温度为 25℃±5℃、相对湿度为 55%±5%RH 的室内环境下,检查外观和结构,然后通以额定电压和额定频率的电流,在与初始条件相同的测量条件下测量 LED 灯具的平均照度及照度分布图

试验结果判断:用目视检查,LED 灯具外观和结构在试验前和试验后应无明显变化,其最后检测的平均照度应不低于初始检测的平均照度的 95%,照度分布图的矩形面积与初始检测的偏差不超过 10%,矩形的任意一边的长度或宽度与初始检测的偏差不超过 5%,矩形长宽的夹角与初始检测的偏差不超过 5°,试验结果全部满足以上条件即认定该 LED 灯具通过了高温试验环节。

低温工作试验的检测方法及结果判断同高温工作试验,只需将检测温度改为 (−25±3)℃,其他内容不变,故本节不再详细介绍。

(2) 湿度试验

湿度试验的设计主要是检测 LED 产品在高湿度环境下的性能是否符合要求,因 LED 灯具内部主要为电子器件,湿度对电子器件的影响较大,例如高湿的环境下,发光二极管的性能会发生偏移,故设置湿度试验是环境试验的重中之重。将 LED 的湿度试验在温度为 40℃、相对湿度为 95%RH 的条件下进行,试验时间为 (96±2)h,按 GB/T 2423.3 的规定进行。具体试验步骤如表 10.3 所示。

表 10.3 恒定湿度试验步骤

试验步骤	具体内容
初始检测	将试验样品置于环境温度为 25℃±5℃、相对湿度为 55%±5%RH 的室内环境下,检查外观和结构,并通以额定电压和额定频率的电流,参照 EN 13201-3 和 EN 13201-4 的方法或类似的国家及行业标准测量 LED 灯具的平均照度,然后在暗室中,将 LED 灯具发出的光投射到距路灯等体平面 2.0m 的墙上,测量路灯照度分布图,通过用适当的装置测量矩形长宽边的所有夹角和矩形的长度、宽度及面积,测量路灯的照度分布,并记录下每个夹角、所有边长、整体面积的数值
条件试验	试验样品按正常的工作状态放入到湿热箱内。试验样品不通电,启动湿热箱电源使箱内温度升到 40℃±3℃,然后,再加湿并搅拌箱内的空气,当温度达到要求,相对湿度在(95±3)%时,保持 96h 后,将试验样品从箱中取出,在室温下恢复 2h
最后检测	将试验样品置于环境温度为 25℃±5℃、相对湿度为 55%±5%RH 的室内环境下,检查外观和结构,然后通以额定电压和额定频率的电流,在与初始条件相同的测量条件下测量 LED 灯具的平均照度及照度分布图

试验结果判断:用目视检查,LED 灯具外观和结构在试验前和试验后应无明显变化,其最后检测的平均照度应不低于初始检测的平均照度的 95%,照度分布图的矩形面积与初

始检测的偏差不超过 10%，矩形的任意一边的长度或宽度与初始检测的偏差不超过 5%，矩形长宽的夹角与初始检测的偏差不超过 5°，试验结果全部满足以上条件即认定该 LED 灯具通过了湿度试验环节。

(3) 振动试验

因 LED 灯具内含有 LED 发光芯片，且其结构特殊，因此在运输、使用过程中对振动有相应的指标要求，LED 的振动试验按 GB/T 2423.10 的规定进行，设计并实施振动试验主要是验证在极端振动的环境下，电子元件是否存在隐患。

试验样品不包装、不通电，按其预定使用位置固定在试验台中央，振动方向为垂直方向，振动参数如下。

① 频率范围：10Hz—55Hz—10Hz。

② 振幅：0.35mm。

③ 扫描速率：约 1oct/min。

④ 持续时间：30min。

试验后检查受试设备，应无损坏和紧固件松动脱落现象，通电设备功能正常，光通量达标，若满足上述条件则判定通过振动试验。

(4) 自由跌落试验

LED 的振动试验按 GB/T 2423.8 的规定进行，设计并实施振动试验主要是验证在搬运过程中，发生自由跌落时电子元件是否存在隐患。试验样品带完整包装、不通电，从 500mm 高度上自由跌落 2 次。试验后检查受试设备，应无损坏和紧固件松动脱落现象，通电设备功能正常。

10.3.3 工作电源试验

LED 灯具整灯根据其适用的国家和地区，在其相应的额定电压、额定频率下工作，其工作电流、功率消耗应能满足产品规格书中的要求，在其适用的输入电压和频率范围内的电源供电情况下能正常亮灯。

试验方法：针对国内使用的 LED 产品，在额定电压 220V 50Hz 供电情况下，测量照度均匀度，然后分别在供电电压为 170V 60Hz 和 250V 50Hz 的情况下测量照度均匀度。

LED 模组驱动电路根据其适用的输入电压，在其相应的额定电压下工作，其工作电流、功率消耗应能满足产品规格书中的要求，在其适用的输入电压范围内的电源供电情况下，能正常亮灯。

试验方法：根据其适用的输入电压，在其额定电压下供电，待正常工作 15min 稳定后，测量 LED 模组驱动电路的工作电流和功率消耗，与产品规格书比较；然后调节供电电压分别至输入电压的上限和下限，各工作 15min，目视判断能否正常亮灯。

10.3.4 性能试验

LED 的性能试验是为测试其性能而制订的。性能试验的设计是确保 LED 灯具在小概率情况下仍能正常工作，或可以自行保护从而保护其电路不造成更大的损失。因此本节针对 LED 的性能功能进行归纳分类，制订相应的试验方案及检测标准。

(1) 温度保护和自动调节功能试验

温度保护和自动调节功能是指，LED 灯具在灯具温度保护和自动调节功能失效时铝基板最高温度试验，打开灯具面盖，短路温控开关，断开负温度系数热敏电阻（NTC），使灯具失去温度保护和自动调节功能，保证灯具全程满功率工作。

试验方案：在灯具中心区铝基电路板上贴上热电偶温度传感器或65℃不可逆温度指示标贴；然后按正常工作状态装回面盖，灯具按正常工作方式架设在温度调控在30℃±1℃的无风房间或防风罩内，给灯具通以额定频率及电压为额定电压1.1倍的电源，连续点亮24h；用合适的温度记录仪连续监控贴上热电偶温度传感器处的铝基电路板的温度，如果最高温度不超过65℃，则铝基板最高温度试验合格，反之则不合格，或断电后打开面盖观察温度指示标贴是否有变黑，如果没有变黑，则说明铝基电路板温度不曾达到65℃，则铝基板最高温度试验合格，反之则不合格。

（2）LED灯具过温保护功能试验

LED灯具过温保护功能试是指，当LED处于高于阈值温度的环境下时停止工作以保护其芯片的功能。

试验方案：LED灯具灯体放入空间足够的强制对流通风的恒温试验箱，把试验箱温度设定在76℃，并开启加热，当温度到达设定值后保持1h，再给灯具接通额定频率及电压为额定电压1.1倍的电源，通电使灯具正常工作1min，观察灯具是否正常亮灯；然后切断灯具电源，把试验箱温度设定调到84℃，当温度到达设定值后保持1h，再给灯具接通额定频率及电压为额定电压1.1倍的电源，通电使灯具正常工作1min，观察灯具是否正常亮灯。试验完毕，如果LED路灯在76℃恒温试验箱中通电时灯具亮灯，在84℃恒温试验箱中通电时灯具不亮灯，则LED路灯过温保护功能试验合格，否则不合格。

（3）LED灯具控制电路异常保护功能试验

元件处于电路环境中，就会存在漏电、欠电、元件工作异常等突发情况，此时LED灯具应具备保护功能，根据突发情况的不同设计相应的试验，以保证LED在突发情况下具备保护功能，不仅保护LED灯具本身，更保护其他电器。根据常见失效原因制订相应试验内容，本节主要选择了温控失效和控制电路失效进行LED出厂试验内容讲解。

① 温控失效   当LED灯具温控失效，那么当LED长期运作，灯具内热量无法很好散热导致局部温度过高时，LED自身的温度保护电路仍能正常工作确保LED灯具的安全。

试验内容：打开灯具面盖，让灯具内部温控开关不工作，放入有足够空间的恒温试验箱，此时恒温箱内的温度应为环境温度25℃±5℃，电源线引出箱外，接入1个功率计，然后给灯具通以额定频率及电压为额定电压1.1倍的电源，工作30min稳定后记录灯具在室温环境的功率值P_1，关闭灯具，开启恒温箱，把温度设定在65℃，等箱内温度到达设定值后，继续保持1h，再给灯具通电，读取记录此时的功率P_2，同样的方法，测量并记录下灯具在环境温度为68℃时的功率P_3及73℃时的功率P_4。试验结束。

判定依据：根据试验记录进行判定，只有满足如下关系才合格。

$$P_2 = (1 \pm 0.08)P_1$$
$$P_3 = (1 \pm 0.08 \times 0.8)P_1$$
$$P_4 = (1 \pm 0.08 \times 0.5)P_1$$

② 控制电路异常   因电子元件的寿命及电能性能不稳定等因素的影响，存在控制电路某一个元件失效从而造成控制电路不能正常运行的情况，造成控制电路异常的原因有元件短路、断路等。

试验内容：打开灯具面盖，将控制电路中的任一元件开路或者短路以产生最不利状态，装回面盖，将LED灯具单灯按正常使用安装在环境温度为25℃±5℃，相对湿度为55%±5%RH的环境下，然后将灯具通以额定频率及电压为额定电压1.1倍的电源直至保护装置动作或稳定。试验后的灯具的外壳不应爆裂、燃烧或变形以致降低灯具的外壳防护等级和影响到安全。

10.3.5　LED灯具防潮、排潮呼吸功能试验

考虑到环境因素的影响，除之前提到的高低温、振动等情况外还存在湿度大的情况，尤其是我国南方湿度较高，对电子元件性能的影响较大，因此在LED出厂试验时设计了防潮、排潮呼吸功能试验。

试验内容：把灯具面盖打开，用3g脱脂棉蘸上水（用蒸馏水加很少量的NaCl调制）放入灯具内腔贴近散热器主体处（注意不要直接接触电路板和元件），然后盖上面盖，将LED灯具单灯按正常使用安装在环境温度为25℃±5℃、相对湿度为55%±5%RH的环境下，通以额定电压、额定频率的电源，按照点灯5h、灭灯3h，这样循环6次，共48h；接下来切断灯具电源，把灯具放入80℃的高温试验箱并保持12h，然后把灯具取出，冷却到40℃以下，再接通电源，灯具应能正常点亮；打开面盖观察，电路板上应无电火花痕迹，内部应无结露，脱脂棉中水分应基本干燥，否则，灯具防潮、排潮不合格。

10.3.6　LED灯具光学试验

LED灯具作为发光产品，因此其出厂试验设计时需考虑其光学性能参数，主要体现为总向下光通量与灯具耗能比试验、单灯照度均匀度试验、照度分布测试试验。

① 总向下光通量与灯具耗能比试验　通量与灯具耗能比是灯具效能评价参数，在照明产品的能效标准中会规定灯具效能限值。试验内容：将LED灯具单灯按正常使用安装在环境温度为25℃±5℃、相对湿度为55%±5%RH的环境下，通以额定电压和额定频率的电源，待灯具工作30min稳定后，分别测量总向下光通量和灯具消耗的功率，然后计算出总向下光通量与灯具耗能比，若向下光通量与灯具耗能比满足判定要求即为合格。

② 单灯照度均匀度试验　将LED灯具单灯按正常使用安装在环境温度为25℃±5℃、相对湿度为55%±5%RH的环境下，通以额定电压和额定频率的电源，待灯具工作30min稳定后，参照EN 13201-3和EN 13201-4的方法或类似的国家及行业标准测量LED路灯的平均照度。

③ LED照度分布测试试验　灯具照度分布图是检验LED灯具发光是否均匀的重要标志，LED发光均匀与灯罩的质量、发光芯片的质量息息相关。试验内容：在暗室中，LED灯具单灯按正常使用安装在环境温度为25℃±5℃、相对湿度为55%±5%RH的环境下，通以额定电压和额定频率的电源，将LED灯具发出的光投射到距路灯等体平面2.0m的墙上，目测观察路灯的照度分布。若很明显可观察到矩形照度分布，则合格；否则，更换封装透镜直至灯具的照度分布达到矩形照度为止。

10.3.7　LED热阻试验

LED发光的核心元件是二极管，在集成电路中需要电阻进行分压、稳流，但实际应用中电阻通电发热是不可避免的，因此LED出厂前需进行热阻试验。

试验内容：LED安装在环境温度为25℃±5℃、相对湿度为55%±5%RH的环境下，通以额定电压和额定频率的电源，使用合适的热阻测量仪器（如ZWL-A00型热阻测量仪），将LED按正确的极性装入测试台夹具，打开ZWL-A00型热阻测量仪电源开关，设置测量温度为室温加2℃、测量电流为5mA、工作电流为350mA、温度系数为9.99；然后按"确认"键，进入自动测试状态。测试大约经过1h左右，测量完成并自动显示出结果，记录下测试结果。如测量热阻≤12℃/W即为合格，否则为不合格。

10.3.8   安全试验

目前安全用电是电子器件使用的前提条件，安全对个人、集体都至关重要，因此LED灯具检测标准的安全实验是一个重要的环节，对LED路灯按GB 7000.1和GB 7000.5规定的方法和要求进行，对普通照明用LED模组按IEC 62031规定的方法和要求进行，对LED模组用交流或直流供电的电子控制装置按IEC 61347-2-13和IEC 62384规定的方法和要求进行。

10.3.9   LED灯具光源寿命试验

将LED灯具新灯单灯按正常使用安装在环境温度为25℃±5℃、相对湿度为55%±5%RH的环境下，通以额定电压和额定频率的电源，待灯具工作30min稳定后，测量初始光通量，然后在此环境条件下按正常使用连续工作50000h，再测量光通量，此时的光通量应不低于初始光通量的70%，否则LED路灯光源寿命试验不合格。

10.3.10   其他相关试验及验证标准

作为一个出厂产品，其试验应为多个，由于篇幅有限，因此本节不再过多罗列。在实际生产中，一个电子产品的试验子项目往往高达数百个，因此本节将关于LED灯具其他检测内容及验证标准汇总成表（表10.4），便于读者查找了解。

表10.4   其他试验及验证标准

试验内容	验证标准
电磁兼容试验	按GB 17743和GB 17625.1规定的方法和要求进行
外壳防护等级试验	按GB/T 4208规定的方法和要求进行
照明设计试验	按CJJ 45—2015规定的方法和要求进行
激光辐射试验	按GB 7247.1规定的方法和要求进行
LED路灯可靠性试验	按GB 5080.7规定的方法和要求选择合适的方案进行

10.4   出厂检测及规定

LED灯具在满足出厂试验后可进行批量生产，但最终出厂前仍需进行产品的检测，以保证LED出厂产品的合格率。

（1）出厂一般检测

LED灯具产品须经检验合格方能出厂，并附有证明产品质量合格的文件或标记，LED灯具产品的检验分出厂检验和型式检验。经车间调试合格的产品，应按型号、生产批号相同者划分为组，按组提供给质检部门，并按表10.1中项目逐个进行检验。检验中出现任一检验项目失效，均判该产品为不合格，应退回车间修理。

（2）型式检验

为了认证目的进行的型式检验，是对一个或多个具有生产代表性的产品样品利用检验手段进行合格评价。这时检验所需样品数量由质量技术监督部门或检验机构确定，并进行现场抽样封样；取样地点从制造单位的最终产品中随机抽取；检验地点应在经认可的独立的检验机构进行。型式检验主要适用于对产品综合定型鉴定和评定企业所有产品质量是否全面达到标准和设计要求的判定。当发生下列情况之一时，应进行型式检验，见表10.5。

表 10.5 型式检验情况

序号	具体情况
1	新产品或老产品易地生产,批量投产鉴定
2	合同规定时
3	正式生产后,如结构、材料、工艺有较大改变而可能影响产品性能时
4	出厂检验结果与上次型式检验结果有较大差异时
5	成批或大量生产的产品每2年不少于一次
6	国家监督机构提出进行型式检验要求时
7	停产一年以上,恢复生产时
8	其他特殊情况

为了批准产品的设计并查明产品是否能够满足技术规范全部要求所进行的型式检验，是新产品鉴定中必不可少的一个组成部分。只有型式检验通过以后，LED灯具产品才能正式投入生产。对于批量生产的定型产品，为检查其质量稳定性，往往要质量技术监督部门或检验机构进行定期抽样检验，型式检验的依据是产品标准，为了认证目的所进行的型式检验必须依据产品国家标准。

(3) 不合格品分类

按 GB/T 2829 规定，不合格品分为 A、B、C 三类。各类的权值定为：A 类 1.0，B 类 0.5，C 类 0.3。累计后小数值四舍五入取整。

当一个样本不合格检验项目的不合格权值的累积数大于或等于 1 时，则判为不合格品，反之为合格品。对一个样本的某个试验项目发生一次或一次以上的不合格，均按一个不合格计。

(4) 标志、标签和使用说明

每个 LED 灯具在显著位置设置标志或铭牌，包含以下内容：①型号、代号及产品标准编号；②产品名称的全称表示；③制造厂全名及商标；④详细地址；⑤出厂日期及编号；⑥IP 防护等级；⑦安全注意事项。

(5) 使用说明书

每个 LED 灯具配置的使用说明书应给出如何安全和正确地使用本设备的全部信息。其信息应包含下列内容：①工作原理框图；②主要技术指标；③控制调整说明；④电气接线图；⑤安装图及要求；⑥安全注意事项；⑦保修事项；⑧常见故障及解决办法。

复习思考题

1. LED 的出厂检测设计的依据有哪些？

2. 为什么要对 LED 产品进行关于散热方面的试验？

第 **11** 章

LED应用拓展

近些年 LED 技术突飞猛进，随着技术的革新，其应用领域不断延伸，LED 技术已不仅仅应用在照明领域，在农业、公共卫生、电子信息方面 LED 都承担着重要的角色。本章重点从 LED 发展趋势、发展现状以及重要的技术革新三方面阐述 LED 的发展。

11.1 LED 发展趋势

LED 是一种新型半导体固体发光器件，当两端加上正向电压时，半导体中的载流子发生复合引起光子发射从而产生光。不同材料制成的 LED 会发出不同波长的光，从而形成不同的颜色，并根据波长完成相应任务。LED 灯具有能耗低、体积小、寿命长、无污染、响应快、驱动电压低、抗震性强、色彩纯度高等特性，被誉为新一代照明光源及绿色光源。

同时，随着 LED 技术的不断进步，LED 外形尺寸轻薄，光效、显色性、亮度保持率、颜色稳定性等各方面性能不断提高，应用领域不断扩大。LED 产品从早期的单色信号指示、数字显示、点阵显示、景观装饰，逐步发展到交通指示、全彩显示、全彩背光照明、装饰照明、室内照明、汽车照明等功能元器件，广泛应用于手机、数码产品、LED 液晶电视、桌面型液晶显示器、笔记本电脑、全彩显示屏、室内外照明灯具、汽车等各领域。随着成本的不断下降，在通用照明领域 LED 正成为目前有潜力的绿色照明光源。未来，智慧照明、光通信、可穿戴电子的应用将成为 LED 应用的新亮点。

LED 灯的发展阶段可以归纳为三个层次，如图 11.1 所示。首先是基础应用，体现在仪器仪表、信号指示、路灯、景观装饰等方面；其次是拓展应用，体现在交通指示、全彩显示、背光照明、装饰照明、室内照明、汽车照明、医疗照明等方面；最高层次体现为智能应

图 11.1　LED 照明应用发展

用方面。

随着半导体照明产业进入新一轮高速增长期，LED 照明产品朝着更高光效、更低成本、更高可靠性和更广泛应用方向发展，并逐渐开启跨领域交叉融合，形成具有更高技术含量与附加值的产品。总的来看，LED 照明有三大发展趋势，分别是集成化、标准化以及智能化。

在生产工艺方面，随着 LED 技术进一步发展，结合集成电路工艺的芯片级光源技术、多功能系统集成封装技术、超越封装的 LED 模组技术等将获得持续关注和跟进；在应用领域方面，标准化、模块化、低成本、高可靠率将是 LED 应用产品及系统的主要发展方向；在产业协同方面，LED 技术将与新一代信息技术深度融合，呈现智能化、远程化、数字化、网络化的发展趋势。

11.2　LED 技术变革

虽然近十年里 LED 应用突飞猛进，但是 LED 的早期探索却可以追溯到 20 世纪初，LED 成本低、价格低廉，但它每一次的技术革新都曾在科学界引起巨大的轰动。第一只 LED 是 1962 年由 Holonyak 等人利用 GaAsP 材料制得的红光 LED，因为其长寿命、抗电击、抗震等特点而作为指示灯，1968 年实现了商业化；20 世纪 70 年代，随着材料生长和器件制备技术的改进，LED 的颜色从红光扩展到黄绿光；20 世纪 80 年代，借助 AlGaAs 新材料的生长技术的发展，高质量 AlGaAs/GaAs 量子阱得以应用于 LED 结构中，载流子在量子阱中的限制效应大大地提高了 LED 的发光效率；20 世纪 90 年代，四元系 AlGaInP/GaAs 晶格匹配材料的使用，使得 LED 的发光效率提高到几十 lm/W（lm：流明，表征光通量的单位）。本节将 LED 的技术变革分为四个阶段，同时汇总了最新的 LED 技术和展望。

11.2.1　LED 的早期探索

早在固体材料电子结构理论建立之前，固体电致发光的研究就已经开始。最早的相关报道可以追溯到 20 世纪初的 1907 年。就职于 Marconi Electronics（马可尼电子系统有限公司）的 H. J. Round 在碳化硅（SiC）晶体的两个触点间施加电压，在低电压时观察到黄光，随电压增加则观察到更多颜色的光。20 世纪 40 年代半导体物理和 P-N 结的研究蓬勃发展，1947 年，在美国贝尔电话实验室诞生了晶体管，人们开始意识到 P-N 结能够用于发光器件。1951 年，美国陆军信号工程实验室的 K. Lehovec 等人据此解释了 SiC 的电致发光现象，即载流子（即电流载体）注入结区后电子和空穴复合导致发光。然而，实测的光子能量要低于 SiC 的带隙能量，他们认为此复合过程可能是杂质或晶格缺陷主导的过程。1955 年和 1956 年，贝尔电话实验室的 J. R. Haynes 证实在锗和硅中观察到的电致发光是源于 P-N 结中电子与空穴的辐射复合。

1957 年，H. Kroemer 预言异质结有着比同质结更高的注入效率，同时对异质结在太阳能电池中的应用提出了许多设想。1960 年，R. L. Anderson 第一次制成高质量的异质结，并提出系统的理论模型和能带图。1963 年，Z. I. Alferov 和 H. Kroemer 各自独立地提出基于异质结的激光器的概念，指出利用异质结的超注入特性实现粒子数反转的可行性，并且特别指出同质结激光器不可能在室温下连续工作。经过坚持不懈的努力，1969 年，异质结激光器终于实现室温连续工作，这构成了现代光电子学的基础。

H. Kroemer 和 Z. I. Alferov 因发明异质结晶体管和激光二极管（LD）所做出的奠基性贡献，获得了 2000 年的诺贝尔物理学奖。之后，GaAs 备受关注，基于 GaAs 的 P-N 结的制备技术迅速发展。GaAs 是直接带隙半导体材料，电子与空穴的复合不需要声子的参与，非常适合于制作发光器件。GaAs 的带隙为 1.4eV，相应发光波长在红外区。1962 年夏天观察到了 P-N 结的发光。数月后，三个研究组独立且几乎同时实现了液氮温度下（77K）GaAs 的激光，他们分别是通用电气、IBM 和 MIT 林肯实验室。异质结及后来的量子阱，能够更好地限制载流子，提高了激光二极管的工作性能。

11.2.2　LED 的可见光发展历程

起初人们尝试研究间接带隙的 SiC 和直接带隙的硒化锌（ZnSe），都没能实现高效发光。20 世纪 50 年代后期，Philips Research 实验室已经开始认真研究基于 GaN 的新发光技术的可行性，尽管那时 GaN 的带隙才刚刚被测定。H. G. Grimmeiss 和 H. Koelmans 用不同的活化剂，实现了基于 GaN 的宽光谱高效光致发光。然而，当时 GaN 晶体的生长非常难，只能得到粉末状的小晶粒，根本无法制备 P-N 结。Philips 的研究者放弃了 GaN 的研究，决定还是集中力量研究 GaP 体系。

20 世纪 60 年代后期，美国、日本和欧洲的数个实验室，均在研究 GaN 的生长和掺杂技术。1969 年，Maruska 和 Tietjen 首先用化学气相沉积（Chemical Vapor Phase Deposition）的方法在蓝宝石衬底上制得大面积的 GaN 薄膜，这种方法是用 HCl 气体与金属 Ga 在高温下反应生成 GaCl，然后再与 NH_3 反应生成 GaN，这种方法的生长速率很快（可达到 $0.5\mu m/min$），可以得到很厚的薄膜，但由此得到的外延晶体有较高的本底 N 型载流子浓度，一般为 $10^{19}/cm^3$。

1971 年美国 RCA 实验室的 Pankove 研究发现了氮化物材料中形成高效蓝色发光中心的杂质原子，并研制出 MIS（金属-绝缘体-半导体）结构的 GaN 蓝光 LED 器件，这就是全球最先诞生的蓝色 LED。但是限于当时的生长技术，难于长出高质量的 GaN 薄膜材料，同时 P 型掺杂也未能解决，因此外部量子效率只有 0.1%，看不到应用的前景。蓝色发光二极管成为横在科学家面前的难题。GaN 熔点高，缺乏匹配衬底，GaN 晶体生长十分困难，而且能隙比 ZnSe 大，因此 P 型掺杂被认为是难上加难。所以大多数研究人员都放弃了 GaN 的研究，或者转战 ZnSe，GaN 研究陷于较长时间的停滞期。

11.2.3　艰难的探索

1974 年，赤崎勇的研究小组利用旧的真空蒸镀装置改造拼凑了 MBE（分子束外延生长）装置，长出了不太均匀的 GaN 薄膜。第二年，赤崎勇提交的"关于蓝色发光元件的应用研究"申请获得日本通商产业省的为期三年的资助。赤崎勇用这笔资金购置了新的 MBE 装置继续进行实验，但 GaN 薄膜的质量并没有得到提高。随后他们又尝试了 HVPE（氢化物气相外延）法，进展仍然不尽人意。赤崎勇认识到：由于氮气的蒸气压极高，采用超高真空的 MBE 法并不是最适合 GaN 的生长，而 HVPE 法的生长速度过快，而且伴随部分逆反应，晶体质量较差。MOCVD（有机金属化学气相沉积）的生长速度介于 MBE 法和 HVPE 法之间，最适合 GaN 生长。于是在 1979 年赤崎勇决定采用 MOCVD 法研究 GaN 的生长。在衬底选择上，赤崎勇综合考虑晶体的对称性、物理性质的匹配、对高温生长条件的耐受性等因素，经过一年多实验，在对 Si、GaAs 和蓝宝石等进行反复对比研究后，决定使用蓝宝石作为外延衬底。赤崎勇做出的这两项选择，即采用 MOCVD 生长法和蓝宝石作为外延衬底，无疑是重要而关键的，至今仍然被广泛采用。1983 年天野浩在两年的时间里对衬底温度、反应室真空度、反应气体流量、生长时间等条件反复进行调整，做了 1500 多次实验，但依然没有生长出好的 GaN 薄膜。

1985 年的一天，如同往常生长 GaN 一样，天野浩把 MOCVD 的炉内温度提高到

1000℃以上的生长温度。这时，碰巧炉子出了问题，温度只达到700～800℃左右，无法生长 GaN 薄膜。但此时天野浩的脑海里冒出了"加入 Al 也许能提高晶体质量"的念头。于是天野浩在蓝宝石衬底上试着生长 AlN 薄膜，在这一过程中炉子恢复了正常，他又将炉温提高到1000℃继续生长 GaN 薄膜。后来样品经显微镜观察发现生长出了均匀的 GaN 薄膜，歪打正着成就了低温生长 AlN 缓冲层技术，这是发明蓝光 LED 的突破性技术之一。无巧不成书，另一项重大突破——P 型 GaN 掺杂的实现也是偶然被天野浩所发现的。

生长出优质 GaN 薄膜后，他们自然把重点放在了 P 型掺杂的研究上。天野浩选择锌（Zn）和镁（Mg）作为受主，掺杂到 GaN 薄膜中，但尝试了多次始终没有实现 P 型掺杂。后来他用电子显微镜观察掺 Zn 的 GaN 薄膜表面，意外发现在反复的量测后样品发出了极为微弱的荧光。天野浩认为掺 Zn 的 GaN 薄膜的导电特性发生了变化，可是经过测量，发现并没有形成 P 型。就在天野浩觉得 GaN 薄膜可能真的无法实现 P 型掺杂而决定放弃时，他看到了一本教科书，书中说 Mg 是比 Zn 更容易实现 P 型的受主。他把 GaN 薄膜中掺杂的受主由 Zn 换成 Mg，再次进行电子显微镜观察，果然掺 Mg 的 GaN 薄膜变成了 P 型。赤崎勇教授与天野浩认为是低能电子束辐照（LEEBI）的作用实现了 GaN：Mg 薄膜的 P 型导电，此发现造成了科学界的轰动，也使得 GaN 的 P 型掺杂成为发明蓝光 LED 另一项重大突破。

与此同时，就在 GaN 蓝光 LED 探索发展的关键时期，中村修二经过数年努力，于1992年第一次利用 InGaN/GaN 周期量子阱结构，取代了传统的 P-I-N 结构，大幅度提高了蓝光 LED 的发光效率。他还发展了外延技术，用低温生长的薄层 GaN 替换 AlN 作为缓冲层。同时中村等人为了解开 P 型 GaN 的谜团做了一系列的实验，发现电子束对于 P 型激活的作用只可能来自于热激活和高能电子的轰击两种因素。他们将 GaN：Mg 样品放入700℃以上的 N_2 和 NH_3 气氛下退火，成功实现稳定的 P 型 GaN。实验证明热处理（退火）能有效激活掺杂的 Mg 受主。至此，P 型 GaN 的难题得以突破。

1993年，蓝光 LED 实现了量产，蓝光 LED 照明已经成为白炽灯或荧光灯的节能替代品。

11.2.4　固体照明革命

GaN 蓝光和更短波长 LED 的发明使得固体白光光源成为可能。1997年，Schlotter 等人和中村修二等人先后发明了用蓝光 LED 管芯加黄光 YAG 荧光粉实现白光 LED。2001年 Kafmann 等人用 UV LED 激发三基色荧光粉得到白光 LED。国际上迅速出现高效白光 LED 的研究和产业化的竞争，并持续至今，发光效率不断被提高，目前已经超过300lm/W（lm 为流明，表征光通量的单位），电光转换率达50％以上。相比之下，节能灯的发光效率通常只有70lm/W 左右。

在无数研究人员的努力下，21世纪初，LED 已经可以发出所有的可见光，还包括红外线和紫外线。更加高效节能的 LED 技术很快对全世界产生了革命性的影响，不仅是在照明和显示领域，还影响了网络、数据存储、数据交换等，从家用遥控器到智能手表屏幕，从交通信号灯到光纤网络，都能看到 LED 技术的应用。多国都将 LED 产业发展提升到国家战略层面，各国家先后制定了基于固态照明的国家级研究项目。在我国《战略性新兴产业分类（2018）》中，LED 产业同样在新型电子元器件及设备制造、节能研发与技术服务、电视机制造等领域占有重要地位。

11.2.5　LED 最新技术革新和展望

LED 技术为世界带来巨大改变，除了显示用背光源还有 LED 照明的应用，而 LED 技

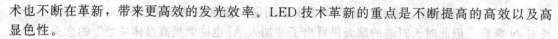

术也不断在革新，带来更高效的发光效率。LED技术革新的重点是不断提高的高效以及高显色性。

首先，为了增强LED高光效需要在以下三个方面进行技术提升，分别为：

① 提高内量子效率和外量子效率；

② 提高封装出光效率及降低结温；

③ 提高灯具的取光效率。

其次，是从高显色性来看，LED显示屏光色质量很多，包括色温、显色性、光色保真度、光色自然度、色调识别度、视觉舒适度等。这里目前只讨论解决色温和显色性问题。制作高显色性LED显示屏光源，会损失较多的光效，所以在设计时要考虑这两方面因素。当然要提高高显色性还可以考虑通过RGB三基色组合来实现，可以通过多基色荧光粉、RGB多芯片组合和荧光粉加芯片解决。

最近五年涉及LED技术的更新主要有两点，分别是碱土金属取代稀土金属以及立方体GaN增加LED绿光照明效率。

① 碱土金属取代稀土金属，制造出高效LED白光　基本上LED都是以稀土金属（rare earth metals）为原料，稀土金属在地壳中的总蕴藏量其实并不稀少，但却以极稀比例分散于地壳表层土壤中。LED制造产业也渐渐面临着稀土金属不足的问题，因此有研究者开发出利用碱土金属（alrali earth metal）来取代稀土金属。某研究团队指出LED以碱土金属锶（Strontium）为基础，搭建了金属有机框架（Metal-Organic Frameworks，MOF），在MOF的上下分别结合了石墨烯（graphene）等材料，构成了可以直接发出白光的LED。由于新材料制成的LED白光和自然光相近，并且不会发出强烈的蓝光。也因为不需要过滤掉其他颜色的光，流明效率明显提高。

减少稀土金属使用的同时也具有环保意义，因为开采稀土金属除了会减少土量、引起飞尘污染外，若在提炼、回收的过程中处理不当，毒性酸物、放射性物质都会对环境造成危害。以碱土金属代替之势必能降低对环境的污染。

② 立方体GaN增加LED绿光照明效率　2018年，伊利诺洲伊大香槟分校的电子和计算机工程科学家研发出一种更高效的绿光LED，他们在硅衬底（silicon substrate）上生长氮化镓（GaN）立方晶体（cubic），以取代六角形（hexagonal）氮化镓。GaN通常以六角形或立方体两种晶体呈现，而所有商业用GaN LED都是使用六边形材料，通常生长在蓝宝石衬底上。

然而，六角形GaN更容易发生偏振（polarization），也就是波动朝着不同方向振荡的性质，导致电子（electron）和电洞（hole）无法轻易结合，因此减少光输出效率。使用立方氮化镓的"非极性面"（nonpolar facet）则能增加发光效率。

11.3　LED发展现状

今天我国半导体照明产业规模实现快速增长，对LED的推广做出了很大的贡献。在经历了2015年的发展低谷和2016年的缓慢回升后，2017年中国半导体照明产业重新步入发展快车道，产业规模持续扩大，整体产值达到6538亿元，增速高达210.3%，实现年节电1983千瓦时，减少二氧化碳排放1.78亿吨。

LED节能、环保和高效，是人类梦寐以求的理想光源。LED正在带动一场新的照明革命，造福全人类。LED灯寿命长达10万小时，而白炽灯仅有1000个小时，荧光灯为1000个小时，因此LED灯的使用可以大大节约资源。LED是冷光源，没有不可见的红外和紫外光，耗能仅仅是白炽灯耗能的1/8。我们不妨估算一下，2017年全国发电量为62758亿千瓦时，其中 1/5 为照明所消耗，即约 1.2 万亿千瓦时。假设其中一半为白炽灯所消耗，计 6 千亿千瓦时。如果用 LED 取代白炽灯，将节约电能 4.8 千亿千瓦时，相当于将近 5 个三峡电站的年发电量。

11.3.1 国外发展概述

近几年，半导体照明产业发展迅速，美国、欧盟和亚洲各个国家及地区纷纷从国家战略高度进行系统部署，下面将简要介绍。

(1) 日本的 "21 世纪照明计划"

日本率先开始实施半导体照明计划。早在 1998 年，"21 世纪照明计划"正式启动，参与机构包括 4 所大学、13 家公司和 1 个协会。该计划关注的核心在于高质量材料的生长、高功率管芯的制备和高效率白光荧光粉的获得等，开展研究的项目包括氮化镓基化合物半导体发光机理的基础研究、改进用于紫外发光二极管外延生长的方法、研究用于同质外延生长的大面积衬底、开发由紫外发光二极管激励产生白光的荧光粉，并生产出使用白光发光二极管照明的光源。

(2) 美国的 "下一代照明计划"

美国于 2000 年开始启动国家半导体照明研究计划，即"下一代照明计划"（NGLl）。该计划共有 13 个国家重点实验室、公司和大学参加。重点研究方向是：发光二极管成本的降低和转换效率的提升、氮化镓（GaN）材料的固体物理学问题、金属有机化学气相沉积（MOCVD）相关工艺、低缺陷密度衬底和器件结构的优化等。

美国能源部负责制定了《固态照明研究与发展计划》，该计划为半导体照明确定了无机发光二极管和有机发光二极管（OLED）两个方向，已进行了多次修订。该计划关于半导体照明发展的战略措施包括基础研究、核心技术研究、产品开发、商业化支持、标准开发以及产业合作等方面。

美国能源部还于 2007 年 4 月发布了《固态照明商业化支持五年计划》草案，它为产品的商业化活动也提供了一个基本框架，其目的是加速半导体照明的商业化进程，最大限度地节约能源。战略措施包括："能源之星"计划、"明日照明"设计竞赛、商用产品检验计划、技术信息的开发与传播、标准和测试程序的开发等。

(3) 欧盟的半导体照明计划

欧盟于 2000 年 7 月开始制定实施"彩虹计划"，以推广白光发光二极管的应用。自 2012 年 10 月 1 日起，欧盟范围内禁售白炽灯，因白炽灯发光率仅有 5%，其余 95% 均已热量散失。欧盟在环保方面的标准一直是全球最高的，有关的规范也是最严格的。就白炽灯的使用来说，欧盟委员会早在 2007 年 3 月，就制订出具体时间表，逐步淘汰这种浪费能源、二氧化碳排放量相对较高的产品。2008 年底，欧盟宣布各个成员国已就一份白炽灯限制方案达成协议，为防止全球气候变暖，各国将在 2012 年前停止欧盟内家用白炽灯的销售，而改用能效较高的节能灯。根据计划，该方案在欧洲议会批准后，从 2009 年 3 月起分阶段实施。2012 年 8 月 31 日，欧盟境内全面禁售白炽灯泡的最后期限到来。

欧盟研究认为，燃煤发电厂在发电过程中会释放出大量有害气体。白炽灯能耗比不足 15%，且寿命短，更换频繁，造成巨大能源浪费。因此，淘汰白炽灯，减少电力需求，也就减少了环境污染。面对欧盟的高标准，除白炽灯外，更具环保、节能性能的 LED 灯具优势更加凸显。现在，照明市场上节能高效的 LED 灯具无疑是最佳选择，LED 灯具备高效、环保等特征，在同样的照明情形下与传统电灯相比可节省 90% 的电能，同时寿命提高了

25 倍。

综合上述，随着全球各国日益关注节能减排，LED 照明技术的提升和价格的下降以及各国陆续出台禁产禁售白炽灯、推广 LED 照明产品的利好政策背景下，LED 照明产品渗透率不断提升。数据显示，截止到 2018 年，全球 LED 照明渗透率上升至 42.5%。

未来，随着照明节能技术的不断发展，传统照明市场的主角正由白炽灯转换为 LED，以及物联网、下一代互联网、云计算等新一代信息技术的广泛应用，智慧城市已成为必然趋势。

尤其是太阳能充足的地方，将光伏电池板与 LED 产品结合的案例越来越多，既解决了当地照明系统不完善的缺陷，也缓解了当地电力系统的压力，例如在非洲地区所进行的"点亮非洲"行动。至今，全球已有 1 亿 1600 万人使用过了通过点亮全球项目质量验证的产品，并从中获益。这些产品满足了超过 3950 万人的基本（第一级，Tier 1）照明需求。2008 年以来，全球范围内已经销售了 2600 万通过质量验证的产品。

2018 年，汉能集团自主研发了一把"汉伞"，基于柔性薄膜太阳能技术，依托集成芯片互联，无论日照还是阴天，都能发电。汉能集团也向非洲国家捐赠了第一批生产的汉伞，送到非洲当地的教育机构、贫困地区儿童的手中，非洲儿童可以利用"汉伞"完成自己的学业。

11.3.2　国内发展现状

随着中国的工业化和城市化进程的不断提速，照明能耗逐渐攀升，带来巨大的能源消耗和环境污染。寻找高效节能的新型照明方式替代传统照明成为亟待解决的重要问题。于是，国家及地方政府不断推出重点扶持 LED 照明行业的政策。

我国 LED 照明产业起步于 20 世纪 80 年代。2016 年至 2019 年，我国出台一系列 LED 产业的行业规划和政策（表 11.1），旨在优化产业发展环境、促进技术研发和创新，明确照明设计标准和技术要求，规范 LED 照明行业发展，有效地推动了照明行业健康、有序、快速发展。2019 年出台了《建筑照明设计标准（征求意见稿）》《公路隧道 LED 照明设计与施工技术指南》《LED 夜景照明应用技术要求（征求意见稿）》等行业设计标准，规范了行业实际应用，有利于行业规范发展。

表 11.1　2016 年～2019 年 LED 产业政策

日期	政策	具体内容
2019 年 12 月	《建筑照明设计标准（征求意见稿）》	旅馆建筑的客房宜采用 LED 灯，亦可采用紧凑型荧光灯；照明设计不应采用普通白炽灯，对电磁干扰有严格要求，且其他光源无法满足的特殊场所除外
2019 年 07 月	《公路隧道 LED 照明设计与施工技术指南》	公路隧道 LED 灯具的初始光通量不应小于额定光通量的 90%，且不应大于额定光通量的 120%
2019 年 06 月	《LED 夜景照明应用技术要求（征求意见稿）》	夜间照明用 LED 照明产品应符合 JGJ/T 163 的规定
2018 年 01 月	中国光电子器件产业技术发展路线图（2018～2022）	2020 年 LED 高效照明产品推广目标包括城市公共照明及交通领域要求推广 1500 万盏 LED 路灯/隧道，城市道路照明应用市场占有率超过 50%；居民家庭方面，全国推广 10 亿只 LED 照明产品
2017 年 07 月	半导体照明产业"十三五"发展规划	到 2020 年，形成 1 家以上销量突破 100 亿元的 LED 知名企业，培育 1～2 家国际知名品牌，10 个左右国内知名品牌
2016 年 08 月	"十三五"城市绿色照明规划纲要	到 2020 年底，新、改(扩)建城市景观照明中的 LED 产品应用率不低于 90%；新、改(扩)建城市道路照明中的 LED 路灯应用率不低于 90%

据国家半导体照明工程研发及产业联盟（China Soled State Lighting Alliance，简称 CSA）数据，2016～2019 年我国国内 LED 照明产品销量持续增长，具体如图 11.2 所示。

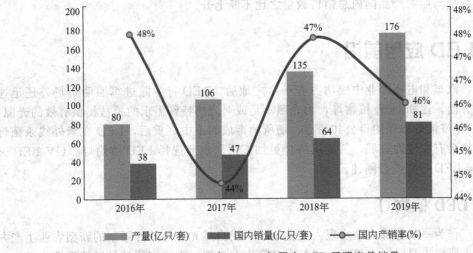

图 11.2 2016 年～2019 年国内 LED 照明产品销量

LED 通用照明占主导，进入成熟期，经过多年发展完善后，我国 LED 照明应用市场逐渐趋向稳定成熟。目前，我国 LED 照明应用市场包括通用照明、景观照明、汽车照明、背光应用、信号指示、显示屏等。据 CSA 统计数据显示，2016～2019 年我国 LED 照明应用市场结构基本保持稳定（图 11.3）。我国 LED 下游应用仍以 LED 照明为主，占比在 46％上下波动；显示屏和景观应用占比保持在 10％以上；背光应用占比在 10％上下波动；汽车照明占比在 1％以上，占比较少，但是增长空间较大。

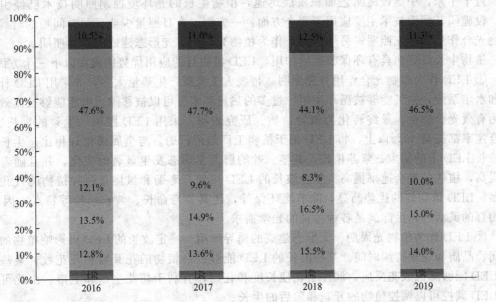

图 11.3 2016～2019 年我国半导体照明领域结构分布

通用照明应用市场上，2014～2019 年我国 LED 通用照明产值规模持续增长，但是增速不断下降。景观照明应用领域上，2014～2019 年 LED 景观照明产值规模同样不断增长，

2019 年达到 1007 亿元，同比增长 211.1%。

从 LED 照明产品销售情况来看，我国 LED 照明产品国内市场渗透率，即 LED 照明产品国内销售数量与照明产品国内总销售数量之比不断上升。

11.4 LED 应用前沿

在手机、汽车和电视产业中成功占有一席之地后，LED 行业除进军照明市场外还迅速拓展到各个方面，比如 LED 植物灯，为光照不足或对光感特殊需求的植被提供有效的光源，再例如 2020 年疫情的出现使得公共消毒、场所消毒成为重中之重后，LED 在紫外线杀菌灯的应用方面将会有突破性进展，其应用将会更加广泛。本节选择 LED 植物灯、UV LED 灭菌灯、Micro-LED 分别进行阐述。

11.4.1 LED 植物灯

植物工厂作为一种能够完全实现人工控制、不受自然光照等条件限制的新型农业生产方式，成为广大研究人员的研究热点，该技术的产生对极地、太空空间站等极特殊情形下农作物的生长有着重要的意义。

光照是农作物能量的来源，是植物光合作用、生长发育、光形态建成以及物质消耗等多方面的必要条件之一。LED 植物生长灯是一种以 LED（发光二极管）为发光体，调整 LED 灯发射的波长满足植物光合作用所需光照条件的人造光源。按类型分，属于第三代植物补光灯具。在缺少日光的环境，这种灯具可充当日光，使植物能够正常或者更好地生长发育。这种 LED 灯具有壮根，助长，调节花期、花色，促进果实成熟、上色，提升口感和品质的作用。

近十年来，中国设施园艺面积发展迅速，植物生长的光环境控制照明技术已经引起重视。设施园艺照明技术主要应用于两个方面：一方面，在日照量少或日照时间短的时候作为植物光合作用的补充照明；另一方面，作为植物光周期、光形态建成的诱导照明。

植物生长灯更加具有环保节能的作用，LED 植物灯的应用优势体现在以下三个方面。

① LED 作为植物光合作用补充照明　传统人工光源产生热量太多，如采用 LED 补充照明和水培系统，空气能够被循环使用，过多的热量和水分可以被移除，电能能够被高效地转变为有效光合辐射，最终转化为植物物质。研究表明：采用 LED 照明，生菜的生长速率、光合速率都提高 20% 以上，将 LED 用于植物工厂是可行的。与金属卤化灯相比，生长在复合波长 LED 下的胡椒、紫苏植株，其茎、叶的解剖学形态发生显著的变化，并且随着光密度提高，植株的光合速率提高。复合波长的 LED 可使万寿菊和鼠尾草两种植物的气孔数目增多。LED 植物灯的优势凸显，除节能环保外，还具备寿命长、波长易控等特点，因 LED 植物灯的灵活性，更能满足各种植被的光学需求。

② LED 作为植物光周期、光形态建成的诱导照明　特定波长的 LED 可影响植物的开花时间、品质和花期持续时间。某些波长的 LED 能够提高植物的花芽数和开花数；某些波长的 LED 能够降低成花反应，调控了花梗长度和花期，有利于切花生产和上市。由此可见通过 LED 调控可以调控植物的开花和随后的生长。

③ LED 应用于航天生态生保系统　建立受控生态生保系统（Control LED Ecological Life Support System，CELSS）是解决长期载人航天生命保障问题的根本途径，高等植物的栽培是 CELSS 的重要元件，其关键之一是光照。基于空间环境的特殊要求，空间高等植物栽培中使用的光源必须具有发光效率高、输出的光波适合于植物光合作用和光形态建成、体积小、重量轻、寿命长、高安全可靠性记录和无环境污染等特点。与冷白荧光灯、高压钠灯

和金属卤素灯等其他光源相比较，LED 更能有效地将光能转化成光合有效辐射；此外，它具有寿命长、体积小、重量轻和呈固态等特点，因此，近年来在地面和空间植物栽培中倍受重视。研究表明 LED 照明系统能提供光谱能量分布均匀的照明，其电能转换为植物所需光的效率超过金属卤素灯的 520 倍。

【工程案例】飞利浦全光谱 LED 植物生长灯

飞利浦公司针对植物生长特性专门设计了一系列的 LED 植物灯，主要根据不同的需求提供不同的波长，从而满足用户对植物防害虫、促生长、好上色等的需求。

飞利浦全光谱系列 LED 灯能控制花期根茎叶的苗壮茂密增大，防止徒长，缩短周期提高产量，不仅包含 450nm（蓝光）和 600nm（红光）两大对光合作用贡献很大的光谱，也包含了各个波长光谱的光。其产品有三方面的优势，首先全光谱发光包含植物所需要的所有光波段，其次更有效的技法植物花青素，可加快叶子的吸收率，最后 660nm 以上远红光波段能满足双光增益效应，加快后期植物的开花结果。

不同波长下植物的光合作用率如图 11.4 所示。在 A 区域中，波长 400～480nm 为蓝光区域，波长 600～680nm 为红光区域，实际产生光合作用标注为 B 区域，C 区域为 680～780nm 的远红光区域。

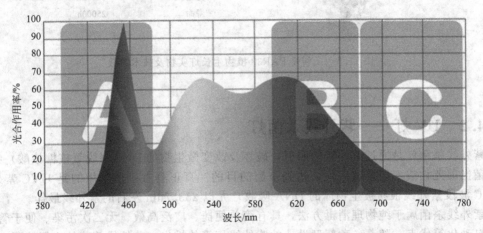

图 11.4　不同波长下植物的光合作用率

植物灯按照光与植物的关系（表 11.2），设计相应的产品，本节以飞利浦 PAR38 植物生长灯（图 11.5）为例进行详细介绍。飞利浦 PAR38 植物生长灯的应用对象为绿叶植物和蔬菜类，使用重点为补光时间，若完全室内种植则使用 12h 左右，若采用阳光和人工光互补的形式则累计超过 12h，当用户用于光补偿点高的植物时，应增大功率或延长补光时间。

表 11.2　光的波长与植物的关系

波长/nm			作用效果
红外线	IR-A	1400～1000	只产生热量,对植物没有特殊的作用
		780	对植物生长有特别的增长促进效果
可视光线	红色 红黄 绿黄 蓝色	700	控制苗发芽
		660	光合作用大,属于有效的波长领域
		610	害虫防御
		510	有出色的光线透射性
		430～440	光合作用大,叶绿色作用大,可防止害虫

续表

	波长/nm		作用效果
紫外线	UV-A	400～315	光合作用大
	UV-B	280	对多数的合成过程起重要作用,过强会危害植物
	UV-C	100	植物会极速枯萎

技术参数:
光源功率　　　　　　16μmol/s
光束角　　　　　　　50D
色温/色彩还原度　　　5000K/CRI90+
光通量　　　　　　　1200lm
寿命　　　　　　　　25000h

图 11.5　飞利浦 PAR38 植物生长灯实物及技术参数

11.4.2　UV 灯——紫外线杀菌灯

紫外线杀菌就是通过紫外线的照射,破坏及改变微生物的 DNA(脱氧核糖核酸)结构,使细菌当即死亡或不能繁殖后代,达到杀菌的目的。真正具有杀菌作用的是 UVC 紫外线,因为 C 波段紫外线很易被生物体的 DNA 吸收,尤以 253.7nm 左右的紫外线最佳。

紫外线杀菌属于纯物理消毒方法,具有简单便捷、广泛高效、无二次污染、便于管理和实现自动化等优点,随着各种新型设计的紫外线灯管的推出,紫外线杀菌的应用范围也在不断扩大。

紫外线消毒技术是基于现代防疫学、医学和光动力学的基础,利用特殊设计的高效率、高强度和长寿命的 UVC 波段紫外光照射,将水中各种细菌、病毒、寄生虫、水藻以及其他病原体直接杀死。

根据生物效应的不同,将紫外线按照波长划分为四个波段:

① UVA 波段　波长 320～400nm,又称为长波黑斑效应紫外线。它有很强的穿透力,可以穿透大部分透明的玻璃以及塑料。日光中含有的长波紫外线有超过 98% 能穿透臭氧层和云层到达地球表面,UVA 可以直达肌肤的真皮层,破坏弹性纤维和胶原蛋白纤维,将人类的皮肤晒黑。360nm 波长的 UVA 紫外线符合昆虫类的趋光性反应曲线,可制作诱虫灯。300～420nm 波长的 UVA 紫外线可透过完全截止可见光的特殊着色玻璃灯管,仅辐射出以 365nm 为中心的近紫外光,可用于矿石鉴定、舞台装饰、验钞等。

② UVB 波段　波长 275～320nm,又称为中波红斑效应紫外线。它具有中等穿透力,波长较短的部分会被透明玻璃吸收,日光中含有的中波紫外线大部分被臭氧层所吸收,只有不足 2% 能到达地球表面,在夏天和午后会特别强烈。UVB 紫外线对人体具有红斑效应,能促进体内矿物质代谢和维生素 D 的形成,但长期或过量照射会令皮肤晒黑,并引起红肿

脱皮。紫外线保健灯、植物生长灯发出的就是使用特殊透紫玻璃（不透过 254nm 以下的光）和峰值在 300nm 附近的荧光粉制成的紫外线。

③ UVC 波段 波长 200～275nm，又称为短波灭菌紫外线。它的穿透能力最弱，无法穿透大部分的透明玻璃及塑料。日光中含有的短波紫外线几乎被臭氧层完全吸收。短波紫外线对人体的伤害很大，短时间照射即可灼伤皮肤，长期或高强度照射还会造成皮肤大面积脱皮。紫外线杀菌灯发出的就是 UVC 短波紫外线。

④ UVD 波段 波长 100～200nm，又称为真空紫外线。目前，紫外线消毒依然主要依赖于汞灯技术，且主要应用于医用消毒、空气消毒、物体表面消毒、流动水和静止水消毒等。

UV LED 与传统紫外线汞灯相比，光源不含汞，环保安全。传统汞灯寿命仅在 1000～1500h，而 UV LED 寿命长达 20000h 以上，且不受开闭次数的影响；UV LED 为冷光源，无热辐射，无红外线输出，发热量小，可解决热伤害问题；UV LED 可瞬间点亮，即开即用，保证设定功率输出，能量均匀稳定输出，低消耗，维护成本低。

根据其结构特点，UV LED 可分为以下三类：

① UV LED 点光源 点光源一般是指照射头采用单颗芯片发光，光斑呈点状的光源；若照射头采用多颗芯片经透镜聚光后，使得光斑呈点状，也可称为 UV LED 点光源。从尺寸上来说，光斑直径一般不超过 15mm。

② UV LED 线光源 UV LED 线光源的照射头一般采用单排芯片发光，发光面积呈线状。线光源的光斑宽度一般不超过 10mm。

③ UV LED 面光源 UV LED 面光源的照射头采用两排或多排芯片发光，发光面积呈面状。

未来 UV LED 市场被划分为两部分，一部分是面向通用照明的可见光 LED，而另一类则是以高科技创新为特色的深紫外 LED。

深紫外光（UVC）是指波长为 100～280nm 的光波，深紫外 LED 光源在照明、杀菌、医疗、印刷、生化检测、高密度的信息储存及保密通信等领域都具有重大应用价值。以 AlGaN 材料为有源区的深紫外 LED 的发光波长能够覆盖 210～365nm 的紫外波段，是实现该波段 UVC LED 器件产品的理想材料，它具有许多其他传统紫外光源无法比拟的优势。

11.4.3 Micro-LED

早期的显示技术为 CRT 技术，但目前已被 LCD（Liquid Crystal Display）技术所替代，随着 LED 的应用不断拓展，先后出现了 OLED（Organic Light-Emitting Diode）技术和 Micro-LED 技术。

OLED 又称为有机电激光显示、有机发光半导体。OLED 属于一种电流型的有机发光器件，是通过载流子的注入和复合而致发光的，发光强度与注入的电流成正比。OLED 在电场的作用下，阳极产生的空穴和阴极产生的电子就会发生移动，分别向空穴传输层和电子传输层注入，迁移到发光层。当两者在发光层相遇时，产生能量激子，从而激发发光分子最终产生可见光。

Micro-LED 是 LED 微缩化和矩阵化技术，即将 LED 背光源进行薄膜化、微小化、阵列化，与 OLED 一样能够实现每个图元单独定址，单独驱动发光（自发光）。在一个芯片上集成的高密度微小尺寸的 LED 阵列，如 LED 显示屏每一个像素可定址、单独驱动点亮，可看成是户外 LED 显示屏的微缩版，将像素点距离从毫米级降低至微米级。而 Micro LED display（图 11.6），则是底层用正常的 CMOS 集成电路制造工艺制成 LED 显示驱动电路，然后再用 MOCVD 机在集成电路上制作 LED 阵列，从而实现了微型显示屏，也就是所说的 LED 显示屏的缩小版。芯片尺寸方面，Micro-LED 一般小于 $50\mu m$，小间距 LED 在 $500\mu m$ 左右。作为 Micro-LED 的过渡，Mini-LED 介于 $50\sim200\mu m$。

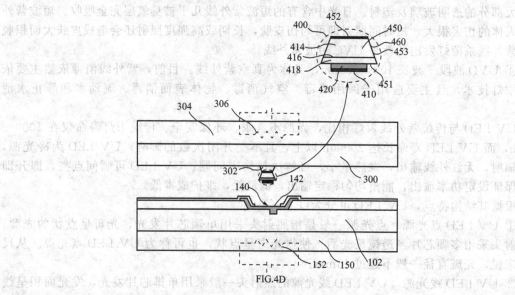

图 11.6　Micro LED display

　　Micro LED 优点明显，它继承了无机 LED 的高效率、高亮度、高可靠度及反应时间快等特点，并且具自发光无需背光源的特性，更具节能、结构简易、体积小、薄型等优势。除此之外，Micro LED 还有一大特性就是解析度超高。

　　Micro LED 是新一代显示技术，比现有的 OLED 技术亮度更高、发光效率更好，但功耗更低。而且相比 OLED，其色彩更容易准确调试，有发光寿命长、亮度高、具有较佳的材料稳定性、寿命长、无影像烙印等优点。凭借诸多优异显示性能（包括功耗低、超高解析度、高色彩饱和度、响应速度快、对比度高、可视角度宽），Micro-LED 被认为是下一代显示技术的有力竞争者。理论上，Micro-LED 的功耗约为 LCD 的 10%、OLED 的 50%，Micro-LED 有望在穿戴式终端、智能手机、AR、VR、车载显示、电视等的应用上发挥优势。

　　Micro-LED 显示技术被视为显示技术发展的新风口，但其高成本、关键技术等方面的问题仍待突破，Micro-LED 技术大规模产业化仍需时间，考虑到 Micro-LED 不可替代性优势，大尺寸和小尺寸可能更适合率先产业化。大尺寸 Micro-LED 显示器方面，聚焦 5G＋8K、5G＋IOT＋CC＋AI 引发的新需求以及电视机大尺寸、超高清、智能化的发展趋势；小尺寸 Micro-LED 显示器方面，聚焦 5G＋AR/VR 显示终端需求，发展便携式终端 AR、VR、智能手表以及阳光环境中使用的车载等显示应用。

复习思考题

1. LED 的发展与国家政策有什么关联？

2. LED 的发展趋势是什么？

3. 设计 LED 植物灯的核心技术是什么？

第三篇　太阳能LED路灯的设计

第12章

太阳能LED路灯的光伏技术

12.1　太阳能光伏技术

12.1.1　太阳能光伏技术概述

太阳能是各种可再生能源中最重要的基本能源，生物质能、风能、海洋能、水能等都来自太阳能，广义地说，太阳能包含以上各种可再生能源。太阳能作为可再生能源的一种，则是指太阳能的直接转化和利用。通过转换装置把太阳辐射能转换成热能利用的，属于太阳能热利用技术，再利用热能进行发电的，称为太阳能热发电；通过转换装置把太阳辐射能转换成电能利用的，属于太阳能光发电技术。光电转换装置通常是利用半导体器件的光伏效应原理进行光电转换的，因此又称太阳能光伏技术。

光生伏特效应，简称光伏效应，英文名称：Photovoltaic effect，指光照使不均匀半导体或半导体与金属结合的不同部位之间产生电位差的现象。它首先是由光子（光波）转化为电子、光能量转化为电能量的过程；其次，是形成电压的过程，有了电压，就像筑高了大坝，如果两者之间连通，就会形成电流的回路。

产生这种电位差的机理有好几种，主要的一种是由于阻挡层的存在。以下以 PN 结为例说明。

（1）热平衡态下的 PN 结

PN 结的形成

同质结可用一块半导体经掺杂形成 P 区和 N 区。由于杂质的激活能量 ΔE 很小，在室温下杂质差不多都电离成受主离子 N_A^- 和施主离子 N_D^+，在 PN 区交界面处因存在载流子的浓度差，故彼此要向对方扩散。设想在结形成的一瞬间，在 N 区的电子为多子，在 P 区的电子为少子，使电子由 N 区流入 P 区，电子与空穴相遇又要发生复合，这样在原来是 N 区的结面附近电子变得很少，剩下未经中和的施主离子 N_D^+ 形成正的空间电荷。同样，空穴由 P 区扩散到 N 区后，由不能运动的受主离子 N_A^- 形成负的空间电荷。在 P 区与 N 区界面两侧产生不能移动的离子区（也称耗尽区、空间电荷区、阻挡层），于是出现空间电偶层，形成内电场（称内建电场），此电场对两区多子的扩散有抵制作用，而对少子的漂移有帮助作用，直到扩散流等于漂移流时达到平衡，在界面两侧建立起稳定的内建电场。如图 12.1 所示。

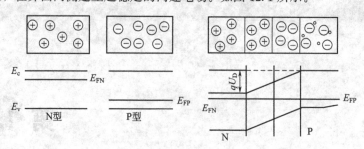

图 12.1　热平衡下 PN 结模型及能带图

PN 结能带与接触电势差

在热平衡条件下，结区有统一的 E_F；在远离结区的部位，E_c、E_F、E_v 之间的关系与结形成前状态相同。

从能带图看，N 型、P 型半导体单独存在时，E_{FN} 与 E_{FP} 有一定差值。当 N 型与 P 型两者紧密接触时，电子要从费米能级高的一方向费米能级低的一方流动，空穴流动的方向相反，同时产生内建电场，内建电场方向为从 N 区指向 P 区。在内建电场作用下，E_{FN} 将连同整个 N 区能带一起下移，E_{FP} 将连同整个 P 区能带一起上移，直至将费米能级拉平为 $E_{FN}=E_{FP}$，载流子停止流动为止。在结区这时导带与价带则发生相应的弯曲，形成势垒。势垒高度等于 N 型、P 型半导体单独存在时费米能级之差：

$$qU_D=E_{FN}-E_{FP}$$

得

$$U_D=(E_{FN}-E_{FP})/q$$

式中，q 为电子电量；U_D 为接触电势差或内建电势。

对于在耗尽区以外的状态：

$$U_D=(KT/q)\ln(N_A N_D/n_i^2)$$

式中，N_A、N_D、n_i 为受主、施主、本征载流子浓度。

可见 U_D 与掺杂浓度有关。在一定温度下，PN 结两边掺杂浓度越高，U_D 越大。禁带宽的材料 n_i 较小，故 U_D 也大。

（2）光照下的 PN 结

PN 结光电效应

当 PN 结受光照时，样品对光子的本征吸收和非本征吸收都将产生光生载流子。但能引起光伏效应的只能是本征吸收所激发的少数载流子。因 P 区产生的光生空穴、N 区产生的光生电子属多子，都被势垒阻挡而不能过结。只有 P 区的光生电子和 N 区的光生空穴和结区的电子空穴对（少子）扩散到结电场附近时，能在内建电场作用下漂移过结。光生电子被拉向 N 区，光生空穴被拉向 P 区，即电子空穴对被内建电场分离，这导致在 N 区边界附近有光生电子积累，在 P 区边界附近有光生空穴积累。它们产生一个与热平衡 PN 结的内建电场方向相反的光生电场，其方向由 P 区指向 N 区。此电场使势垒降低，其减小量即光生电势差，P 端正，N 端负。于是有结电流由 P 区流向 N 区，其方向与光电流相反。

实际上，并非所产生的全部光生载流子都对光生电流有贡献。设 N 区中空穴在寿命 τ_p

的时间内扩散距离为 L_p，P 区中电子在寿命 τ_n 的时间内扩散距离为 L_n。$L_n+L_p=L$ 远大于 PN 结本身的宽度，故可以认为在结附近平均扩散距离 L 内所产生的光生载流子都对光电流有贡献；而产生的位置距离结区超过 L 的电子空穴对，在扩散过程中将全部复合掉，对 PN 结光电效应无贡献。

光照下的 PN 结电流方程

与热平衡时比较，有光照时，PN 结内将产生一个附加电流（光电流）I_p，其方向与 PN 结反向饱和电流 I_0 相同，一般 $I_p \geq I_0$。此时

$$I=I_0 e^{qU/KT}-(I_0+I_p)$$

令 $I_p=SE$，则

$$I=I_0 e^{qU/KT}-(I_0+SE)$$

开路电压 U_{oc}：光照下的 PN 结外电路开路时 P 端对 N 端的电压，即上述电流方程中 $I=0$ 时的 U 值：

$$0=I_0 e^{qU/KT}-(I_0+SE)$$

$$U_{oc}=(KT/q)\ln[(SE+I_0)/I_0]\approx(KT/q)\ln(SE/I_0)$$

短路电流 I_{sc}：光照下的 PN 结，外电路短路时，从 P 端流出，经过外电路，从 N 端流入的电流，称为短路电流 I_{sc}，即上述电流方程中 $U=0$ 时的 I 值，得 $I_{sc}=SE$。

U_{oc} 与 I_{sc} 是光照下 PN 结的两个重要参数，在一定温度下，U_{oc} 与光照度 E 成对数关系，但最大值不超过接触电势差 U_D。弱光照下，I_{sc} 与 E 成线性关系。

① 无光照时热平衡态，NP 型半导体有统一的费米能级，势垒高度为 $qU_D=E_{FN}-E_{FP}$。

② 稳定光照下 PN 结外电路开路，由于光生载流子积累而出现的光生电压 U_{oc} 不再有统一费米能级，势垒高度为 $q(U_D-U_{oc})$。

③ 稳定光照下 PN 结外电路短路，PN 结两端无光生电压，势垒高度为 qU_D，光生电子空穴对被内建电场分离后流入外电路形成短路电流。

④ 有光照有负载，一部分光电流在负载上建立起电压 U_f，另一部分光电流被 PN 结因正向偏压引起的正向电流抵消，势垒高度为 $q(U_D-U_f)$。

12.1.2　太阳能光伏发电系统

(1) 光伏发电系统的组成

光伏发电系统由太阳能电池方阵、蓄电池组、充放电控制器、逆变器、交流配电柜、自动太阳能跟踪系统、自动太阳能组件、除尘系统等设备组成。

其各部分设备的作用如下。

① 太阳能电池方阵　在有光照（无论是太阳光还是其他发光体产生的光照）情况下，电池吸收光能，电池两端出现异种电荷的积累，即产生"光生电压"，这就是光生伏特效应。在光生伏特效应的作用下，太阳能电池的两端产生电动势，将光能转换成电能，是能量转换的器件。太阳能电池一般为硅电池，分为单晶硅太阳能电池、多晶硅太阳能电池和非晶硅太阳能电池三种。

② 蓄电池组　蓄电池组是太阳能电池方阵的储能装置，其作用是将方阵在有日照时发出的多余电能储存起来，在晚间或阴雨天供负载使用。太阳能电池发电对所用蓄电池组的基本要求是：自放电率低；使用寿命长；深放电能力强；充电效率高；少维护或免维护；工作温度范围宽；价格低廉。

在太阳能光伏发电系统中，蓄电池处于浮充放电状态，夏天日照量大，除了供给负载用电外，还对蓄电池充电；在冬天日照量少，这部分储存的电能逐步放出。在这种季节性循环的基础上还要加上小得多的日循环，白天方阵给蓄电池充电（同时方阵还要给负载用电），

晚上负载用电则全部由蓄电池供给。因此，要求蓄电池的自放电要小，而且充电效率要高，同时还要考虑价格和使用是否方便等因素。

常用的蓄电池有铅酸蓄电池和硅胶蓄电池，要求较高的场合也有价格比较昂贵的镍镉蓄电池。目前我国与太阳能发电系统配套使用的蓄电池主要是铅酸蓄电池和镍镉蓄电池。配套 200A·h 以上的铅酸蓄电池，一般选用固定式或工业密封式免维护铅酸蓄电池，每只蓄电池的额定电压为 2V DC；配套 200A·h 以下的铅酸蓄电池，一般选用小型密封免维护铅酸蓄电池，每只蓄电池的额定电压为 12V DC。

③ 充放电控制器　是能自动防止蓄电池过充电和过放电的设备。由于蓄电池的循环充放电次数及放电深度是决定蓄电池使用寿命的重要因素，因此能控制蓄电池组过充电或过放电的充放电控制器是必不可少的设备。在不同类型的太阳能光伏发电系统中控制器各不相同，其功能多少及复杂程度差别很大，需根据发电系统的要求及重要程度来确定。控制器主要由电子元器件、仪表、继电器、开关等组成。在简单的太阳能电池、蓄电池系统中，控制器的作用是保护蓄电池，避免过充、过放。若光伏电站并网供电，控制器则需要有自动监测、控制、调节、转换等多种功能。如果负载用的是交流电，则在负载和蓄电池间还应配备逆变器，逆变器的作用就是将方阵和蓄电池提供的低压直流电逆变成 220V 交流电，供给负载使用。

④ 逆变器　是将直流电转换成交流电的设备。由于太阳能电池和蓄电池是直流电源，而负载是交流负载，逆变器是必不可少的。逆变器按运行方式，可分为独立运行逆变器和并网逆变器。独立运行逆变器用于独立运行的太阳能电池发电系统，为独立负载供电。并网逆变器用于并网运行的太阳能电池发电系统。逆变器按输出波形可分为方波逆变器和正弦波逆变器。方波逆变器电路简单、造价低，但谐波分量大，一般用于几百瓦以下和对谐波要求不高的系统。正弦波逆变器成本高，但可以适用于各种负载。逆变器保护功能：过载保护；短路保护；接反保护；欠压保护；过压保护；过热保护。

⑤ 交流配电柜　在电站系统的主要作用是对备用逆变器的切换功能，保证系统的正常供电，同时还有对线路电能的计量功能。

⑥ 太阳能跟踪系统　太阳能跟踪系统是能够保持太阳能电池板随时正对太阳，使太阳光的光线随时垂直照射太阳能电池板的动力装置，能够显著提高太阳能光伏组件的发电效率。具有国内自主知识产权、首家完全不用电脑软件的太阳空间定位跟踪仪，能够不受地域和外部条件的限制，可以在 $-50 \sim 70℃$ 环境温度范围内正常使用，跟踪精度可以达到 ±0.001°，最大限度地提高太阳跟踪精度，实现实时跟踪，最大限度地提高太阳光能利用率。太阳能跟踪系统可以广泛地使用于各类设备的需要使用太阳跟踪的地方，把加装了该太阳能跟踪系统的太阳能发电系统安装在高速行驶的汽车、火车，以及通信应急车、特种军用汽车、军舰或轮船上，不论系统向何方行驶、如何调头、如何拐弯，该自动太阳能跟踪系统都能保证设备的要求跟踪部位正对太阳！

（2）太阳能光伏发电系统分类

太阳能光伏发电系统分为独立光伏发电系统与并网光伏发电系统。

① 独立光伏发电系统也叫离网光伏发电系统，主要由太阳能电池组件、控制器、蓄电池组成。若要为交流负载供电，还需要配置交流逆变器。

② 并网光伏发电系统就是太阳能组件产生的直流电经过并网逆变器转换成符合市电电网要求的交流电后，直接接入公共电网。并网光伏发电系统有集中式大型并网光伏电站，一般都是国家级电站，主要特点是将所发电能直接输送到电网，由电网统一调配向用户供电。但这种电站投资大、建设周期长、占地面积大，目前还没有太大发展。而分散式小型并网光伏系统，特别是光伏建筑一体化发电系统，由于投资小、建设快、占地面积小、政策支持力度大等优点，是目前并网光伏发电的主流。

12.2 太阳能路灯

随着地球资源的日益贫乏，基础能源的投资成本日益攀升，各种安全和污染隐患可谓是无处不在。太阳能作为一种"取之不尽，用之不竭"的安全、环保新能源越来越受到重视，在照明领域中得到广泛的应用。

太阳能路灯有以下几个优点。

① 太阳能 LED 路灯（图 12.2）安装简便，不用铺设复杂的线路，只要做一个水泥基座，然后用不锈钢螺钉固定即可。

② 太阳能照明灯具无需电费，是一次性投入，无任何运行成本，长期受益。

③ 太阳能照明没有安全隐患，是低压产品，运行安全可靠。

④ 太阳能路灯照明节能无消耗、绿色环保、安装简便、自动控制、免维护等固有的特性，为市政工程的建设直接带来明显可利用的优势。

图 12.2 太阳能 LED 路灯

在众多的新能源技术中，光伏发电具有明显的技术优势，非常适合于偏远无电地区使用。研究分析表明，即使在目标光伏发电成本很高的条件下，只要输电功率与输电距离之比小于 100kW/km，建设光伏电站就比常规电网延伸供电经济。

12.2.1 太阳能路灯组成

太阳能路灯以太阳光为能源，白天太阳能电池板给蓄电池充电，晚上蓄电池给负载供电使用，无需复杂昂贵的管线铺设，可任意调整灯具的布局，安全、节能、无污染，无需人工操作，工作稳定可靠，节省电费，免维护。

太阳能路灯系统由太阳能电池组件（包括支架）、LED 灯头、太阳能灯具控制器、蓄电池（包括蓄电池保温箱）和灯杆等几部分构成。

太阳能电池组件一般选用单晶硅或者多晶硅太阳能电池组件；LED 灯头一般选用大功率LED 光源；控制器一般放置在灯杆内，具有光控、时控制、过充过放保护及反接保护，更高级的控制器具备四季调整亮灯时间功能、半功率功能、智能充放电功能等；蓄电池一般放置于地下或专门的蓄电池保温箱，可采用阀控式铅酸蓄电池、胶体蓄电池、铁铝蓄电池或者锂电池等；太阳能灯具全自动工作，不需要挖沟布线，但灯杆需要装置在预埋件（混凝土底座）上。

(1) 太阳能电池组件

太阳能电池组件是利用半导体材料的电子学特性实现 P-V 转换的固体装置。太阳能照明灯具中使用的太阳能电池组件都是由多片太阳能电池并/串联构成的,因为受目前技术和材料的限制,单一电池的发电量十分有限。常用的单一电池是一只硅晶体二极管,当太阳光照射到由 P 型和 N 型两种不同导电类型的同质半导体材料构成的 PN 结上时,在一定的条件下,太阳能辐射被半导体材料吸收,形成内建静电场。从理论上讲,此时,若在内建场的两侧面引出电极并接上适当负载,就会形成电流。近年来,非晶硅太阳能电池的研制也取得了更大的进展,由于其具有生产成本较低、工艺简单、节省原料等优势,将在未来光伏技术中占有重要地位。太阳能电池的输出功率是随机的,在不同时间、不同地点,同一块太阳能电池的输出功率是不同的。太阳能电池的峰值功率 P 由当地的太阳平均辐射强度与末端的用电负荷决定。

(2) 蓄电池

由于太阳能光伏发电系统的输入能量极不稳定,所以一般需要配置蓄电池系统才能工作。太阳能电池产生的直流电先进入蓄电池储存,达到一定阈值,才能供应照明负载。蓄电池的特性直接影响系统的工作效率、可靠性和价格。蓄电池容量的选择一般要遵循以下原则:首先在能够满足夜晚照明的前提下,把白天太阳能电池组件的能量尽量存储下来,同时还要能够存储预定的连续阴雨天夜晚照明需要的电能。

(3) 控制器

控制器的作用是使太阳能电池和蓄电池安全可靠地工作,以获得最高效率并延长蓄电池的使用寿命。通过控制器对充放电条件加以限制,防止蓄电池反充电、过充电及过放电。另外,还应具有电路短路保护、反接保护、雷电保护及温度补偿等功能。由于太阳能电池的输出能量极不稳定,对于太阳能灯具的设计来说,充放电控制电路的质量至关重要。

12. 2. 2　太阳能 LED 路灯简介

目前太阳能光伏技术在城市亮化照明中的应用业已起步并以快速发展的势头逐步普及应用,学校、公园、住宅小区、别墅等场所的指示牌、警示牌、草坪灯、路灯等均可采用太阳能光伏照明技术,使公共照明更方便、安全、环保、节能。

太阳能亮化照明的工作原理是:由太阳能电池板作为发电系统,让电池板电源经过大功率二极管及控制系统给蓄电池充电,当蓄电池电源达到一定程度时,控制系统内设的自动保护系统动作,电池板自动切断电源,实行自动保护。到晚上,太阳能电池板又起到了光控作用,给控制系统发出指令,此时控制系统自动开启,输出电压,使各式灯具达到设计的照明效果,并可调节所需的照明时间。

太阳能路灯是以照明为主,环保、节能为目的制作的采用高效单晶(多晶)硅太阳能电池供电,采用免维护密封型蓄电池储存电能,用高效节能灯照明,发光效率高、亮度大,并采用先进的充放电和照明控制电路,光敏控制性能可靠、安装方便、无需专人控制和管理。直流供电,无需铺设电缆电线,无需交流电能和电费,节能、经济、环保、实用(保证连续阴雨天 3～7 天能工作)、寿命长(太阳能电池可用 15～20 年,蓄电池可用 3～5 年),是未来户外照明的发展方向。

太阳能亮化照明技术具有一次性投资、无长期运行费用、安装方便、免维护、使用寿命长等特点,不会对原有植被、环境造成破坏,同时也降低了各项费用,节约能源,可谓"一举多得"。太阳能路灯是一个自动控制的工作系统,只要设定该系统的工作模式,就会自动运行工作。

太阳能路灯的特点如下:
① 采用高性能低功耗的微处理器控制技术;
② 运用快速充电和浮充充电的控制技术,充分利用太阳能给蓄电池充电;
③ 用低损耗、长寿命的 MOSFET 场效应管作为控制器的主要开关器件;

④ 具有多种保护功能，包括蓄电池和太阳能电池接反、蓄电池开路、蓄电池过充和过放、负载过压和过流、夜间防反充电等多种保护功能；

⑤ 利用蓄电池的充放电曲线修正的放电过程，消除了单纯的压控过放的不准确的缺点，完全符合电池的固有特性；

⑥ 具有温度补偿功能；

⑦ 控制器的最大自身耗电不超过其额定充电电流的1%；

⑧ 充电或放电通过控制器的电压降不超过系统额定电压的5%；

⑨ 当蓄电池从电路中去掉时，控制器在1h内能够承受高于太阳能电池组件标称开路电压1.25倍的冲击；

⑩ 具有可选配的无线或有线的通信功能，方便监视控制；

⑪ 电压等级有12V/24V DC、110V/220V AC；

⑫ 特殊封胶处理，防水防潮。

12.3　太阳能电池

12.3.1　太阳能电池概述

电池行业是21世纪的朝阳行业，发展前景十分广阔。在电池行业中，最没有污染、市场空间最大的应该是太阳能电池，太阳能电池的研究与开发越来越受到世界各国的广泛重视。太阳能电池板见图12.3。

图12.3　太阳能电池板

太阳能电池是一种近年发展起来的新型电池。太阳能电池是利用光电转换原理使太阳的辐射光通过半导体物质转变为电能的一种器件，这种光电转换过程通常叫做光生伏特效应，因此太阳能电池又称为"光伏电池"。

制造太阳能电池的半导体材料已知的有十几种，因此太阳能电池的种类也很多。目前，技术最成熟并具有商业价值的太阳能电池要属硅太阳能电池。

在生产和生活中，太阳能电池已在一些国家得到了广泛应用。在远离输电线路的地方，使用太阳能电池给电器供电是节约能源、降低成本的好办法。芬兰制成了一种用太阳能电池供电的彩色电视机，太阳能电池板就装在住家的房顶上，还配有蓄电池，保证电视机的连续供电，既节省了电能又安全可靠。日本则侧重把太阳能电池应用于汽车的自动换气装置、空调设备等民用工业。

当前，太阳能电池的开发应用已逐步走向商业化、产业化；小功率小面积的太阳能电池在一些国家已大批量生产，并得到广泛应用；同时人们正在开发光电转换率高、成本低的太阳能电池。

12.3.2　太阳能电池的原理与构造

太阳光照在半导体PN结上，形成新的空穴-电子对，在PN结电场的作用下，光生空穴由N区流向P区，光生电子由P区流向N区，接通电路后就形成电流。这就是光电效应太阳能电池的工作原理。

太阳能发电有两种方式，一种是光-热-电转换方式，另一种是光-电直接转换方式。

（1）光-热-电转换

光-热-电转换方式通过利用太阳辐射产生的热能发电，一般是由太阳能集热器将所吸收的热能转换成工质的蒸汽，再驱动汽轮机发电。前一个过程是光-热转换过程，后一个过程是热-电转换过程。与普通的火力发电一样，太阳能热发电的缺点是效率很低而成本很高，估计它的投资至少要比普通火电站贵5～10倍。一座1000MW的太阳能热电站需要投资20～25亿美元，平均1kW的投资为2000～2500美元。因此，目前只能小规模地应用于特殊的场合，而大规模利用在经济上很不合算，还不能与普通的火电站或核电站相竞争。

（2）光-电直接转换

光-电直接转换方式是利用光电效应，将太阳辐射能直接转换成电能；光-电转换的基本装置就是太阳能电池。太阳能电池是一种由于光生伏特效应而将太阳光能直接转化为电能的器件，是一个半导体光电二极管。当太阳光照到光电二极管上时，光电二极管就会把太阳的光能变成电能，产生电流。其结构原理如图12.4所示。当许多个电池串联或并联起来，就可以成为有比较大的输出功率的太阳能电池方阵了。

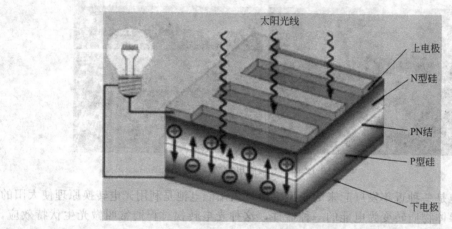

太阳光线
上电极
N型硅
PN结
P型硅
下电极

图12.4　太阳能电池结构原理

太阳能电池是一种大有前途的新型电源，具有永久性、清洁性和灵活性三大优点。太阳能电池寿命长，只要太阳存在，太阳能电池就可以一次投资而长期使用。与火力发电、核能发电相比，太阳能电池不会引起环境污染。太阳能电池可以大、中、小并举，大到百万千瓦的中型电站，小到只供一户用的太阳能电池组，这是其他电源无法比拟的。

太阳能电池发电的原理主要是半导体的光电效应。

12.3.3　太阳能电池的分类及规格

太阳能电池根据所用材料的不同，还可分为硅太阳能电池、多元化合物薄膜太阳能电池、聚合物多层修饰电极型太阳能电池、纳米晶太阳能电池、有机太阳能电池、塑料太阳能电池，其中硅太阳能电池是目前发展最成熟的，在应用中居主导地位。

（1）硅太阳能电池

硅太阳能电池分为单晶硅太阳能电池、多晶硅薄膜太阳能电池和非晶硅薄膜太阳能电池三种。

单晶硅太阳能电池转换效率最高，技术也最为成熟。在实验室里最高的转换效率为24.7%，规模生产时的效率为15%（截至2011年为18%）。在大规模应用和工业生产中仍占据主导地位，但由于单晶硅成本价格高，大幅度降低其成本很困难，为了节省硅材料，发展了多晶硅薄膜和非晶硅薄膜作为单晶硅太阳能电池的替代产品。

多晶硅薄膜太阳能电池与单晶硅比较，成本低廉，而效率高于非晶硅薄膜电池，其实验室最高转换效率为18%，工业规模生产的转换效率为10%（截至2011年为17%）。因此，多晶硅薄膜电池将会在太阳能电池市场上占据主导地位。

非晶硅薄膜太阳能电池成本低，重量轻，转换效率较高，便于大规模生产，有极大的潜力。但受制于其材料引发的光电效率衰退效应，稳定性不高，直接影响了它的实际应用。如果能进一步解决稳定性问题及提高转换率问题，那么，非晶硅太阳能电池无疑是太阳能电池的主要发展产品之一。

（2）多晶体薄膜电池

硫化镉、碲化镉多晶薄膜电池的效率较非晶硅薄膜太阳能电池效率高，成本较单晶硅电池低，并且也易于大规模生产，但由于镉有剧毒，会对环境造成严重的污染，因此，并不是晶体硅太阳能电池最理想的替代产品。

砷化镓（GaAs）Ⅲ-Ⅴ化合物电池的转换效率可达28%。GaAs化合物材料具有十分理想的光学带隙以及较高的吸收效率，抗辐照能力强，对热不敏感，适合于制造高效单结电池。但是GaAs材料的价格不菲，因而在很大程度上限制了GaAs电池的普及。

铜铟硒薄膜电池（简称CIS）适合光电转换，不存在光致衰退问题，转换效率和多晶硅一样，具有价格低廉、性能良好和工艺简单等优点，将成为今后发展太阳能电池的一个重要方向。唯一的问题是材料的来源，由于铟和硒都是比较稀有的元素，因此，这类电池的发展又必然受到限制。

（3）有机聚合物电池

以有机聚合物代替无机材料是刚刚开始的一个太阳能电池制造的研究方向。由于有机材料柔性好，制作容易，材料来源广泛，成本低等优势，从而对大规模利用太阳能，提供廉价电能具有重要意义。但以有机材料制备太阳能电池的研究刚开始，不论是使用寿命还是电池效率，都不能和无机材料特别是硅电池相比。能否发展成为具有实用意义的产品，还有待于进一步研究探索。

（4）纳米晶电池

纳米TiO_2晶体化学能太阳能电池是新近发展的，优点在于它廉价的成本和简单的工艺及稳定的性能。其光电效率稳定在10%以上，制作成本仅为硅太阳能电池的1/10~1/5，寿命能达到20年以上。此类电池的研究和开发刚刚起步，不久的将来会逐步走上市场。

（5）有机薄膜电池

有机薄膜太阳能电池，就是由有机材料构成核心部分的太阳能电池，量很少。如今量产的太阳能电池里，95%以上是硅基的，而剩下的不到5%也是由其他无机材料制成的。

（6）染料敏化电池

染料敏化太阳能电池，是将一种色素附着在TiO_2粒子上，然后浸泡在一种电解液中，色素受到光的照射，生成自由电子和空穴。自由电子被 TiO_2 吸收，从电极流出进入外电路，再经过用电器，流入电解液，最后回到色素。染料敏化太阳能电池的制造成本很低，这使它具有很强的竞争力。它的能量转换效率为12%左右。

(7) 塑料电池

塑料太阳能电池以可循环使用的塑料薄膜为原料，能通过"卷对卷印刷"技术大规模生产，其成本低廉、环保。但目前塑料太阳能电池尚不成熟，预计在未来5～10年，基于塑料等有机材料的太阳能电池制造技术将走向成熟并大规模投入使用。

12.3.4 晶体硅太阳能电池发展及方阵

(1) 晶体硅太阳能电池发展

硅太阳能电池于1958年首先在航天器上得到应用。在随后10多年里，硅太阳能电池在空间应用不断扩大，工艺不断改进，电池设计逐步定型。这是硅太阳能电池发展的第一个时期。第二个时期开始于20世纪70年代初，在这个时期背表面场、细栅金属化、浅结表面扩散和表面织构化开始引入到电池的制造工艺中，太阳能电池转换效率有了较大提高。与此同时，硅太阳能电池开始在地面应用，而且不断扩大，到70年代末地面用太阳能电池产量已经超过空间电池产量，并促使成本不断降低。80年代初，硅太阳能电池进入快速发展的第三个时期。这个时期的主要特征是把表面钝化技术、降低接触复合效应、后处理提高载流子寿命、改进陷光效应引入到电池的制造工艺中。以各种高效电池为代表，电池效率大幅度提高，商业化生产成本进一步降低，应用不断扩大。

在太阳能电池的整个发展历程中，先后出现过各种不同结构的电池，如肖特基（Ms）电池、MIS电池、MINP电池、异质结电池［如 ITO(n)/Si(p)，a-Si/c-Si，Ge/Si］等，其中同质PN结电池结构自始至终占主导地位，其他结构对太阳能电池的发展也有重要影响。

以材料区分，有晶硅电池、非晶硅薄膜电池、铜铟硒（CuInSe2）电池、碲化镉（CdTe）电池、砷化镓电池等，而以晶硅电池为主导。由于硅是地球上储量第二大元素，作为半导体材料，人们对它研究得最多、技术最成熟，而且晶硅性能稳定、无毒，因此成为太阳能电池研究开发、生产和应用中的主体材料。

以晶体硅材料制备的太阳能电池主要包括单晶硅太阳能电池、铸造多晶硅太阳能电池、非晶硅太阳能电池和薄膜晶体硅电池。单晶硅电池转换效率高，稳定性好，但是成本较高；非晶硅太阳能电池则生产效率高，成本低廉，但是转换效率较低，而且效率衰减得比较厉害；铸造多晶硅太阳能电池则具有稳定的转换效率，而且性能价格比最高；薄膜晶体硅太阳能电池现在还只处在研发阶段。目前，铸造多晶硅太阳能电池已经取代直拉单晶硅成为最主要的光伏材料。但是铸造多晶硅太阳能电池的转换效率略低于直拉单晶硅太阳能电池，材料中的各种缺陷，如晶界、位错、微缺陷和材料中的杂质碳和氧，以及工艺过程中沾污的过渡族金属，被认为是电池转换效率较低的关键原因，因此关于铸造多晶硅中缺陷和杂质规律的研究，以及工艺中采用合适的吸杂、钝化工艺是进一步提高铸造多晶硅电池的关键。另外，寻找适合铸造多晶硅表面织构化的湿化学腐蚀方法也是目前低成本制备高效率电池的重要工艺。

从固体物理学上讲，硅材料并不是最理想的光伏材料，这主要是因为硅是间接能带半导体材料，其光吸收系数较低，所以研究其他光伏材料成为一种趋势。其中，碲化镉（CdTe）和铜铟硒（CuInSe2）被认为是两种非常有前途的光伏材料，而且目前已经取得一定的进展。

(2) 晶体硅太阳能电池方阵

太阳能电池单体是光电转换的最小单元，尺寸一般为 $4\sim100cm^2$ 不等。太阳能电池单体的工作电压约为 0.5V，工作电流为 20～25mA，一般不能单独作为电源使用。将太阳能电池单体进行串、并联封装后，就成为太阳能电池组件，其功率一般为几瓦至几十瓦，是可以单独作为电源使用的最小单元。太阳能电池组件再经过串、并联组合安装在支架上，就构成了太阳能电池方阵，可以满足负载所要求的输出功率，如图 12.5 所示。

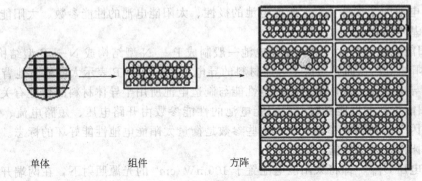

单体　　　　　　　组件　　　　　　　方阵

图 12.5　太阳能电池单体、组件和方阵

常用的太阳能电池主要是硅太阳能电池。晶体硅太阳能电池由一个晶体硅片组成，在晶体硅片的上表面紧密排列着金属栅线，下表面是金属层。硅片本身是 P 型硅，表面扩散层是 N 区，在这两个区的连接处就是所谓的 PN 结。PN 结形成一个电场。太阳能电池的顶部被一层抗反射膜所覆盖，以减少太阳能的反射损失。

将一个负载连接在太阳能电池的上下两表面之间时，将有电流流过该负载，于是太阳能电池就产生了电流。太阳能电池吸收的光子越多，产生的电流也就越大。光子的能量由波长决定，低于基能能量的光子不能产生自由电子，一个高于基能能量的光子将仅产生一个自由电子，多余的能量将使电池发热，伴随电能损失的影响，将使太阳能电池的效率下降。

目前世界上有 3 种已经商品化的硅太阳能电池：单晶硅太阳能电池、多晶硅太阳能电池和非晶硅太阳能电池。对于单晶硅太阳能电池，由于所使用的单晶硅材料与半导体工业所使用的材料具有相同的品质，使单晶硅的使用成本比较高昂。多晶硅太阳能电池的晶体方向是无规则性的，意味着正负电荷对并不能全部被 PN 结电场所分离，因为电荷对在晶体与晶体之间的边界上可能由于晶体的不规则而损失，所以多晶硅太阳能电池的效率一般要比单晶硅太阳能电池低。多晶硅太阳能电池用铸造的方法生产，所以它的成本比单晶硅太阳能电池低。非晶硅太阳能电池属于薄膜电池，造价低廉，但光电转换效率比较低，稳定性也不如晶体硅太阳能电池。一般产品化单晶硅太阳能电池的光电转换效率为 13%～15%，产品化多晶硅太阳能电池的光电转换效率为 11%～13%，产品化非晶硅太阳能电池的光电转换效率为 5%～8%。

太阳能电池单体只能产生大约 0.5V 的电压，远低于实际应用所需要的电压。为了满足实际应用的需要，需把太阳能电池连接成组件。太阳能电池组件包含一定数量的太阳能电池，这些太阳能电池通过导线连接。一个组件上，太阳能电池的标准数量是 36 片（10cm×10cm），这意味着一个太阳能电池组件大约能产生 17V 的电压，正好能为一个额定电压为12V 的蓄电池进行有效充电。

通过导线连接的将多只电池单体连接成的太阳能电池被密封成的物理单元，被称为太阳能电池组件，具有一定的防腐、防风、防雹、防雨能力，广泛应用于各个领域和系统。当应用领域需要较高的电压和电流而单个组件不能满足要求时，可把多个组件组成太阳能电池方阵，以获得所需要的电压和电流。

太阳能电池的可靠性在很大程度上取决于其防腐、防风、防雹、防雨能力。其潜在的质量问题是边沿的密封以及组件背面的接线盒。

太阳能电池组件的前面是玻璃板，背面是一层合金薄片。合金薄片的主要功能是防潮、防污。太阳能电池是被镶嵌在一层聚合物中的。在这种太阳能电池组件中，电池与接线盒之间可直接用导线连接。

（3）太阳能电池的基本特性

太阳能电池的基本特性有太阳能电池的极性、太阳能电池的性能参数、太阳能电池的伏安特性三个基本特性。

① 太阳能电池的极性   硅太阳能电池一般制成 P＋/N 型结构或 N＋/P 型结构。P＋和 N＋表示太阳能电池正面光照层半导体材料的导电类型；N 和 P 表示太阳能电池背面衬底半导体材料的导电类型。太阳能电池的电性能与制造电池所用半导体材料的特性有关。

② 太阳能电池的性能参数   太阳能电池的性能参数由开路电压、短路电流、最大输出功率、填充因子、转换效率等组成。这些参数是衡量太阳能电池性能好坏的标志。

有关太阳能电池的性能参数如下。

a. 开路电压 U_{OC} 即将太阳能电池置于 $100\mathrm{mW/cm^2}$ 的光源照射下，在两端开路时，太阳能电池的输出电压值。

b. 短路电流 I_{SC} 就是将太阳能电池置于标准光源的照射下，在输出端短路时，流过太阳能电池两端的电流。

c. 最大输出功率   太阳能电池的工作电压和电流是随负载电阻而变化的，将不同阻值所对应的工作电压和电流值做成曲线，就得到太阳能电池的伏安特性曲线。如果选择的负载电阻值能使输出电压和电流的乘积最大，即可获得最大输出功率，用符号 P_m 表示。此时的工作电压和工作电流称为最佳工作电压和最佳工作电流，分别用符号 U_m 和 I_m 表示。

d. 填充因子   太阳能电池的另一个重要参数是填充因子（FF），它是最大输出功率与开路电压和短路电流乘积之比。FF 是衡量太阳能电池输出特性的重要指标，是代表太阳能电池在带最佳负载时能输出的最大功率的特性，其值越大表示太阳能电池的输出功率越大。FF 的值始终小于 1。实际上，由于受串联电阻和并联电阻的影响，实际太阳能电池填充因子的值要低于上述的理想值。串、并联电阻对填充因子有较大影响。串联电阻越大，短路电流下降越多，填充因子也随之减少得越多；并联电阻越小，这部分电流就越大，开路电压就下降得越多，填充因子随之也下降得越多。

e. 转换效率   太阳能电池的转换效率是指在外部回路上连接最佳负载电阻时的最大能量转换效率，等于太阳能电池的输出功率与入射到太阳能电池表面的能量之比。太阳能电池的光电转换效率是衡量电池质量和技术水平的重要参数，它与电池的结构、结特性、材料性质、工作温度、放射性粒子辐射损伤和环境变化等有关。

③ 太阳能电池的伏安特性   PN 结太阳能电池包含一个形成于表面的浅 PN 结、一个条状及指状的正面欧姆接触、一个涵盖整个背部表面的背面欧姆接触以及一层在正面的抗反射层。当电池暴露于太阳光谱时，能量小于禁带宽度 E_g 的光子对电池输出并无贡献，能量大于禁带宽度 E_g 的光子才会对电池输出贡献能量 E_g，大于 E_g 的能量则会以热的形式消耗掉。因此，在太阳能电池的设计和制造过程中，必须考虑这部分热量对电池稳定性、寿命等的影响。

（4）太阳能电池组件

太阳能电池组件的作用是将太阳的光能转化为电能后，输出直流电存入蓄电池中。太阳能电池组件是太阳能光伏系统中最重要的部件之一，其转换率和使用寿命是决定太阳能电池是否具有使用价值的重要因素。

太阳能电池组件可组成各种大小不同的太阳能电池方阵，亦称太阳能电池阵列。太阳能电池板的功率输出能力与其面积大小密切相关，面积越大，在相同光照条件下的输出功率也越大。太阳能电池板的优劣主要由开路电压和短路电流这两项指标来衡量。

单片太阳能电池就是一薄片半导体 PN 结，标准光照条件下，额定输出电压为 0.48V。为了获得较高的输出电压和较大容量，往往把多片太阳能电池连接在一起。太阳能电池的输出功率是随机的，不同时间、不同地点、不同安装方式下，同一块太阳能电池的输出功率也是不同的。目前，太阳能电池的光电转换率一般在百分之十几以上，个别发达国家的太阳能电池光电转换率已经达到 30% 左右。

按国际电工委员会 IEC：1215：1993 标准要求进行设计，采用 36 片或 72 片多晶硅太阳能电池进行串联以形成 12V 和 24V 各种类型的组件。太阳能电池组件由以下材料组成。

① 电池片。采用高效率（14.5% 以上）的多片晶硅太阳能电池片封装，以保证太阳能电池板设计的输出功率。

② 玻璃。采用低铁钢化绒面玻璃（又称为白玻璃），厚度 3.2mm，在太阳能电池光谱响应的波长范围内（320～1100nm）透光率达 91% 以上，对于大于 1200nm 的红外光有较高的反射率。此玻璃同时能耐太阳紫外线的辐射，透光率不下降。

③ EVA。采用加有抗紫外剂、抗氧化剂和固化剂的厚度为 0.78mm 的优质 EVA 膜层作为太阳能电池的密封剂和与玻璃、TPT 之间的连接剂，具有较高的透光率和抗老化能力。

④ TPT。太阳能电池的背面覆盖物为氟塑料膜，为白色，对阳光起反射作用。当然，此氟塑料膜首先应具有太阳能电池封装材料所要求的耐老化、耐腐蚀、不透气等。

太阳能电池组件应采用上述材料，对太阳能电池组件的效率略有提高，并因其具有较高的红外反射率，还可降低组件的工作温度，也有利于提高组件的效率。

对太阳能电池组件的基本要求如下。

① 边框采用的铝合金边框具有高强度、抗机械冲击能力。

② 标准测试条件：辐照度（AM1.5）为 $1000W/m^2$，电池温度为 25℃。

③ 绝缘电压：大于 600V。

④ 边框接地电阻：小于 10Ω。

⑤ 迎风压强：2400Pa。

⑥ 填充因子：73%。

⑦ 短路电流温度系数：0.4mA/℃。

⑧ 开路电压温度系数：−60mV/℃。

⑨ 工作温度：−40～90℃。

12.4 蓄电池

12.4.1 蓄电池的分类及特点

(1) 蓄电池的分类

对于蓄电池的种类，就目前市场上主流产品而言，主要有以下几类蓄电池：铅酸蓄电池、镍镉（NiCd）蓄电池、镍氢（NiMH）蓄电池和锂离子（Li-Ion）蓄电池等。蓄电池能够反复使用，符合经济实用原则，这是最大优点。蓄电池还具有电压稳定、供电可靠、移动方便等优点，广泛地应用于发电厂、变电站、通信系统、电动汽车、航空航天等各个领域。

蓄电池的性能参数很多，主要有四个指标：

• 工作电压，蓄电池放电曲线上的平台电压；

• 蓄电池容量，常用安时（A·h）或毫安时（mA·h）表示；

● 工作温区，蓄电池正常放电的温度范围；

● 循环寿命，蓄电池正常工作的充放电次数。

① 铅酸蓄电池　铅酸蓄电池已有 100 多年的历史。它可靠性好、原材料易得、价格便宜；比功率也基本上能满足电动汽车的动力性要求。但它有两大缺点：一是比能量低，所占的质量和体积太大，且一次充电行驶里程较短；另一个是使用寿命短，使用成本过高。

② 镍氢蓄电池　镍氢蓄电池属于碱性电池。镍氢蓄电池循环使用寿命较长，无记忆效应，但价格较高。它的初期购置成本虽高，但由于其在能量和使用寿命方面的优势，因此其长期的实际使用成本并不高。将这种蓄电池装在几种电动汽车上试用，其中一类车一次充电可行驶 345km，有一辆车一年中行驶了 8 万多公里。由于价格较高，目前尚未大批量生产。国内已开发出 55A·h 和 100A·h 单元电池，比能量达 65W·h/kg，功率密度大于 800W/kg 的镍氢蓄电池。

③ 锂离子电池　锂离子二次电池作为新型高电压、高能量密度的可充电电池，有独特的物理和电化学性能，具有广泛的民用和国防应用的前景。其突出的特点是：重量轻、储能大、无污染、无记忆效应、使用寿命长。在同体积重量情况下，锂电池的蓄电能力是镍氢电池的 1.6 倍，是镍镉电池的 4 倍，并且目前只开发利用了其理论电量的 20%～30%，开发前景非常光明。同时它是一种真正的绿色环保电池，不会对环境造成污染，是目前最佳的能应用到电动车上的电池。

④ 镍镉蓄电池　镍镉蓄电池的应用广泛程度仅次于铅酸蓄电池，其比能量可达 55W·h/kg，比功率超过 190W/kg，可快速充电，循环使用寿命较长，是铅酸蓄电池的 2 倍多，可达到 2000 多次，但价格为铅酸蓄电池的 4～5 倍。它的初期购置成本虽高，但由于其在能量和使用寿命方面的优势，其长期的实际使用成本并不高。缺点是有"记忆效应"，容易因为充放电不良而导致电池可用容量减小，须在使用 10 次左右后做一次完全充放电。如果已经有了"记忆效应"，应连续做 3～5 次完全充放电，以释放记忆。另外镉有毒，使用中要注意做好回收工作，以免镉造成环境污染。

⑤ 钠硫蓄电池　钠硫蓄电池的优点：一个是比能量高，其理论比能量为 760W·h/kg，实际已大于 100W·h/kg，是铅酸电池的 3～4 倍；另一个是可大电流、高功率放电，其放电电流密度一般可达 200～300mA/mm²，并瞬时间可放出其 3 倍的固有能量；再一个是充放电效率高，由于采用固体电解质，所以没有通常采用液体电解质二次电池的那种自放电及副反应，充放电电流效率几乎 100%。钠硫蓄电池的缺点：因为其工作温度在 300～350℃，所以电池工作时需要一定的加热保温；高温腐蚀严重，电池寿命较短，现在已有采用高性能的真空绝热保温技术，可有效地解决这一问题；还有性能稳定性及使用安全性不太理想等问题。

⑥ 镍锌蓄电池　新型密封镍锌蓄电池具有高质量能、高质量功率和大电流放电的优势，这种优势使得镍锌蓄电池能够满足电动车辆在一次充电行程、爬坡和加速等方面对能量的需求。镍锌蓄电池是极具竞争力的电池。优点是：比能量达到 50W·h/kg 以上，体积能量已超过镍镉蓄电池，小于镍氢蓄电池；大电流放电，电池的电压将在宽广的范围是平衡的；且具有很长的使用寿命，循环寿命≥500 次，充电时间≤3.5h，快速充电≤1h。特别值得一提的是自放电抗电荷量衰减性十分好，在室温下放一个月，自放电量不到 30% 额定电荷量。在 50℃ 高温，以 C/3（C 为蓄电池容量）放电，电池电荷量衰减≤10% 额定电荷量，而在 -15℃，C/3 放电≤30%。

⑦ 锌空气蓄电池　锌空气蓄电池又称锌氧电池，是金属空气电池的一种。锌空气蓄电池比能理论值是 1350W·h/kg，现在的比能量已达到了 230W·h/kg，几乎是铅酸蓄电池的 8 倍。锌空气蓄电池只能采取抽换锌电极的办法进行"机械式充电"。更换电极的时间在 3min 即可完成。换上新的锌电极，"充电"时间极短，非常方便。如此种电池得到发展，省去了充电站等社会保障设施的兴建。锌电极可在超市、电池经营点、汽配商店等购买，对普及此电池电

动车十分有利。这种电池具有体积小，电荷容量大，质量小，能在宽广的温度范围内正常工作，且无腐蚀，工作安全可靠，成本低廉等优点。现在试验电池的电荷容量仅是铅酸蓄电池的5倍，不甚理想。但5倍于铅酸蓄电池的电荷量已引起了大家的关注，美国、墨西哥、新加坡及一些欧洲国家都已在邮政车、公共汽车、摩托车上进行试用，也是极有前途的电动车用电池。

⑧ 飞轮电池　飞轮电池是20世纪90年代才提出的新概念电池，它突破了化学电池的局限，用物理方法实现储能。当飞轮以一定角速度旋转时，它就具有一定的动能。飞轮电池正是以其动能转换成电能的。高技术型的飞轮用于储存电能，就很像标准电池。飞轮电池中有一个电机，充电时该电机以电动机形式运转，在外电源的驱动下，电机带动飞轮高速旋转，即用电给飞轮电池"充电"，增加了飞轮的转速，从而增大其动能；放电时，电机则以发电机状态运转，在飞轮的带动下对外输出电能，完成机械能（动能）到电能的转换。当飞轮电池出电时，飞轮转速逐渐下降。飞轮电池的飞轮是在真空环境下运转的，转速极高（200000r/min），使用的轴承为非接触式磁轴承。据称，飞轮电池比能可达150W·h/kg，比功率达5000～10000W/kg，使用寿命长达25年，可供电动汽车行驶500万公里。

(2) 蓄电池的特点

① 使用寿命长　高强度紧装配工艺，提高电池装配紧度，防止活物质脱落，提高电池使用寿命。低酸密度电液，提高电池充电接受能力，增强电池深放电循环能力。增多酸量设计，确保电池不会因电解液枯竭，缩短电池使用寿命。因此GFM系列蓄电池的正常浮充设计寿命可达15年以上（25℃）。

② 高倍率放电性能优良　电池内阻极小，大电流放电特性优良，比一般电池提高20％以上。

③ 自放电低　高纯度原料和特殊制造工艺，自放电很小，室温储存半年以上也可无需补电。

④ 维护简单　特殊氧气吸收循环设计，克服了电池在充电过程中电解失水的现象，在使用过程中电解液水分含量几乎没有变化，因此电池在使用过程中完全无需补水，维护简单。

⑤ 安全性高　电池内部装有特制安全阀，能有效隔离外部火花，不会引起电池内部发生爆炸。

⑥ 安装简捷　电池立式、侧卧、叠层安装均可，安装时占地面积小，灵活方便。

⑦ 洁净环保　电池使用时不会产生酸雾，对周围环境和配套设备无腐蚀，可直接将电池安装在办公室或配套设备房内，无需做防腐处理。

12.4.2　蓄电池的工作原理

(1) 铅酸蓄电池电动势的产生

铅酸蓄电池充电后，正极板是二氧化铅 PbO_2，在硫酸溶液中水分子的作用下，少量二氧化铅与水生成可离解的不稳定物质——氢氧化铅 $Pb(OH)_4$，氢氧根离子在溶液中，铅离子留在正极板上，故正极板上缺少电子。

铅酸蓄电池充电后，负极板是铅 Pb，与电解液中的硫酸 H_2SO_4 发生反应，变成铅离子 Pb^{2+}，铅离子转移到电解液中，负极板上留下多余的两个电子 2e。

可见，在未接通外电路时（电池开路），由于化学作用，正极板上缺少电子，负极板上有多余电子，两极板间就产生了一定的电位差，这就是电池的电动势。

(2) 铅酸蓄电池放电过程的电化反应

铅酸蓄电池放电时，在蓄电池的电位差作用下，负极板上的电子经负载进入正极板，形成电流 I，同时在电池内部进行化学反应。

负极板上每个铅原子放出两个电子后，生成的铅离子 Pb^{2+} 与电解液中的硫酸根离子

SO_4^{2-} 反应，在极板上生成难溶的硫酸铅 $PbSO_4$。

正极板的铅离子 Pb^{4+} 得到来自负极的两个电子 $2e$ 后，变成二价铅离子 Pb^{2+}，与电解液中的硫酸根离子 SO_4^{2-} 反应，在极板上生成难溶的硫酸铅 $PbSO_4$。正极板水解出的氧离子 O^{2-} 与电解液中的氢离子（H^+）反应，生成稳定物质水。

电解液中存在的硫酸根离子和氢离子在电力场的作用下分别移向电池的正负极，在电池内部形成电流，整个回路形成蓄电池向外持续放电。

放电时 H_2SO_4 浓度不断下降，正负极上的硫酸铅 $PbSO_4$ 增加，电池内阻增大（硫酸铅不导电），电解液浓度下降，电池电动势降低。

化学反应式为：

正极活性物质	电解液	负极活性物质	正极生成物	电解液生成物	负极生成物
PbO_2	$+$ $2H_2SO_4$	$+$ Pb	$\rightarrow$ $PbSO_4$	$+$ $2H_2O$	$+$ $PbSO_4$
氧化铅	稀硫酸	铅	硫酸铅	水	硫酸铅

（3）铅酸蓄电池充电过程的电化反应

充电时，应在外接一直流电源（充电极或整流器），使正、负极板在放电后生成的物质恢复成原来的活性物质，并把外界的电能转变为化学能储存起来。

在正极板上，在外界电流的作用下，硫酸铅被离解为二价铅离子 Pb^{2+} 和硫酸根离子 SO_4^{2-}，由于外电源不断从正极吸取电子，则正极板附近游离的二价铅离子 Pb^{2+} 不断放出两个电子来补充，变成四价铅离子 Pb^{4+}，并与水继续反应，最终在正极极板上生成二氧化铅 PbO_2。

在负极板上，在外界电流的作用下，硫酸铅被离解为二价铅离子 Pb^{2+} 和硫酸根负离子 SO_4^{2-}，由于负极不断从外电源获得电子，则负极板附近游离的二价铅离子 Pb^{2+} 被中和为铅 Pb，并以绒状铅附在负极板上。

电解液中，正极不断产生游离的氢离子 H^+ 和硫酸根离子 SO_4^{2-}，负极不断产生硫酸根离子 SO_4^{2-}，在电场的作用下，氢离子向负极移动，硫酸根离子向正极移动，形成电流。

充电后期，在外电流的作用下，溶液中还会发生水的电解反应。

化学反应式为：

正极物质	电解液	负极物质	正极生成物	电解液生成物	负极生成物
$PbSO_4$	$+$ $2H_2O$	$+$ $PbSO_4$	$\rightarrow$ PbO_2	$+$ $2H_2SO_4$	$+$ Pb
硫酸铅	水	硫酸铅	氧化铅	硫酸	铅

（4）铅酸蓄电池充放电后电解液的变化

从上面可以看出，铅蓄电池放电时，电解液中的硫酸不断减少，水逐渐增多，溶液密度下降。铅酸蓄电池充电时，电解液中的硫酸不断增多，水逐渐减少，溶液密度上升。

实际工作中，可以根据电解液密度的变化来判断铅酸蓄电池的充电程度。

复习思考题

1. 什么是光伏效应？

2. 简述太阳能光伏发电系统的组成和分类。

3. 太阳能路灯系统的组成和特点是什么？

4. 太阳能电池的分类及规格是什么？

5. 简述蓄电池的工作原理。

第 13 章

太阳能LED路灯控制技术

13.1 太阳能 LED 路灯控制器功能

太阳能电池将吸收的光能转换成电能而通过充放电控制器对蓄电池充电,同时供给负载用电。充放电控制器的功能主要有两个:一个是对蓄电池的充放电过程进行保护,以避免蓄电池有过充或过放的情形发生,而蓄电池的任务则是储能,以便在夜间或阴雨天供给负载用电;另一个是提供稳定的直流电压源给直流负载使用。

太阳能路灯控制器是太阳能路灯系统中最重要的部件,也是与各种路灯系统最大的区别所在。控制器设计的性能如何,决定了一个太阳能光伏系统运行情况的优劣。所以设计功能完备、结构简单的智能光伏路灯控制器是非常重要的。

控制器需要实现的功能有:天黑时自动开灯;天亮时自动关灯;在蓄电池电量不足时,自动断开负载,防止蓄电池过放电;具有短路保护,反接保护等。控制器不仅担负对整个系统的状态控制,还得确保系统的安全运行。控制器的合理设计,既是完善充电过程的保证,也是系统寿命的保障,同时还为系统提供保护功能。

(1)光伏系统控制的硬件结构

光伏系统控制的硬件结构框图如图 13.1 所示,包括以下主要部分。

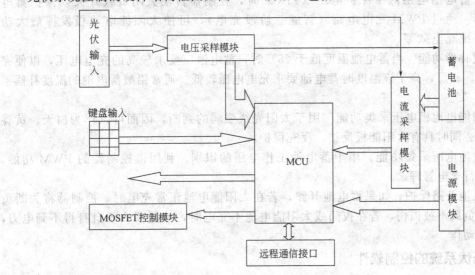

图 13.1 光伏系统控制的硬件结构框图

① 电流采样模块、电压采样模块。根据系统的功率，可以采用电阻组件或互感器，如国产 CT 系列互感器、GMR 电流互感器等，其一次侧电流可按 C/5 考虑。

② 电源模块。由蓄电池提供电源，通过 78×× 等电源芯片为 MCU 提供稳定的工作电源（2.5~6V）。

③ 键盘输入。可采用标准的行列式键盘（或在光伏系统中预留接口，在需要设定时接入），也可定制专用的薄膜按键。

④ LCD 显示。由于液晶显示器具有功耗极低、体积小、重量轻等特点，所以适用于蓄电池供电的系统。

⑤ 远程通信接口。系统采用异步串行通信。在 MCU 内部设有异步串行通信口，可用软件来完成异步串行通信（RS-232 标准的异步串行通信）。

⑥ MOSFET 控制模块。MCU 的系统逻辑控制信号，通过 MOSFET 控制模块形成MOSFET 的门极控制电压，来完成对系统的状态保护及逻辑控制。

此外，考虑系统可用于不同的功率，对于所使用的 MOSFET 和大功率开关管都留有充足的裕量，来满足不同系统的要求。同时系统中还设置了 LED 指示器，以便直接观察系统的状态和出现的问题。

(2) 光伏系统控制器功能

① MCU 控制功能。MCU 通过 MOSFET 控制模块实现对蓄电池的优化充电，以及对太阳能电池和负载的保护，控制系统防止负载对蓄电池造成过放电，放电过深会严重损坏蓄电池。同时也要提供短路、负载过压保护。

② 操作和显示功能。控制系统还提供了用户操作界面，显示充电或放电状态、蓄电池电压、容量及充放电电流等数据，并且还可以记录数据、发出告警信号和灯光显示，以及进行远程通信等功能，使得光伏系统的维护和检修更加方便。

③ 保护功能。防止任何负载短路保护；防止充电控制器内部短路保护；防止夜间蓄电池通过太阳能电池组件反向放电保护；防止负载、太阳能电池组件或蓄电池极性反接的电路保护；在多雷区防止由于雷击引起的击穿保护；具有过充保护，充电电压高于保护电压设置值时，自动关断对蓄电池的充电，此后当电压降至维护电压（13.2V）时，蓄电池进入浮充状态，当低于维护电压（13.2V）后浮充关闭，进入均充状态，当蓄电池电压低于保护电压（11V）时，控制器自动关闭负载开关以保护蓄电池不受损坏。通过 PWM 充电电路（智能三阶段充电），可使太阳能电池板发挥最大功效，提高系统充电效率。

④ 温度补偿功能。当蓄电池温度低于 25℃时，蓄电池应要求较高的充电电压，以便完成充电过程。相反，高于该温度时蓄电池要求充电电压较低。通常铅酸蓄电池的温度补偿系数为 $-5\text{mV}/℃$。

⑤ 太阳能电池板电压采集功能。用于太阳光线强弱的判断，因而可以作为白天、黄昏的识别信号。同时具有太阳能板反接、反充保护。

⑥ 蓄电池电压采集功能。用于蓄电池工作电压的识别。利用微控制器的 PWM 功能，对蓄电池进行充电管理。

⑦ 蓄电池开路保护。如果蓄电池开路，若在太阳能电池正常充电时，控制器将关断负载，以保证负载不被损伤，若在夜间或太阳能电池不充电时，控制器由于自身得不到电力，不会有任何动作。

(3) 光伏系统的控制软件

对于具体的光伏应用软件，基本的主程序是初始化时完成 MCU 的 I/O 配置和中断设置，在循环等待过程中，采集判断系统所处的状态，并进入相应的状态处理子程序，同时等待键盘输入和串行通信的起始位。流程图如图13.2所示。

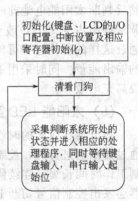

异步串行通信是通过设置通用I/O口，以软件形式来完成异步串行通信的。同时系统通过键盘的输入，来控制LCD的显示内容，由LCD在线显示系统所处的状态，表明系统充电或放电状态。也可选择显示蓄电池电压、容量及充放电电流的大小。所有这些数据可在需要时通过串行通信传送给上位机进行进一步处理，将使得光伏的维护和检修更加方便。这部分程序流程可参考通用的异步串行通信程序和液晶显示程序。

图13.2　流程图

在软件编程时应注意以下事项。

① 用较少的按键实现了诸多功能，如负载工作模式的设置、负载工作时间的设定，还有自检功能等，并应采取防止误操作措施。

② 键盘在定时中断服务程序中读取，用中断间隔时间实现键盘的去抖动，不必编写另外的延时程序，提高了CPU的利用效率。键盘值存入数据缓冲区，在主程序中读数据缓冲区的内容，执行键盘子程序功能。

③ 环境光线（闪电、礼花燃放）对太阳能电池组件的采样电压有明显影响，故在白天、黄昏识别时，要进行软件延时，一般控制在2～3min。

④ 外部中断为高优先级中断，编制子程序实现负载过流、短路保护时，要充分考虑到负载启动瞬间时会产生数倍于额定电流的冲击电流，冲击电流维持时间在3～5ms，应在软件上采取措施，避免短路与负载开启的误判。确定负载过流、短路后，切断负载输出。负载切断后，每隔一段时间，如20s，应试接通负载开关，当发现过流、短路信号已消除，则恢复负载的输出，否则负载开关仍然保持断开。

⑤ 为保护负载（灯具），蓄电池过放保护恢复时，应用软件设置一个回差电压，这样负载开关不会出现颤抖现象，有利于延长灯具的使用寿命。

(4) 控制器的分类

光伏充电控制器基本上可分为五种类型：并联型、串联型、脉宽调制型、智能型和最大功率跟踪型。

① 并联型控制器。当蓄电池充满时，利用电子部件把光伏阵列的输出分流到内部并联电阻器或功率模块上去，然后以热的形式消耗掉。并联型控制器一般用于小型、低功率系统，例如电压在12V、20A以内的系统。这类控制器很可靠，没有如继电器之类的机械部件。

② 串联型控制器。利用机械继电器控制充电过程，并在夜间切断光伏阵列。它一般用于较高功率系统，继电器的容量决定充电控制器的功率等级。比较容易制造连续通电电流在45A以上的串联控制器。

③ 脉宽调制型控制器。它以PWM脉冲方式控制光伏阵列的输入。当蓄电池趋向充满时，脉冲的频率和时间缩短。按照美国桑地亚国家实验室的研究，这种充电过程形成较完整的充电状态，能增加光伏系统中蓄电池的总循环寿命。

④ 智能型控制器。基于MCU（如Intel公司的MCS51系列或Microchip公司PIC系列）对光伏电源系统的运行参数进行高速实时采集，并按照一定的控制规律由软件程序对单路或多路光伏阵列进行切离和接通控制。对中、大型光伏电源系统，还可通过MCU的RS-232接口配合MODEM调制解调器进行远距离控制。

⑤ 最大功率跟踪型控制器。将太阳能电池的电压U和电流I检测后相乘得到功率P，

然后判断太阳能电池此时的输出功率是否达到最大，若不在最大功率点运行，则调整脉宽，调制输出占空比 D，改变充电电流，再次进行实时采样，并作出是否改变占空比的判断，通过这样的寻优过程可保证太阳能电池始终运行在最大功率点，以充分利用太阳能电池方阵的输出能量。同时采用 PWM 调制方式，使充电电流成为脉冲电流，以减少蓄电池的极化，提高充电效率。

（5）太阳能 LED 路灯控制器工作原理

蓄电池在白天的时候会接受充电，而在晚上则会提供能量给 LED 灯。LED 灯的工作是通过控制器进行的，控制器在保证 LED 灯恒流工作的同时，也会监测 LED 灯的状态以及控制工作时间长短。连续阴雨天以及蓄电池电能不足的情况下，为了防止蓄电池过放电，控制器会发出控制信号切断 LED 灯的供电回路。

图 13.3 是控制器的结构方框图。太阳能电池组的输入经过一个开关 MOS 管 KCHG 连接到直流/直流变换器（蓄电池充电电路），此变换器的输出连接到蓄电池两端（实际电路里会先通过一个保险丝再连到蓄电池上）。加上 KCHG 有两个作用：一是防止太阳能电池输出较低时由蓄电池过来的反充电流；二是当太阳能电池组极性接反时起到保护电路的作用。直流/直流变换器采用降压拓扑结构，拓扑结构的选择不仅考虑到太阳能电池组最大功率点电压和蓄电池的最大电压，还同时得兼顾效率和成本。因 LED 需要恒流控制，考虑到蓄电池电压的波动范围以及 LED 的工作电压范围，在蓄电池和 LED 之间设置一个直流/直流变换器（LED 驱动电路），设计电路中采用反激式拓扑结构来保证恒流输出。反激式拓扑的效率一般没有升压或者降压电路高，如果要提升系统的效率，可以通过优化蓄电池电压与 LED 电压的关系，采用升压或降压电路，以提升效率并尽可能进一步降低成本。整个控制器的控制是通过一个 MCU 来实现的。

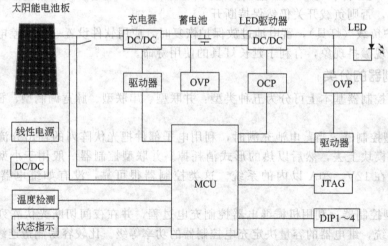

图 13.3 控制器结构方框图

MCU 的主要工作包括以下几点。

① 采用 MPPT 算法来优化太阳能电池组的工作效率。

② 针对蓄电池不同状态采用合适的充电模式。

③ 保证 LED 驱动电路的恒流输出。

④ 判断白天、黑夜，并以此来切换蓄电池充电和放电模式。

⑤ 提供监控保护、温度监测、状态输出和用户控制输入检测（DIP1～DIP4）等功能。
MCU 的选择最主要是满足 ADC、GPIO 和外部中断的需要，不需要单纯追求速度。

控制器辅助电源直接从蓄电池变换而来，蓄电池输入通过线性电源（L78L12）得到12V电源，供给逻辑电路和PWM开关信号放大；12V电源输入至开关电源（U970D）产生3.3V电源，给MCU和周边电路供电。采用开关电源是为了提高转换效率（减少蓄电池耗电）以及在以后扩展系统时可以提供足够负载，当然，为了减少成本，可采用线性电源来实现。

（6）太阳能LED路灯控制器主要功能

太阳能LED路灯控制器的主要功能包括蓄电池充电以及蓄电池给LED供电两个方面。

① 蓄电池充电 当系统检测到环境光线充足，控制器就会进入充电模式。蓄电池充电有两个比较重要的电压值：深度放电电压和浮充充电电压。前者代表在正常使用情况下蓄电池电能被用完的状态，而后者则代表蓄电池充电的最高限制电压，这些参数应该从蓄电池产品手册上可以查到。在设计电路中针对12V蓄电池，分别设置深度放电电压为11V和浮充充电电压为13.8V（皆为在室温条件下的电压值，软件中这两个值增加了相应的温度补偿），具体充电模式见表13.1。

表13.1 蓄电池充电模式

蓄电池电压 U_{BAT}	控制器工作描述
欠压保护值$<U_{BAT}<$11V	涓流充电模式,采用MPPT算法优化太阳能电池输出效率,充电电流最大限制在0.5A
11V$<U_{BAT}<$13.8V	恒流充电模式,采用MPPT算法优化太阳能电池输出效率,充电电流最大限制值取决于太阳能电池最大输出功率
$U_{BAT}>$13.8V	恒压充电模式,确保蓄电池电压稳定在13.8V

从表13.1中可以看到，涓流充电模式和恒流充电模式会用到MPPT算法，MPPT算法有很多种方式可以实现，总的来说各有优劣，设计电路中采用相对简单的扰动观察法来实现。这个控制方法的基本思想是通过增大或者减小充电电路开关信号PWMCHG的占空比，然后观察输出功率是变大还是变小，以此来决定下一步是增大还是减小占空比。由于太阳能电池组的输出变化相对比较缓慢，而且是单极点，所以这种方式能收到比较好的效果。

② 蓄电池给LED供电 当系统检测到周围环境光线不足时，就会进入蓄电池给LED供电模式。LED电流通过高位电流检测芯片（TSC101AILT）采样送回MCU，由MCU通过调整开关信号PWMDRV的占空比来获得恒定输出电流。为了达到节能的目的，LED的恒定电流值会根据系统检测的环境光强度来调整：当环境光由亮变暗时，系统的输出电流也会相应从小到大；当环境光完全暗下来时，系统的输出电流也达到预设的最大值。除了由环境光控制LED的输出外，用户还可以通过设定开关DIP1～DIP4的状态来设置LED灯的开启时间，系统会根据DIP1～DIP4的设定组合来控制LED从亮5min到12h不等。

此外，为了提高系统的可靠性，设计电路添加了针对太阳能电池组、蓄电池和LED等一系列软硬件的保护功能。而基于此系统平台，还可以通过添加智能发光二极管工作模式、增加通信模块进一步优化系统性能。

太阳能LED路灯控制器的硬件设计中应注意以下事项。

a.感应雷保护电路应设计在太阳能电池板引线入口处，保护电路周围4mm内不要布置其他器件。

b.防止太阳能电池组反接用的二极管必须采用快恢复二极管。这种二极管导通内阻小，充电时发热量小，不用散热器也可以连续充电，充电效果好。

c.充电、负载放电电路的印刷线路宽度至少要4～5mm，线路上用搪锡处理以增加过电流能力，大电流导线在一层过渡到另一层时，要放置3～5个过孔。

d.过流、短路保护电路选用的电流取样电阻要综合考虑电流、功率及热稳定性三个因素。电阻增大，则电路效率下降。本系统选用电阻为 0.01Ω，选用过电流能力在 10A 以上的康铜丝作为电流取样电阻来产生取样电压，取样电压不超过 0.2V，故采用运放 LM358 对它进行放大。

e. 器件的布局和 PCB 的布线采用模块化，大电流信号与小电流信号要分离，对放大电路的线路尤其要精心布置。数字地和模拟地分开，注意电源线和地线的布局。

(7) 80C196KB 型单片机构成的充电控制器

该充电控制器框图如图 13.4 所示。它主要由以下几部分组成。

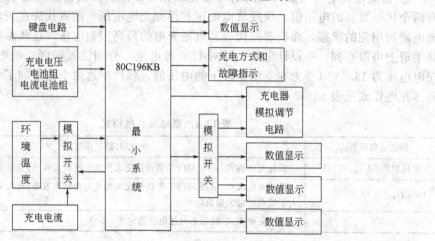

图 13.4　充电控制器框图

① 80C196KB 型单片机最小系统。

② 模拟量检测电路。

③ 键盘电路。

④ 显示电路。

⑤ 执行电路。

80C196KB 型单片机最小系统

该单元是控制器的中心环节，由 74HCT573、地址译码器 74LS138、12MHz 晶体振荡器、通电复位电路等组成，电路原理图如图 13.5 所示。

80C196KB 型单片机使用非常方便，功能强大，有较为丰富的输入、输出口，如具有 4 个模拟量输入通道 ACH0、ACH1、ACH2、ACH3；有 4 路高速输出口，可用来编程输出 PWM 信号，作为模拟量输出使用。采用 HS0.0 实现充电器充电电流、充电电压给定值的设置和调节（80C196KB 型单片机的 P2.5 脚为 PWM 输出，但其控制字为单字节，因而分辨率太低）；用 HS0.0 作 D/A 输出，当采用 12 位分辨率时，速度（最小延时为 $4096\times2\mu s$）较低，但在充电器中，给定量变化次数极少，对速度要求不高，能满足要求；其他输入、输出口用于键盘输入、报警输出、反馈信号的切换等功能。

模拟量检测电路

用于检测充电器输出电压、充电器输出电流、蓄电池组充电电压、蓄电池组充电电流和环境温度等。因 80C196KB 型单片机只有 4 个模拟量输入通道，通过模拟开关（74HCT4053）实现充电器输出电流和环境温度之间的切换。充电器到蓄电池组之间设置一个二极管，因此充电器输出电压和蓄电池组电压并非总是相等，而充电器在为蓄电池充电的同时，还要为一些经常性负载供电，所以，充电器输出电流和蓄电池组充电电流也并非总是相等。电压、电流的检测分别选用 CHV-25 型电压传感器和 LA50-P 型电流传感器。温度的检测采用 AD590 型集成温度

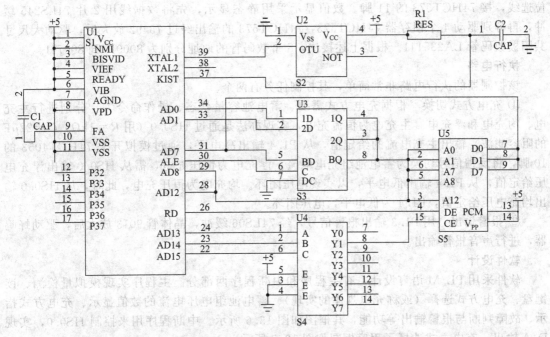

图 13.5 80C196KB 型单片机最小系统电路原理图

传感器，测量简单、准确。

键盘电路

该控制器设有 4 个输入键，分别为主充键、浮充键、均充键和报警屏蔽键。前 3 个键用来进行充电方式的手动改变，故障屏蔽键用来屏蔽本次故障报警（当操作维护人员已经知道故障发生，但还没排除故障时使用）。为提高抗干扰能力，键盘部分要加电容滤波，该 4 个键通过 80C196KB 型单片机的高速输入口 HSI.0、HSI.1、HSI.2、HSI.3 输入 CPU。另外，通过 P0.4 口接高电平或低电平，使 CPU 选择常用充电方式或电力部规定的标准的 GZDW 充电规律。常用充电方式为蓄电池制造厂家提供的、普遍采用的从主充电、均充电到浮充电的充电方式。而 GZDW 充电方式和常用充电方式的区别是，每隔 3 个月要重复一次从主充电、均充电到浮充电的全过程。键盘采用检测法编程，每检测一次延时 10ms，延时采用对主程序自然周期计数的方式实现，以提高程序运行效率，连续 3 次检测到某键被按下，才执行该键处理程序。

显示电路

显示电路由以下几部分组成：

① 充电电压、充电电流数值显示电路；

② 充电方式指示电路；

③ 过电压、过电流、交流电源失电等故障指示电路。

其中，②和③分别使用 HS0.1、HS0.2、HS0.3 和 P1.0、P1.1、P1.2 等输出口，后经 74LS06 缓冲，驱动发光二极管进行状态和故障指示。数值显示共有 8 个数码管单元，组成 2 组三位半数值显示器，由地址译码器 74LS138、反相器 74LS04、数据总线缓冲器 74LS245、锁存器 74HCT573 和数码管专用驱动电路 75492、大尺寸共阳极数码管 LA2351-41 等组成。地址译码器 74LS138 的 1、2、3 脚分别接低位地址线 A0、A1、A2，4 脚接 CPU 的写信号线 WRITE，5 脚接 80C196KB 型单片机最小系统中 D4 的 11 脚，6 脚接高电平，7、9、10、11、12、13、14、15 脚为译码器输出，经反相器 74LS04 作为数码管显示的位选线，接 74HCT573 的 11 脚。数值显示采用静态显示，先将数据线用 2 片 74LS245 缓冲，再分别驱动 4 个锁存器 74HCT573，74HCT573 的输出经过 75492 放大后，驱动大尺寸共阳极数码管 LA235141。根据上述接法，8 个数码管的地址分别为 8000H 到 8007H。

执行电路

该控制器的执行电路非常简单，其控制任务有两个。

① 充电方式切换　根据充电方式需要、蓄电池容量状态、操作命令等，分别进行主充电、均充电和浮充电。主充电为恒流充电，实现办法是通过 HS0.0（用 $R=1k\Omega$，$C=22\mu F$ 的阻容滤波）输出主充电流的给定值，从 P1.4 输出高电平，通过模拟开关 74HCT4053 的 10 脚，将反馈信号切换为蓄电池组充电电流。浮充电为恒压充电，需从 HS0.0 输出浮充电压给定值，从 P1.4 输出低电平，以实现电压闭环。均充电为恒压充电，此时，从 HS0.0 输出均充电压给定值，P1.4 为低电平，电压闭环。

② 报警输出　用 P1.3 输出报警信号，经 74LS06 缓冲，晶体管 9013 放大后，驱动蜂鸣器，进行声音报警输出。

软件设计

软件采用 PL/M 语言设计，有主程序和中断程序两部分。主程序实现模拟量检测、读键盘、充电方式选择（或称充电规律的实现）、蓄电池组电压电流的数值显示、充电方式指示、故障判断与报警输出等功能，其框图如图 13.6 所示。中断程序用来控制 HS0.0，实现 D/A 输出。充电方式选择子程序框图如图 13.7 所示。

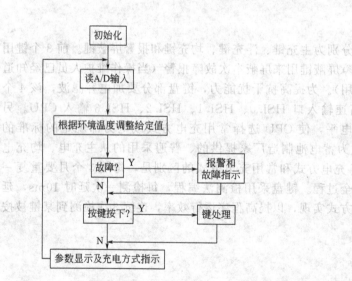

图 13.6　主程序框图

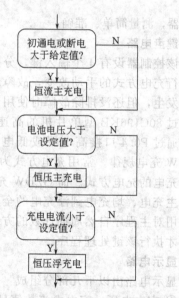

图 13.7　充电方式选择子程序框图

抗干扰设计

作为充电电源的控制电路，必须有很强的抗干扰能力。事实证明，提高系统抗干扰能力，必须从各个方面综合考虑，采取各种有效措施，如合理的电路布局、适当的信号传输方式、适当地设置滤波元件等。在设计印制板，充分考虑布局、走线、滤波等因素后，以使系统具有很强的抗干扰能力。另外，80C196KB 型单片机还具有两个从软件方面来提高系统抗干扰能力的便利条件：

①利用 80C196KB 型单片机的监视定时器 WDT，可非常方便有效地使 CPU 从故障状态恢复运行；

②8096 系列单片机有一条单字节的复位指令 RST，其操作码为 FFH，而程序存储器中

未被使用的单元的内容全是 FFH，因而当系统受到干扰，进入这些区域时，会引起系统复位，从而恢复正常工作。

13.2　EPDC 型太阳能电源双路输出控制器

(1) 主要特点

① 使用了单片机和专用软件，实现了智能控制。

② 利用蓄电池放电率特性修正实现准确放电控制，放电终止电压是由放电率曲线修正的控制点，消除了单纯的电压控制过程的不准确性，符合蓄电池固有的特性，即不同的放电率具有不同的终止电压。

③ 具有过充、过放、短路、过载、防反接保护等。

④ 采用了串联式 PWM 充电主电路，使充电回路的电压损失较使用二极管的充电电路降低近一半，充电效率较非 PWM 高 3%～6%，具有过放恢复的提升充电电压、正常的直充、浮充自动控制功能，使系统有更长的使用寿命，同时具有高精度温度补偿。

⑤ 采用工业级芯片，能在寒冷、高温、潮湿环境运行。同时使用了晶振定时控制，定时控制精确。

⑥ 取消了电位器调整控制设定点，而利用了 Flash 存储器记录各工作控制点，使设置数字化，消除了因电位器振动偏位、温漂等使控制点出现误差而降低准确性、可靠性的因素。

⑦ 采用 LED 实时指示当前蓄电池状态，采用数字 LED 显示及设置，一键式操作即可完成所有设置，使用极其方便、直观。

⑧ 具有两路可分别独立设置定时的输出控制。

(2) 技术指标

EPDC 型太阳能电源双路输出控制器技术指标见表 13.2。

表 13.2　EPDC 型太阳能电源双路输出控制器技术指标

型　号	EPDC5	EPDC10
总额定充电电流	5A	10A
总额定负载电流	5A	10A
系统电压	12V；24V/12V AUTO	
过载、短路保护	1.25 倍额定电流 60s 或 1.5 倍额定电流 5s 时过载保护动作，≥3 倍额定电流短路保护动作	
空载损耗	≤6mA	
充电回路压降	不大于 0.26V	
放电回路压降	不大于 0.15V	
超压保护	17V，×2/24V	
工作温度	工业级：−35～55℃	
提升充电电压	14.6V；×2/24V；(维持时间：10min)(仅当出现过放电时调用)	
直充充电电压	14.4V；×2/24V；(维持时间：10min)	
浮充	13.6V；×2/24V；(维持时间：直至降到充电返回电压时动作)	
充电返回电压	13.2V；×2/24V	
温度补偿	−5mV/℃/2V(提升、直充、浮充、充电返回电压补偿)	
欠压电压	12.0V；×2/24V	
过放电压	11.1V−放电率补偿修正的初始过放电压(空载电压)；×2/24V	
过放返回电压	12.6V；×2/24V	
控制方式	充电为 PWM 脉宽调制	

（3）控制器功能

EPDC 型控制器是专为太阳能直流供电系统、太阳能直流路灯系统设计的，为采用专用微处理器芯片的智能化控制器；采用一键式轻触开关，完成所有操作及设置；具有短路、过载、反接、充满、过放自动关断、恢复等保护功能，实时地显示充电、蓄电池状态、负载及各种故障指示；控制器通过微处理器芯片对蓄电池的端电压、放电电流、环境温度等涉及蓄电池容量的参数进行采样，通过专用控制模型计算，实现符合蓄电池特性的放电率、温度补偿的高精度控制，并采用了高效 PWM 蓄电池的充电模式，保证蓄电池工作在最佳的状态，有效地延长蓄电池的使用寿命；具有多种工作模式、输出模式选择，满足各种应用需要。EPDC 型太阳能电源双路输出控制器框图如图 13.8 所示。

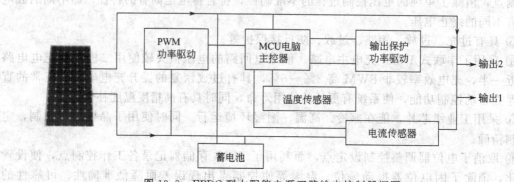

图 13.8　EPDC 型太阳能电源双路输出控制器框图

（4）控制器接线

EPDC 型双路输出控制器面板如图 13.9 所示，在对控制器接线时应使用多股铜芯绝缘导线。先确定导线长度，在保证安装位置的情况下，尽可能减少连线长度，以减少电能损耗。应按照不大于 $4A/mm^2$ 的电流密度选择铜导线截面积。

图 13.9　EPDC 型双路输出控制器面板图

接线时先连接控制器端的蓄电池接线端子，再接蓄电池端，接线时注意＋、一极，不要反接。如果连接正确，控制器面板上的蓄电池指示灯应亮，可按按键来检查，否则，需检查连接对否。如发生反接，不会烧熔断器及损坏控制器任何部件。熔断器只作为控制器本身内部电路短路的最终保护。

连接光电池导线时，先连接控制器端的光电池接线端子，再接太阳能电池端。接线时注意＋、一极，不要反接。如果有阳光，控制器面板上的充电指示灯应亮，否则，需检查连接对否。最后将负载的连线接入控制器上的负载输出端，接线时注意＋、－极，不要反接。

当系统连接正常且有阳光照射到光电池板时，控制器面板上的充电绿色指示灯为常亮，表示系统充电电路正常。当充电绿色指示灯出现快速闪烁时，说明系统过电压。充电过程使用了 PWM 方式。如果发生过放保护动作，在恢复充电时，控制器先要提升充电电压到设定值，并保持 10min，而后降到直充电压，保持 30min，以激活蓄电池，避免硫化结晶，最后降到浮充电压，并保持浮充电压。如果没有发生过放，将不会进入提升充电电压方式，以防蓄电池失水。这些自动控制过程将使蓄电池达到最佳充电效果并保证或延长其使用寿命。

蓄电池电压在正常范围时，状态指示灯为绿色常亮；充满后状态指示灯为绿色慢闪；当电池电压降低到欠压时，状态指示灯变成橙黄色；当蓄电池电压继续降低到过放电压时，状态指示灯变为红色，此时控制器将自动关闭输出。当电池电压恢复到正常工作范围内时，将自动使能输出开关电路导通，状态指示灯变为绿色。

当负载接通时，控制器面板上的负载指示灯常亮。如果负载电流超过了控制器 1.25 倍的额定电流 60s 时，或负载电流超过了控制器 1.5 倍的额定电流 5s 时，指示灯为红色慢闪，表示过载，控制器将关闭输出。当负载或负载侧出现短路故障时，控制器将立即关闭输出，负载指示灯快闪。出现上述现象时，应当仔细检查负载连接情况，断开有故障的负载后，按一次按键，30s 后恢复正常工作，或等到第二天可以正常工作。

(5) 控制器设置

① 设置方法。按下开关设置按钮持续 5s，模式（MODE）显示数字 LED 闪烁，松开按钮，每按一次转换一个数字，直到 LED 显示的数字对上从表 13.3 和表 13.4 中所选用的模式对应的数字即停止按键，等到 LED 数字不闪烁即完成设置。在 6 或 6. 及 7 或 7. 被使用后，两路输出被同步控制，需重新设置 1～5 或 1.～5. 后才可进入两路输出独立控制。每按一下按钮，LED 数字点亮，可观察到设置的值，在 6 或 6. 及 7 或 7. 显示的值从亮到灭不会改变，其他情况下 1～5 或 1.～5. 时，前 3s 指示第一路负载的设置，后 3s 指示第二路负载的设置。

② 纯光控方式。当没有阳光时，光强降到启动点，控制器延时 10min 确认启动信号后，开通负载，负载开始工作；当有阳光时，光强升到启动点，控制器延时 10min，确认关闭输出信号后关闭输出，负载停止工作。

③ 光控＋延时方式。启动过程同前。当负载工作到设定的时间就关闭负载，时间设定见表 13.3 和表 13.4。

表 13.3 控制器工作模式设置 1

负载 1 设置				负载 2 设置			
模式	LED 显示	模式	LED 显示	模式	LED 显示	模式	LED 显示
光控开＋ 光控关	0	光控开＋ 10 小时延时关	4	光控开＋ 光控关	0.	光控开＋ 9 小时延时关	4.
光控开＋ 4 小时延时关	1	光控开＋ 12 小时延时关	5	光控开＋ 3 小时延时关	1.	光控开＋ 11 小时延时关	5.
光控开＋ 6 小时延时关	2	通用控制器 模式	6	光控开＋ 5 小时延时关	2.	通用控制器 模式	6.
光控开＋ 8 小时延时关	3	调试模式	7	光控开＋ 7 小时延时关	3.	调试模式	7.

表 13.4   控制器工作模式设置 2

模式	LED 数码显示		模式	LED 数码显示	
光控开＋光控关	0	0.	光控开＋7 小时延时关	4	4.
光控开＋4 小时延时关	1	1.	光控开＋8 小时延时关	5	5.
光控开＋5 小时延时关	2	2.	通用控制器模式	6	6.
光控开＋6 小时延时关	3	3.	调试模式	7	7.
输出路数	负载 1	负载 2	输出路数	负载 1	负载 2

④ 通用控制器方式。此方式仅取消光控功能、时控功能、输出延时以及相关的功能，保留其他所有功能，作为一般的通用控制器使用。

⑤ 系统调试方式。使用方法与纯光控模式相同，只取消了判断光信号控制输出的 10min 延时，保留其他所有功能。无光信号即接通负载，有光信号即关断负载，方便安装调试时检查系统安装的正确性。

在 LED 数码管显示模式设置值时，如果显示数字不带有小数点，即 0～5 时，对应为负载 1 的设置。如果数字带小数点，即 0.～5.时，对应为负载 2 的设置。6 或 6.均为被设置为通用控制器手动开关模式，7 或 7.均为被设置为纯光控的测试模式。

13.3   EPRC10-ST-MT 型太阳能电源控制器

（1）主要特点

① 使用了单片机和专用软件，采用了基于专家控制系统的专用软件，实现了智能优化 SOC 控制，更先进、更可靠、更高效地保证并延长了系统部件的使用寿命。

② 温度补偿采用了外置温度传感器，较内置温度传感器控制精度更高。

③ 具有过充、过放、短路、过载、反接保护等保护功能。

④ 采用串联式 PWM 充电主电路，使充电回路的电压损失较使用二极管的充电电路降低近一半，充电效率较非 PWM 高 3％～6％，具有过放恢复的提升充电电压，正常的直充、浮充自动控制功能，使系统有更长的使用寿命。

⑤ 采用 LED 显示当前蓄电池状态，使用了数字 LED 显示及设置，一键式操作即可完成所有设置，使用极其方便、直观。

⑥ 采用工业级芯片，能在寒冷、高温、潮湿环境运行。同时使用了晶振定时控制，定时控制精确。

⑦ 具有多级单时段负载时间设定，及多级可独立设置的双时段负载时间设定。

⑧ 双时段设置采用了模糊控制自动识别，并按实际修正黑夜关闭负载的时间段（精确到分钟），保证了负载只在天黑后与天亮前的设定时间段开启。

图 13.10   EPRC10-ST-MT 型控制器面板

（2）技术指标

EPRC10-ST-MT 型太阳能电源控制器技术指标同 EPDC 型。

（3）控制器功能

EPRC10-ST-MT 型控制器功能同 EP-DC 型。

（4）控制器接线

EPRC10-ST-MT 型控制器面板如图 13.10 所示，在对控制器接线时应使用多股铜芯绝缘导线。先确定导线长度，在保证安装位置的情况下，尽可能减少连线长度，以减少电能损耗。应按照不大于 $4A/mm^2$ 的电流密度选择铜导线截面积。

接线时先连接控制器端的蓄电池接线端子，再接蓄电池端，接线时注意＋、－极，不要反接。如果连接正确，控制器面板上的蓄电池指示灯应亮，可按按键来检查，否则，需检查连接对否。如发生反接，不会烧毁熔断器及损坏控制器任何部件。熔断器只作为控制器本身内部电路短路的最终保护。

连接光电池导线时，先连接控制器端的光电池接线端子，再接太阳能电池端。接线时注意＋、－极，不要反接。如果有阳光，控制器面板上的充电指示灯应亮，否则，需检查连接对否。最后将负载的连线接入控制器上的负载输出端。

当系统连接正常且有阳光照射到光电池板时，控制器面板上的充电指示灯为绿色常亮，表示系统充电电路正常；当充电指示灯出现绿色快速闪烁时，说明系统过电压。充电过程使用了 PWM 方式，如果发生过放保护动作，在恢复充电时，控制器先要提升充电电压到设定值，并保持 10min，而后降到直充电压，保持 30min，以激活蓄电池，避免硫化结晶，最后降到浮充电压，并保持浮充电压。如果没有发生过放，将不会进入提升充电电压方式，以防蓄电池失水。这些自动控制过程将使蓄电池达到最佳充电效果并保证或延长其使用寿命。

蓄电池电压在正常范围时，控制器面板上的状态指示灯为绿色常亮；充满后状态指示灯为绿色慢闪；当电池电压降低到欠压时，状态指示灯变成橙黄色；当蓄电池电压继续降低到过放电压时，状态指示灯变为红色，此时控制器将自动关闭输出。当电池电压恢复到正常工作范围内时，将自动使能输出开关导通，状态指示灯变为绿色。

当负载开通时，控制器面板上的负载指示灯常亮。如果负载电流超过了控制器 1.25 倍的额定电流 60s 时，或负载电流超过了控制器 1.5 倍的额定电流 5s 时，指示灯为红色慢闪，表示过载，控制器将关闭输出。当负载或负载侧出现短路故障时，控制器将立即关闭输出，指示灯快闪。出现上述现象时，应当仔细检查负载连接情况。断开有故障的负载后，按一次按键，10s 后恢复正常工作，或等到第二天可以正常工作。在工作模式为通用控制器状态，按一次按键清除过载或短路指示，再次按键恢复输出。

(5) 控制器工作模式设置

① 设置方法。按下开关设置按钮持续 5s，模式（MODE）显示数字 LED 闪烁，松开按钮，每按一次转换一个数字，直到 LED 显示的数字对上与从表 13.5 中所选用的模式对应的数字即停止按键，等到 LED 数字不闪烁即完成设置。每按一次按钮，LED 数字点亮，可观察到设置的值。

表 13.5　控制器工作模式设置

单时段	LED 数码	0	1	2	3	4	5	6	7	8	9
	模式	测试	4/OFF	5/OFF	6/OFF	7/OFF	8/OFF	9/OFF	10/OFF	纯光控	通用
双时段	LED 数码	10	11	12	13	14	15	16	17	18	19
	模式	2/OFF/1	2/OFF/2	2/OFF/3	2/OFF/4	2/OFF/5	3/OFF/1	3/OFF/2	3/OFF/3	3/OFF/4	3/OFF/5
	LED 数码	20	21	22	23	24	25	26	27	28	29
	模式	4/OFF/1	4/OFF/2	4/OFF/3	4/OFF/4	4/OFF/5	5/OFF/1	5/OFF/2	5/OFF/3	5/OFF/4	5/OFF/5
	LED 数码	30	31	32	33	34	35	36	37	38	39
	模式	6/OFF/1	6/OFF/2	6/OFF/3	6/OFF/4	6/OFF/5	7/OFF/1	7/OFF/2	7/OFF/3	7/OFF/4	7/OFF/5

② 纯光控方式。当没有阳光时，光强降到启动点，控制器延时 10min 确认启动信号后，开通负载，负载开始工作；当有阳光时，光强升到启动点，控制器延时 10min 确认关闭输

出信号后关闭输出，负载停止工作。

③ 光控开＋延时关的单时段方式。启动过程同前。当负载工作到设定的时间就关闭负载，时间设定见表13.5。

④ 通用控制器方式。此方式仅取消光控功能、时控功能、输出延时以及相关的功能，保留其他所有功能，作为一般的通用控制器使用。

⑤ 系统调试方式。系统调试方式与纯光控模式相同，只取消了判断光信号控制输出的10min延时，保留其他所有功能。有光信号即接通负载，无光信号即关断负载，方便安装调试时检查系统安装的正确性。

⑥ 光控开＋延时关-开延时＋光控关的双时段方式。工作过程是当天黑时开启负载（光控开），延时到设定的第一段时间后关闭负载，关闭负载后一直到天亮前设定的第二时段再次开启负载，到天亮时又关闭负载（光控关），深夜时则关闭负载以省电。本控制器采用模糊控制自动识别并按实际修正天黑至天亮整个黑夜的时间段，即按夜晚的时间长短自动调整深夜关闭负载的时间段，精确到分钟［为了防止阴天带来的干扰，智能修正天黑至天亮的时间由短至长，每天（次）最多修正20min，由长至短无限制］，保证了负载只在天黑后及天亮前所设定的时间段内开启。

复习思考题

1. 太阳能LED路灯控制器的功能有哪些？

2. 太阳能LED路灯控制器如何分类？

3. 简述太阳能LED路灯控制器工作原理。

4. 简述EPDC型和EPRC10-ST-MT型太阳能电源双路输出控制器的特点和功能。

第 14 章

太阳能LED路灯具体设计

14.1 太阳能 LED 路灯光伏系统设计

14.1.1 太阳能 LED 路灯设计的要点

(1) 太阳能 LED 路灯系统

太阳能 LED 路灯就是利用太阳能作为能源，半导体 LED 作为发光源，路灯的开启与关闭采用智能化管理的全新环保、绿色照明。太阳能 LED 路灯的设计与一般的太阳能照明相比，基本原理相同，但是需要考虑的环节更多。完整的太阳能 LED 照明系统主要由以下五部分构成。

① 太阳能电池板。太阳能电池板是在有阳光时用来产生电能的，发电功率要根据照明用电的功率和照明时间来计算。

② 蓄电池。蓄电池的作用是把有阳光时太阳能电池产生的电存储起来，供没有阳光时使用。蓄电池的容量要根据太阳能电池板的功率和 LED 灯的功率以及照明时间来决定。

③ 太阳能充电控制器。太阳能充电控制器的功能是在阳光充足、光照时间长时控制充电程度，电池充满即停止充电，不使蓄电池过充损坏，以保护蓄电池，延长其使用寿命。

④ LED 驱动器。这是系统的核心控制电路。它的功能有三个：

- 完成 LED 的恒流驱动控制，使流过 LED 的电流不随蓄电池的电压变化；
- 具有光控功能，天亮时自动关灯，天黑时自动开灯；
- 低电压保护，当电池电压下降到 10.8V 时输出关闭，以免过放电损坏蓄电池。

⑤ LED 照明灯。LED 照明灯具有光效高、寿命长等优点，目前，用于路灯的 LED 光源是由多只 LED 组合而成的模组结构。

(2) 太阳能 LED 路灯设计所需的数据

太阳能 LED 路灯的设计思路也可依据一般的太阳能发电系统，先确定太阳能电池组件的功率，然后计算蓄电池的容量。但太阳能 LED 路灯又有其特殊性，需要确保系统工作的稳定与可靠，所以在设计时需要特别注意。

① 太阳能供电系统的使用地区、该地日光辐射情况，以及太阳能 LED 路灯使用地的经度与纬度。了解并掌握使用地的气象资源，比如月（年）平均太阳能辐照情况、平均气温、风雨等资料，根据这些条件可以确定当地的太阳能标准峰值时数（h）和太阳能电池组件的倾斜角（°）与方位角（°）。

② 太阳能 LED 路灯所选光源的功率（W）。光源功率的大小直接影响着整个系统的参数。

③ 太阳能 LED 路灯每天晚上工作的时间（h）。这是决定太阳能 LED 路灯系统中组件大小的核心参数，通过确定工作时间，可以初步计算负载每天的功耗和与之相应的太阳能电池组件的充电电流。

④ 太阳能 LED 路灯使用地的连续阴雨天数（d）。这个参数决定了蓄电池容量的大小及阴雨天过后恢复电池容量所需要的太阳能电池组件功率。确定两个连续阴雨天之间的间隔天数（d），这是决定系统在一个连续阴雨天过后充满蓄电池所需要的电池组件功率的重要参数。

（3）影响设计的主要因素

① 太阳照在地面太阳能电池方阵上的辐射光的光谱、光强受到大气层厚度（即大气质量）、地理位置、所在地的气候和气象、地形地物等的影响，其能量在一日、一月和一年内都有很大的变化，甚至各年之间的每年总辐射量也有较大的差别。

② 太阳能电池方阵的光电转换效率，受到电池本身的温度、太阳光强和蓄电池浮充电压的影响，而这三者在一天内都会发生变化，所以太阳能电池方阵的光电转换效率也是变量。

③ 蓄电池组工作在浮充电状态下，其电压随方阵发电量和负载用电量的变化而变化。蓄电池提供的能量还受环境温度的影响。

④ 太阳能电池充放电控制器由电子元器件组成，它本身也需要耗能，而使用的元器件的性能、质量等也关系到耗能的大小，从而影响到充电的效率等。

⑤ 负载的用电情况视用途而定，如照明时间、照明灯具功率、效率及照明布置等。

因此，太阳能 LED 路灯系统的设计需要考虑的因素多而复杂。特点是所用的数据大多为以前统计的数据，各统计数据的测量以及数据的选择极为重要。

设计的任务是在太阳能电池方阵所处的环境条件下（即现场的地理位置、太阳辐射能、气候、气象、地形和地物等），设计的太阳能电池方阵及蓄电池电源系统既要讲究经济效益，又要保证系统的高可靠性。

地球上各地区受太阳光照射及辐射能变化的周期为 24h，处在某一地区的太阳能电池方阵的发电量也在 24h 内周期性地变化，其规律与太阳照在该地区辐射的变化规律相同。但是天气的变化会影响方阵的发电量。如果有几天连续阴雨天，方阵就几乎不能发电，只能靠蓄电池来供电，而蓄电池深度放电后又需尽快地将其补充。设计中多数以气象台提供的太阳每天总的辐射能量或每年的日照时数的平均值作为设计的主要数据。由于一个地区各年的数据不相同，为可靠起见，应取近十年内的最小数据。根据负载的耗电情况，在日照和无日照时，均需用蓄电池供电。气象台提供的太阳能总辐射量或总日照时数，对决定蓄电池的容量大小是不可缺少的数据。

对太阳能电池方阵而言，负载应包括系统中所有耗电装置（除用电器外还有蓄电池及线路、控制器等）的耗量。方阵的输出功率与组件串并联的数量有关，串联是为了获得所需要的工作电压，并联是为了获得所需要的工作电流，适当数量的组件经过串并联即组成所需要的太阳能电池方阵。

14.1.2　太阳能电池方阵设计

（1）全国各大城市标准日照时数

全国各大城市标准日照时数见表 14.1。

表 14.1 全国各大城市标准日照时数

城市	纬度/(°)	斜面日均辐射量/rad	日辐射量/rad	最佳倾角/(°)
哈尔滨	45.68	15838	12703	$\varphi+3$
长春	43.90	17127	13572	$\varphi+1$
沈阳	41.77	16563	13793	$\varphi+1$
北京	39.80	18035	15261	$\varphi+4$
天津	39.10	16722	14356	$\varphi+5$
呼和浩特	40.78	20075	16574	$\varphi+3$
太原	37.78	17394	15061	$\varphi+5$
乌鲁木齐	43.78	6594	14464	$\varphi+12$
西宁	36.75	19617	16777	$\varphi+1$
兰州	36.05	15842	14966	$\varphi+8$
银川	38.48	19615	16553	$\varphi+2$
西安	34.30	12952	12781	$\varphi+14$
上海	31.17	13691	12760	$\varphi+3$
南京	32.00	14207	13099	$\varphi+5$
合肥	31.85	13299	12525	$\varphi+9$
杭州	30.23	12372	11668	$\varphi+3$
南昌	28.67	13714	13094	$\varphi+2$
福州	26.08	12451	12001	$\varphi+4$
济南	36.68	15994	14043	$\varphi+6$
郑州	34.72	14558	13332	$\varphi+7$
武汉	30.63	13707	13201	$\varphi+7$
长沙	28.20	11589	11377	$\varphi+6$
广州	23.13	12702	12110	$\varphi+0$
海口	20.03	13510	13835	$\varphi+12$
南宁	22.82	12734	12515	$\varphi+5$
成都	30.67	10304	10392	$\varphi+2$
贵阳	26.58	10235	10327	$\varphi+8$
昆明	25.02	15333	14194	$\varphi+0$
拉萨	29.70	24151	21301	$\varphi+6$

(2) 太阳能光照时间对照表

很多非太阳能光电专业人士在计算太阳能电池的工作时间时，总是把日照时间看做每天有太阳光的时间，选择计算时间为8h左右。其实不然，这样会给整个光伏系统造成不稳定的因素。其实根据不同地区的光照条件，要分别区分太阳能电池的有效工作时间，可以根据表14.2计算。

表 14.2 太阳能光照时间对照表

地区分类	年光辐照量/(kW/m²)	平均峰值时间/h
丰富地区	>586	5.10～5.42
比较丰富地区	502～586	4.46～4.78
可以利用地区	419～502	3.82～4.14
贫乏地区	<419	3.19～3.50

只有根据这些参数才能准确计算各地区的光照时间，并准确计算太阳能光伏系统所用的太阳能电池板的大小和可靠系数。

（3）太阳能光伏系统设计

太阳能光伏系统设计需要的基本数据如下。

① 确定所有负载的功率及连续工作的时间。

② 确定地理位置：经度、纬度及海拔高度。

③ 确定安装地点的气象资料：年（或月）太阳辐射总量或年（或月）平均日照时数、年平均气温和极端气温、最长连续阴雨天数、最大风速及冰雹等特殊气候资料。

太阳能电池输出功率 W_P 是标准太阳光照条件下，即欧洲委员会定义的 101 号标准，在辐射强度 $1000W/m^2$，大气质量 AM1.5，电池温度 25℃ 条件下，太阳能电池的输出功率。这个条件大约和平时晴天中午前后的太阳光照条件差不多（在长江下游地区只能接近这个数值），这就是说，太阳能电池的输出功率是随机的，在不同时间、不同地点，同样一块太阳能电池的输出功率是不同的。

太阳能灯具的设计与灯具的使用地区有关，太阳能电池组件额定输出功率和灯具输入功率之间的关系在华东地区大约是（2～4）：1，具体比例要根据太阳能灯具每天工作时间以及对连续阴雨天照明要求决定。

太阳能光伏系统设计方法如下。

a. 确定负载功耗：

$$W=\sum Ih \tag{14.1}$$

式中，I 为负载电流；h 为负载工作时间。

b. 确定蓄电池容量：

$$C=Wd\times 1.3 \tag{14.2}$$

式中，d 为连续阴雨天数；C 为蓄电池标称容量（10h 放电率）。

$$C=(10\sim 20)\times C_r/(1-d) \tag{14.3}$$

c. 确定方阵倾角：推荐方阵的倾角与纬度的关系见表 14.3。

表 14.3　方阵的倾角与纬度的关系

当地纬度 φ	0°～15°	15°～20°	25°～30°	30°～35°	35°～40°	＞40°
方阵倾角 β	15°	φ	$\varphi+5°$	$\varphi+10°$	$\varphi+15$	$\varphi+20$

d. 计算方阵倾角 β 下的辐射量：

$$S_\beta=S\sin(\alpha+\beta)/\sin\alpha$$

式中，S_β 为 β 倾角方阵太阳直接辐射分量；α 为中午时太阳高度角，$\alpha=90°-\varphi\pm\delta$，$\varphi$ 为纬度，δ 为太阳纬度角（北半球取＋号），$\delta=23.45°\sin[(284°+n)\times 360/365]$，$n$ 为从一年开头算起第 n 天的纬度；S 为水平面太阳直接辐射量（查阅气象资料）。

$$R_\beta=S\sin(\alpha+\beta)/\sin\alpha+D \tag{14.4}$$

式中，R_β 为 β 倾角方阵面上的太阳总辐射量；D 为散射辐射量（查阅气象资料）。

e. 计算方阵电流：

$$I_{min}=W/(T_m\eta_1\eta_2) \tag{14.5}$$

$$I_{max}=W/(T_{min}\eta_1\eta_2) \tag{14.6}$$

式中，I_{min} 为方阵最小输出电流；I_{max} 为方阵最大输出电流；T_m 为平均峰值日照时数；T_{min} 为太阳能电池最低工作温度；η_1 为蓄电池充电效率；η_2 为方阵表面灰尘遮散损失。

f. 确定方阵电压：

$$U = U_f + U_d \qquad (14.7)$$

式中，U_f 为蓄电池浮充电压（25℃）；U_d 为线路电压损耗。

g. 确定方阵功率：

$$P = I_m U / [1 - \alpha(T_{max} - 25)] \qquad (14.8)$$

式中，取 $\alpha = 0.5\%$；T_{max} 为太阳能电池最高工作温度；I_m 为方阵最大输出电流。

根据蓄电池容量、充电电压、环境极限温度、太阳能电池方阵电压及功率要求，选取适合的太阳能电池组件。

14.1.3 太阳能电池方阵设计中必须注意的问题

太阳能电池方阵设计中主要关心的问题是太阳能电池的外特性，首先，对于单片太阳能电池来说，它是一个 PN 结，除了当太阳光照射在上面时，它能够产生电能外，它还具有 PN 结的一切特性。在标准光照条件下，它的额定输出电压为 0.48V。在太阳能照明灯具中使用的太阳能电池组件，都是由多片太阳能电池组合连接构成的。它具有负温度系数，对于多片太阳能电池组成的太阳能电池组件，温度每上升 1℃，电压下降 2mV。

(1) 太阳能电池方阵方位角与倾斜角

为了让太阳能电池组件在一年中接收到的太阳辐射能尽可能地多，要为太阳能电池组件选择一个最佳的方位角与倾斜角。

① 方位角　太阳能电池方阵的方位角是方阵的垂直面与正南方向的夹角（向东偏设定为负角度，向西偏设定为正角度）。一般情况下，方阵朝向正南（即方阵垂直面与正南的夹角为 0°）时，太阳能电池发电量是最大的。在偏离正南（北半球）30°时，方阵的发电量将减少 10%～15%；在偏离正南（北半球）60°时，方阵的发电量将减少 20%～30%。但是，在晴朗的夏天，太阳辐射能量的最大时刻是在中午稍后，因此方阵的方位稍微向西偏一些时，在午后时刻可获得最大发电功率。

在不同的季节，各个方位的日辐射量峰值产生时刻是不一样的。太阳能电池方阵的方位稍微向东或向西一些都有获得发电量最大的时候。方阵设置场所受到许多条件的制约，如果要将方位角调整到在一天中负荷的峰值时刻与发电峰值时刻一致时，可参考下述的公式：

$$\text{方位角} = [\text{一天中负荷的峰值时刻（24 小时制）} - 12] \times 15 + （\text{经度} - 116） \qquad (14.9)$$

② 倾斜角　倾斜角是太阳能电池方阵平面与水平地面的夹角，并希望此夹角是方阵一年中发电量为最大时的最佳倾斜角度。一年中的最佳倾斜角与当地的地理纬度有关，当纬度较高时，相应的倾斜角也大。但是，和方位角一样，在设计中也要考虑到屋顶的倾斜角及积雪滑落的倾斜角（斜率大于 50%～60%）等方面的限制条件。对于积雪滑落的倾斜角，即使在积雪期发电量少而年总发电量也存在增加的情况，对于正南（方位角为 0°），倾斜角从水平（倾斜角为 0°）开始逐渐向最佳的倾斜角过渡时，其日辐射量不断增加直到最大值，然后再增加倾斜角，其日辐射量不断减少。特别是在倾斜角大于 50°～60°以后，日辐射量急剧下降，直至到最后的垂直放置时，发电量下降到最小。方阵从垂直放置到 10°～20°的倾斜放置都有实际的例子。对于方位角不为 0°的情况，斜面日辐射量的值普遍偏低，最大日辐射量的值在与水平面接近的倾斜角度附近。

以上所述为方位角、倾斜角与发电量之间的关系，对于具体设计某一个方阵的方位角和倾斜角，还应综合地进一步同实际情况结合起来考虑。

(2) 太阳能电池组件的优化选择

太阳能电池组件的日输出与太阳能电池组件中电池片的串联数量有关，太阳能电池在光照下的电压会随着温度的升高而降低，从而导致太阳能电池组件的电压会随着温度的升高而降低。根据这一物理现象，太阳能电池组件生产商根据太阳能电池组件工作的不同气候条件，设计了不同的组件：36 片串联组件与 33 片串联组件。36 片太阳能电池组件主要适用于高温环境应用，36 片太阳能电池组件的串联设计使得太阳能电池组件即使在高温环境下也可以在附近工作。通常，使用的蓄电池系统电压为 12V，36 片串联就意味着在标准条件（25℃）下太阳能电池组件的 U_{mp} 为 17V，大大高于充电所需的 12V 电压。当这些太阳能电池组件在高温下工作时，由于高温太阳能电池组件的损失电压约为 2V，这样 U_{mp} 为 15V，即使在最热的气候条件下也足够可以给各种类型的蓄电池充电。采用 36 片串联的太阳能电池组件最好应用在炎热地区，也可以使用在安装了峰值功率跟踪设备的系统中，这样可以最大限度地发挥太阳能电池组件的潜力。

33 片串联的太阳能电池组件适宜于在温和气候环境下使用，33 片串联在标准条件（25℃）下的太阳能电池组件的 U_{mp} 为 16V，稍高于充电所需的 12V 电压。当这些太阳能电池组件在 40～45℃ 下工作时，由于高温导致太阳能电池组件损失电压约为 1V，这样 U_{mp} 为 15V，也足够可以给各种类型的蓄电池充电。但如果在非常热的气候条件下工作，太阳能电池组件电压就会降低更多。如果到 50℃ 或者更高，电压会降低到 14V 或者以下，就会发生电流输出降低现象。这样对太阳能电池组件没有害处，但是产生的电流就不够理想，所以 33 片串联的太阳能电池组件最好用在温和气候条件下。

（3）太阳能电池组件的输出估算

因为太阳能电池组件的输出是在标准状态下标定的，但在实际使用中，日照条件以及太阳能电池组件的环境条件是不可能与标准状态完全相同的，因此有必要找出一种可以利用太阳能电池组件额定输出和气象数据来估算实际情况下太阳能电池组件的输出，可以使用峰值小时数的方法估算太阳能电池组件的日输出。该方法是将实际的倾斜面上的太阳辐射转换等同的利用标准太阳辐射 $1000 \mathrm{W/m^2}$ 照射的时间。将该时间乘以太阳能电池组件的峰值输出，就可以估算出太阳能电池组件每天输出的容量。

为了计算太阳能电池组件每天产生的容量，可以使用峰值×太阳能电池组件的 I_{mp}。例如，假设在某个地区倾角为 30° 的斜面上按月平均每天的辐射量为 $5.0 \mathrm{kW \cdot h/m^2}$，可以将其写成 $5 \mathrm{h} \times 1000 \mathrm{W/m^2}$。对于一个典型的 75W 太阳能电池组件，$I_{mp}$ 为 4.4A，就可得出每天发电的容量为 $5.0 \mathrm{h} \times 4.4 \mathrm{A} = 22.0 \mathrm{A \cdot h}$。

使用峰值小时方法存在一些缺点，因为在峰值小时方法中做了一些简化，导致估算结果和实际情况有一定的偏差。首先，太阳能电池组件输出的温度效应在该方法中被忽略。在计算中对太阳能电池组件的 I_{mp} 要进行补偿。因为在工作时，蓄电池两端的电压通常是稍微低于 U_{mp}，这样太阳能电池组件输出电流就会稍微高于 I_{mp}，使用 I_{mp} 作为太阳能电池组件的输出就会比较保守。温度效应对于由较少的电池片串联的太阳能电池组件输出的影响就比对由较多的电池片串联的太阳能电池组件的输出影响要大。所以峰值小时方法对于 36 片串联的太阳能电池组件比较准确，对于 33 片串联的太阳能电池组件则较差，特别是在高温环境下。对于所有的太阳能电池组件，在寒冷气候的预计会更加准确。其次，在峰值小时方法中，利用了气象数据中测量的总的太阳辐射，将其转换为峰值小时。实际上，在每天的清晨和黄昏，有一段时间因为辐射很低，太阳能电池组件产生的电压太小而无法供给负载使用或者给蓄电池充电，这将会导致估算偏大。通常，这一点造成的误差不是很大，但对于由较少电池片串联的太阳能电池组件的影响比较大。

在利用峰值小时方法进行太阳能电池组件输出估算时默认了一个假设，即假设太阳能电池组件的输出和光照完全呈线性关系，并假设所有的太阳能电池组件都会同样地把太阳辐射转化为电能。但实际上不是这样的，这种使用峰值小时数乘以电流峰值的方法有时会过高地估算某些太阳能电池组件的输出。不过，总的来说，在已知本地倾斜斜面上太阳能辐射数据的情况下，峰值小时估计方法是一种对太阳能电池组件输出进行快速估算很有效的方法。

(4) 太阳能电池封装形式的选择

目前太阳能电池的封装形式主要有层压和滴胶两种。层压工艺可以保证太阳能电池工作寿命在 25 年以上，滴胶虽然当时美观，但是太阳能电池工作寿命仅 1～2 年。另外，有一种硅凝胶用于滴胶封装太阳能电池，其工作寿命可以达到 10 年。

为了美观，许多的太阳能灯具工厂将太阳能电池水平放置，在这种情况下，太阳能电池的输出功率将减少 15％～20％，如果再在太阳能电池上面增加一个装饰性外罩，太阳能电池的输出功率又将减少 5％左右。在长江下游太阳能电池的最理想倾斜角度是 40°左右，方向为正南方。

(5) 太阳能电池的热岛效应

单片太阳能电池一般是不能使用的，实际应用的太阳能电池组件由多片太阳能电池组合而成，用以达到期望的电压值。太阳能电池组件在使用过程中，如果有一片太阳能电池单独被遮挡，例如树叶、鸟粪等，单独被遮挡的太阳能电池在强烈阳光照射下就会发热损坏，于是整个太阳能电池组件损坏。这就是所谓热岛效应。为了防止热岛效应，一般是将太阳能电池倾斜放置，使树叶等不能附着，同时在太阳能电池组件上安装防鸟针。

(6) 阴影对太阳能电池方阵的影响

一般情况下，在计算太阳能电池发电量时，是在方阵面完全没有阴影的前提下得到的。因此，如果太阳能电池不能被日光直接照到，只有散射光用来发电，此时的发电量比无阴影的要减少 10％～20％。针对这种情况，要对理论计算值进行校正。通常，在方阵周围有建筑物及山峰等物体时，太阳出来后，建筑物及山的周围会存在阴影，因此在选择敷设方阵的地方应尽量避开阴影。如果实在无法躲开，也应从太阳能电池的接线方法上进行解决，使阴影对发电量的影响降低到最低程度。另外，如果方阵是前后放置的，后面的方阵与前面的方阵之间距离接近后，前边方阵的阴影会对后边方阵的发电量产生影响。如有一个高为 L_1 的竹竿，其南北方向的阴影长度为 L_2，太阳高度（仰角）为 A，在方位角为 B 时，假设阴影的倍率为 R，则：

$$R = L_2/L_1 = \cot A \cos B \tag{14.10}$$

上式应按冬至那一天进行计算，因为那一天的阴影最长。例如方阵的上边缘的高度为 h_1，下边缘的高度为 h_2，则方阵之间的距离为：

$$a = (h_1 - h_2)R \tag{14.11}$$

当纬度较高时，方阵之间的距离应加大，相应的设置场所的面积也会增加。对于有防积雪措施的方阵来说，其倾斜角度大，因此使方阵的高度增大，为避免阴影的影响，相应地也会使方阵之间的距离加大。通常在排布方阵阵列时，应分别选取每一个方阵的构造尺寸，将其高度调整到合适值，从而利用其高度差使方阵之间的距离调整到最小。具体的太阳能电池方阵设计，在合理确定方位角与倾斜角的同时，还应进行全面的考虑，才能使方阵达到最佳状态。

(7) 季节变化对太阳能电池方阵的影响

对于全年负载不变的情况，太阳能电池组件的设计计算是基于辐照最低的月份。如果负载的工作情况是变化的，即每个月份的负载对电力的需求是不一样的，那么在设计时采取的最好方法就是按照不同的季节或每个月份分别来进行计算，计算出最大太阳能电池组件数目。通常在夏季、春季和秋季，太阳能电池组件的电能输出相对较多，而冬季相对较少，但是负载的需求也可能在夏季比较大，所以在这种情况下只是用年平均或某一个月份进行设计计算是不准确的，因为为了满足每个月份负载需求而需要的太阳能电池组件数是不同的，那么就必须按照每个月所需要的负载算出该月所必需的太阳能电池组件。其中的最大值就是一年中所需要的太阳能电池组件数目。例如，可能计算出在冬季需要的太阳能电池组件数是10块，但是在夏季可能只需要5块，但是为了保证系统全年的正常运行，就不得不安装较大数量的太阳能电池组件，即10块组件来满足全年的负载的需要。

14.1.4   蓄电池组容量设计

太阳能光伏系统采用的储能装置是蓄电池，与太阳能电池方阵配套的蓄电池通常工作在浮充状态下，其电压随方阵发电量和负载用电量的变化而变化。它的容量比负载所需的电量大得多。蓄电池提供的能量还受环境温度的影响。为了与太阳能电池匹配，要求蓄电池工作寿命长且维护简单。太阳能照明系统必须配备蓄电池才能工作，这是因为：

① 太阳能电池只能在白天进行光电转化工作，电能在夜晚才能用于照明，因此必须储备在蓄电池内，储备的容量要足够当地连续几个阴天的照明需要；

② 太阳能电池板的输出能量极不稳定，配备蓄电池后，太阳能灯才能正常工作。

太阳能电池和蓄电池容量的组合，即在保证路灯负载可靠性需要的前提下，确定使用最少的太阳能电池组件和蓄电池容量，以最优化设计达到可靠性和经济性的最佳结合。对于可靠性，国内外大多采用负载缺电率（LOLP）来衡量。其定义为系统停电与实际所需要用电时间的比值。LOLP值在0～1，数值越小，可靠性越高。

能够和太阳能电池配套使用的蓄电池种类很多，目前广泛采用的有铅酸免维护蓄电池、普通铅酸蓄电池和碱性镍镉蓄电池三种。国内目前主要使用铅酸免维护蓄电池，因为其固有的免维护特性及对环境较少污染的特点，很适合用于性能可靠的太阳能光伏系统。

（1）太阳能电池与蓄电池及负载的匹配

若一天要把 $12V/40A \cdot h$ 的蓄电池充满，可选用电压为 $15 \sim 18V$，电流为 4A 的太阳能电池板，或选取电流为 1A 的电池板 4 块并联使用。如果要求两天将蓄电池充满，那么，太阳能电池板选 2A 的电流即可。充电时，太阳能电池的电压要高于蓄电池电压 $20\% \sim 30\%$。

如 $12V/10A \cdot h$ 的蓄电池充满电后，可供 $12V/10W$ 的灯工作 8h。10W 灯的工作电流为 $I=P/U=10/12=0.8A$。蓄电池按 10h 放电率计算，正常放电电流为 1A，考虑到效率问题，灯可以正常工作 $8 \sim 10h$。如用 40W 灯，电流为 $40/12=3.3A$，那就只能工作 $2 \sim 3h$。或这样计算，10W 的太阳能电池给蓄电池充电，供 10W 的灯来用电，按理想状态来讲，充电 10h 就能用电 10h，而实际上是达不到的，只能用 $7 \sim 8h$。如果用 40W 灯照明，那就只能用 2h。

（2）蓄电池组容量的计算

蓄电池的容量对保证连续供电是很重要的，在一年内，太阳能电池方阵发电量各月份有很大差别。方阵的发电量在不能满足用电需要的月份时，要靠蓄电池的电能给以补足，在超过用电需要的月份时，是靠蓄电池将多余的电能储存起来，所以方阵发电量的不足和过剩值是确定蓄电池容量的依据之一。同样，连续阴雨天期间的负载用电也必须从蓄电池取得。所以，这期间的耗电量也是确定蓄电池容量的因素之一。蓄电池的容量由下列因素决定。

① 蓄电池单独工作天数。在特殊气候条件下，蓄电池充放电达到蓄电池所剩容量占正常额定容量的 20%。

② 蓄电池每天放电量。对于日负载稳定且要求不高的场合，日放电周期深度可限制在蓄电池所剩容量占额定容量的 80%。

③ 蓄电池要有足够的容量，以保证不会因过充电造成失水。一般在选蓄电池容量时，只要蓄电池容量大于太阳能电池组件峰值电流的25倍，则蓄电池在充电时就不会造成失水。

④ 蓄电池自放电率。随着蓄电池使用时间的增长及电池温度的升高，自放电率会增加。对于新的电池，自放电率通常小于容量的5%，但对于旧的质量不好的电池，自放电率可增至每月10%~15%。

蓄电池容量可按以下公式计算：

$$B_C = (P_1 \times 24 \times N_1)/(K_b U) \tag{14.12}$$

式中，P_1 为日平均耗电量；N_1 为最长连续阴雨天数；K_b 为安全系数；U 为工作电压。

$$B_C = A Q_1 N_1 T_0/C_c \tag{14.13}$$

式中，A 为安全系数，取1.1~1.4；Q_1 为日耗电量，即工作电流乘以日工作时间(h)；N_1 为最长连续阴雨天数；T_0 为温度系数，一般在0℃以上取1，−10℃以上取1.1，−10℃以下取1.2；C_c 为放电深度，一般铅酸蓄电池取0.75。

$$B_C = Q_1(N_1 + 1) \tag{14.14}$$

式中，Q_1 为日耗电量；N_1 为最长连续阴雨天数。

式(14.13)一般用于光伏电站的计算，式(14.14)一般是估算，式(14.12)一般用于24h工作的负载上。比如1000W的系统，每天用10h，连续阴天为3天，太阳能电池用12V/100W的，其电池组件的容量就是 1000/12×10×3/0.5（蓄电池余量系数）＝5000A·h。

式(14.12)和式(14.13)实质上是一样的，只是表达方式不同：第一个算出来的蓄电池单位为A·h，第二个算出来的蓄电池容量单位为W·h，第二个日平均耗电量（准确说应该是平均功率）单位为W，第一个为W·h，安全系数 K_b 包括了温度修正系数 T_0 与放电深度 C_c 的修正系数。

14.1.5 控制器选择及太阳能电池组件支架的抗风设计

(1) 控制器选择

控制器是整个路灯系统中充当管理的关键部件，它的最大功能是对蓄电池进行全面的管理，好的控制器应当根据蓄电池的特性，设定各个关键参数点，比如蓄电池的过充点、过放点、恢复连接点等。在选择路灯控制器时，特别需要注意控制器恢复连接点参数，由于蓄电池有电压自恢复特性，当蓄电池处于过放电状态时，控制器切断负载，随后蓄电池电压恢复，如果控制器各参数点设置不当，则可能出现灯闪烁不定，缩短蓄电池和光源的寿命。

太阳能充放电控制器基本功能必须具备过充保护、过放保护、光控、时控与防反接等功能。蓄电池防过充、过放保护，是当蓄电池电压达到保护设定值后就改变电路的状态。在选用器件上，目前有采用微处理器的，也有采用比较器的，方案较多，各有特点和优点，应该根据需求特点选定相应的方案。

无论太阳能灯具大小，一个性能良好的充电放电控制器是必不可少的。为了延长蓄电池的使用寿命，必须对它的充电放电条件加以限制，防止蓄电池过充电及深度充电。在温差较大的地方，控制器还应具备温度补偿功能。同时太阳能控制器应有路灯控制功能，具有光控、时控功能，并应具有夜间自动切控负载功能，便于阴雨天延长路灯工作时间。

① 太阳能灯具中蓄电池的充放电控制。由于太阳能光伏系统的输出极不稳定，太阳能路灯系统中对蓄电池充电的控制要比普通蓄电池充电的控制复杂些。对于太阳能灯具的设计来说，成功与失败往往就取决于充放电控制电路的设计，没有一个性能良好的充放电控制电

路，就不可能有一个性能良好的太阳能灯具。

② 太阳能灯具中蓄电池的防反充电控制。防止反充电功能的实现方法是在太阳能电池回路中串联一个二极管，这个二极管应该使用肖特基二极管，肖特基二极管的压降比普通二极管低。另外，还可以用场效应晶体管实现防止反充电功能，它的管压降比肖特基二极管更低，只是控制电路要比前面复杂一些。

③ 太阳能灯具中蓄电池的防过充电控制。防止过充电功能的实现方法是在输入回路中串联或者并联一个泄放晶体管，电压鉴别电路控制晶体管的开关，将多余的太阳能电池能量通过晶体管泄放，保证没有过高的电压给蓄电池充电。关键是防止过充电压的选择，单节铅酸蓄电池为 2.2V。

④ 太阳能灯具中蓄电池的防过放电控制。蓄电池过放电功能的实现方法是设置放电截止电压，因太阳能电池系统一般相对蓄电池是小倍率放电，所以放电截止电压不宜过低。

⑤ 太阳能灯具中蓄电池的温度补偿。蓄电池电压控制点是随着环境温度而变化的，所以太阳能路灯系统应该有一个受温度控制的基准电压。对于单节铅酸蓄电池是 $-7 \sim -3 \text{mV}/℃$。通常选用 $-4 \text{mV}/℃$。

（2）太阳能电池组件支架抗风设计

在太阳能路灯系统的结构设计中，一个需要非常重视的问题就是抗风设计。

依据太阳能电池组件厂家的技术参数资料，太阳能电池组件可以承受的迎风压强为 2700Pa。若抗风系数选定为 27m/s（相当于十级台风），根据非黏性流体力学，太阳能电池组件承受的风压只有 365Pa。所以，组件本身是完全可以承受 27m/s 的风速而不至于损坏的。所以，设计中关键要考虑的是太阳能电池组件支架与灯杆的连接。在设计中太阳能电池组件支架与灯杆的连接设计使用螺栓杆固定连接。

14.1.6 太阳能路灯系统设计实例及典型配置

（1）太阳能路灯系统设计实例1

负载输入电压 24V，功耗 34.5W，每天工作时数 8.5h，保证连续阴雨天数 7 天。西北地区某地 20 年年均辐射量 107.7kcal/cm² （1cal=4.18J），经简单计算此地区峰值日照时数约为 3.424h。两个连续阴雨天数之间的设计最短天数为 20 天。

$$负载日耗电量 = (34.5/24) \times 8.5 \approx 12.2 \text{A·h}$$

$$所需太阳能组件的总充电电流 = \frac{1.05 \times 12.2 \times \left(\frac{20+7}{20}\right)}{3.424 \times 0.85} \approx 5.9\text{A}$$

式中，1.05 为太阳能电池组件系统综合损失系数；0.85 为蓄电池充电效率。

$$太阳能组件的最少总功率数 = 17.2 \times 5.9 \approx 102\text{W}$$

太阳能电池组件的最佳工作电压为 17.2V，选用单块峰值输出功率为 55W_P 的标准电池组件两块串联，可以保证路灯系统在一年大多数情况下正常运行。

根据上面的计算知道，负载日耗电量为 12.2A·h。在蓄电池充满的情况下，可以连续工作 7 个阴雨天，再加上第一个晚上的工作，蓄电池容量为：$12.2 \times (7+1) = 97.6\text{A·h}$。

选用两组 12V/100A·h 的蓄电池就可以满足要求了。

我国地域广阔，气候差异很大，蓄电池白天储存的电能应能满足夜晚照明的需求，同时应该满足当地连续阴雨天气时夜晚照明的需求。但是，所选蓄电池容量也不必过大，否则，蓄电池经常处于亏电状态，将影响蓄电池的寿命，造成不必要的浪费。

对蓄电池容量大小的选择，我国西部地区应高出照明灯日耗电量的 4 倍以上；北方地区应高出照明灯日耗电量 5 倍以上；南方地区应高出照明灯日耗电量 6 倍以上。

（2）太阳能路灯系统设计实例 2

若太阳能路灯光源功率为 30W，要求路灯每天工作 8h，保证连续 7 个阴雨天能正常工作。当地东经 114°，北纬 23°，年平均水平日太阳辐射为 3.82kW·h/m²，年平均月气温为 20.5℃，两个连续的阴雨天间隔时长 25 天。

根据以上资料，计算出光伏组件倾斜角 26°，标准峰值时数约 3.9h。

① 负载日耗电量：

$$Q = WT/U = 30 \times 8/12 = 20 \mathrm{A \cdot h}$$

式中，U 为系统蓄电池标称电压。

② 满足负载日用电的太阳能电池组件的充电电流：

$$I_1 = Q \times 1.05/T/0.85/0.9 = 7.04 \mathrm{A}$$

式中，1.05 为太阳能充电综合损失系数；0.85 为蓄电池充电效率；0.9 为控制器效率。

③ 蓄电池容量的确定。

满足连续 7 个阴雨天正常工作的电池容量 C：

$$C = Q(d+1)/0.75 \times 1.1 = 20 \times 8/0.75 \times 1.1 \approx 235 \mathrm{A \cdot h}$$

式中，0.75 为蓄电池放电深度；1.1 为蓄电池安全系数。取 240A·h，选取两节 12V/120A·h 的电池组成电池组件。

④ 连续阴雨天过后需要恢复蓄电池容量的太阳能电池组件充电电流 I_2：

$$I_2 = C \times 0.75/h/D = 240 \times 0.75/3.9/25 \approx 1.85 \mathrm{A}$$

式中，0.75 为蓄电池放电深度。

⑤ 太阳能电池组件的功率为：

$$(I_1 + I_2) \times 18 = (7.04 + 1.85) \times 18 = 160 \mathrm{W}$$

式中，18 为太阳能电池组件工作电压。

选取两块峰值功率为 80W 的太阳能电池组件。

（3）太阳能路灯系统设计实例 3

太阳能电池板和蓄电池配置计算公式如下。

① 计算负荷电流。如 12V 蓄电池系统，30W 的灯 2 只，共 60W。

$$电流 = 60/12 = 5 \mathrm{A}$$

② 计算蓄电池容量需求。如路灯每夜累计照明时间需要为满负载 7h；如晚上 8：00 开启，夜间 11：30 关闭 1 路，凌晨 4：30 开启 2 路，凌晨 5：30 关闭。需要满足连续阴雨天 5 天的照明需求（5 天另加阴雨天前一夜的照明，计 6 天）。

$$蓄电池 = 5 \times 7 \times (5+1) = 5 \times 42 = 210 \mathrm{A \cdot h}$$

另外，为了防止蓄电池过充和过放，蓄电池一般充电到 90% 左右，放电预留 20% 左右。所以 210A·h 也只是应用中真正标准的 70% 左右。

③ 计算电池板的需求峰值（W_P）。太阳能路灯每夜累计照明时间为 7h；电池板平均每天接受有效光照时间为 4.5h（4.5h 每天光照时间为长江中下游附近地区日照系数）；最少放宽对电池板需求 20% 的预留额。

$$W_P = (5 \times 7 \times 120\%) \times 17.4/4.5 \approx 162 \mathrm{W}$$

另外，在太阳能路灯组件中，线损、控制器的损耗及恒流源的功耗各有不同，实际应用中可能在 5%～25% 左右。所以 162W 也只是理论值，根据实际情况需要有所增加。

（4）典型配置方案1

太阳能 LED 路灯典型配置方案 1 见表 14.4。

表 14.4　太阳能 LED 路灯典型配置方案 1

序号	配件名称	规格型号	单位	数量	备注
1	太阳能电池组件	30W	块	1	多晶硅
2	蓄电池	12V/65A·h	块	1	VRLA 蓄电池
3	光源	10W LED	个	1	
4	控制器	12V/10A	个	1	过充、过放保护
5	灯杆	4m	盏	1	热镀锌，喷塑

太阳能 LED 路灯典型配置方案 2 见表 14.5。

表 14.5　太阳能 LED 路灯典型配置方案 2

序号	配件名称	规格型号	单位	数量	备注
1	太阳能电池组件	30W	块	2	多晶硅
2	蓄电池	12V/100A·h	块	1	VRLA 蓄电池
3	光源	20W LED	个	1	
4	控制器	12V/10A	个	1	过充、过放保护
5	灯杆	6m	盏	1	热镀锌，喷塑

太阳能 LED 路灯典型配置方案 3 见表 14.6。

表 14.6　太阳能 LED 路灯典型配置方案 3

序号	配件名称	规格型号	单位	数量	备注
1	太阳能电池组件	75W	块	1	单晶或多晶硅
2	蓄电池	12V/120A·h	块	1	VRLA 蓄电池
3	光源	18W LED	个	1	
4	控制器	12V/5A	个	1	过充、过放保护
5	灯杆	5～6m	盏	1	热镀锌，喷塑

注：每日连续工作时间 6～8h，阴雨天连续工作 2～3 天。

太阳能 LED 路灯典型配置方案 4 见表 14.7。

表 14.7　太阳能 LED 路灯典型配置方案 4

序号	配件名称	规格型号	单位	数量	备注
1	太阳能电池组件	100W	块	1	单晶或多晶硅
2	蓄电池	12V/130A·h	块	1	VRLA 蓄电池
3	光源	25W LED	个	1	
4	控制器	12V/5A	个	1	过充、过放保护
5	灯杆	6m	盏	1	热镀锌，喷塑

注：每日连续工作时间 6～8h，阴雨天连续工作 2～3 天。

太阳能 LED 路灯典型配置方案 5 见表 14.8。

表14.8　太阳能 LED 路灯典型配置方案 5

序号	配件名称	规格型号	单位	数量	备注
1	太阳能电池组件	120W	块	1	单晶或多晶硅
2	蓄电池	12V/130A·h	块	1	VRLA 蓄电池
3	光源	30W LED	个	1	
4	控制器	12V/5A	个	1	过充、过放保护
5	灯杆	6m	盏	1	热镀锌,喷塑

注：每日连续工作时间 6～8h,阴雨天连续工作 2～3 天。

太阳能 LED 路灯典型配置方案 6 见表14.9。

表14.9　太阳能 LED 路灯典型配置方案 6

序号	配件名称	规格型号	单位	数量	备注
1	太阳能电池组件	150W	块	1	单晶或多晶硅
2	蓄电池	12V/200A·h	块	1	VRLA 蓄电池
3	光源	35W LED	个	1	
4	控制器	24V/10A	个	1	过充、过放保护
5	灯杆	8m	盏	1	热镀锌,喷塑

注：每日连续工作时间 6～8h,阴雨天连续工作 2～3 天。

太阳能 LED 路灯典型配置方案 7 见表14.10。

表14.10　太阳能 LED 路灯典型配置方案 7

序号	配件名称	规格型号	单位	数量	备注
1	太阳能电池组件	160W	块	1	单晶或多晶硅
2	蓄电池	12V/200A·h	块	1	VRLA 蓄电池
3	光源	40W LED	个	1	
4	控制器	24V/15A	个	1	过充、过放保护
5	灯杆	10m	盏	1	热镀锌,喷塑

注：每日连续工作时间 6～8h,阴雨天连续工作 2～3 天。

太阳能 LED 路灯典型配置方案 8 见表14.11。

表14.11　太阳能 LED 路灯典型配置方案 8

序号	配件名称	规格型号	单位	数量	备注
1	太阳能电池组件	200W	块	1	单晶或多晶硅
2	蓄电池	12V/240A·h	块	1	VRLA 蓄电池
3	光源	50W LED	个	1	
4	控制器	24V/15A	个	1	过充、过放保护
5	灯杆	6～8m	盏	1	热镀锌,喷塑

注：每日连续工作时间 6～8h,阴雨天连续工作 2～3 天。

14.2　LED 路灯灯头的设计

14.2.1　LED 照明设计

(1) 确定照明需求和设计目标

设计目标是基于现有灯具的性能,或者基于应用的照明需求。LED 照明必须满足或超过目标应用的照明要求,因此,在建立设计目标之前就必须确定照明要求。对于某些应用，存在现成的照明标准，可以直接确定要求。对于没有照明标准的应用，可先确定现有照明特性后，再确定应用的照明需求。照明灯具的光输出和功率特性是确定现有照明特性的关键，根据照明灯具提供的技术参数，可获得各种灯具的关键特性，由此确定现有照明的特性。

照明要求确定好了之后，就可以确定LED照明的设计目标了。设计目标应根据应用照明需求而定，并应列出影响设计的所有其他目标，如特殊光要求、耐高温要求等。与定义照明要求时一样，关键设计目标与光输出和功耗有关。设计目标应包括工作环境、材料清单（BOM）、成本和使用寿命。

（2）估计光学系统、热系统和电气系统的效率

设计目标会对光学、热和电气系统产生限制，根据这些限制对各系统的效率进行估计，将照明目标和系统效率结合起来，就能确定照明需要的LED数量。设计过程中最重要的参数之一，是需要多少只LED才能满足设计目标。其他的设计决策都是围绕LED数量展开的，因为LED数量直接影响光输出、功耗以及照明成本。

查看LED数据手册列出的典型光通量，用该数除设计目标流明，依据此设计方法满足不了应用的照明要求。因LED的光通量依赖于多种因素，包括驱动电流和结温。要准确计算所需要的数量，必须首先估计光学、热和电气系统的效率。

光学系统效率

通过分析光损失，估计光学系统的效率。要分析两种主要的光损失。

① 次级光学器件。次级光学器件是不属于LED本身的所有光学系统，如LED上的透镜或扩散片。与次级光学器件相关的损失，根据使用的特定元件的不同而不同。通过各次级光元件的典型光学效率在85%~90%。如果照明需要次级光学器件，则存在次级光损失。

② 灯具内的光损失。当光线在到达目标物之前，打到灯具罩上时，就产生了灯具光损失。某些光被灯具罩吸收，有些则反射回灯具。固定物的效率由照明的布局、灯具壳的形状及灯具罩的材料决定。LED光具有方向性，可达到的效率比全方向照明可能达到的要高得多。

采用次级光学器件的主要目的是改变LED的光输出图像，图14.1将CREE XLampXR-E LED的光束角度与目标灯具的光输出图像进行了比较。裸LED的光束角度与目标灯具的非常相似，所以不需要次级光学器件，因此，不在次级光学器件引起光损失。只需计算灯具损失，假定灯具反射杯的反射率85%，60%的光将打到反射杯上。因此，光学效率为：

$$\eta = (100\% \times 40\%) + (85\% \times 60\%) = 91\%$$

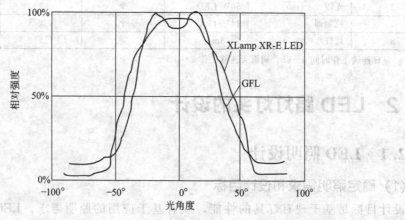

图 4.1 CREE XLamp XR-E LED 的光束角度与目标灯具的光输出图像

热系统效率

LED 的相对光通量输出随着结温的上升而降低，大多数 LED 数据手册都给出了 25℃下的典型光通量值，而大多数 LED 应用都采用较高的结温。当结温高时，光通量肯定比 LED 数据手册给出的值低。

LED 数据手册中有一个曲线，给出了相对光输出与结温的关系，XLamp XR-E 白色LED 结温对应光通量减少的曲线如图 14.2 所示。该曲线通过选择特定相对光输出或特定结温，给出了其他特性值。

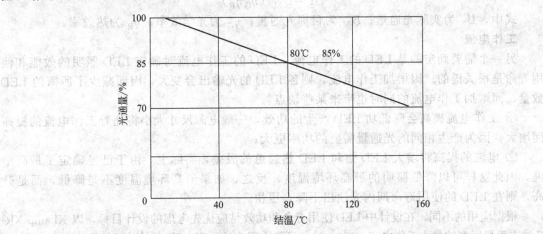

图 14.2　结温对应光通量减少的曲线

XLamp XR-E LED 在额定工作为 5 万小时后提供平均 70％的流明维持率，结温保持在80℃以下，因此，最高合适结温为 80℃。对应的最小相对光通量为 85％，如图 14.2 所示。这一 85％相对光通量是对照明热功效的估计值。

电气系统效率

LED 驱动器将可用功率源（如墙体插座交流电或电池）转换成稳定的电流源。这一过程与所有电源一样，效率不会达到 100％。驱动器中的电气损失降低了总体照明效能，因为有部分输入功率浪费在发热上了，而没有用在发光上。在开始设计 LED 系统时，就应考虑到电气损失。

典型 LED 驱动器的效率在 80％～90％。效率高于 90％的驱动器的成本要高得多。驱动器效率可能随输出负载而变化，如图 14.3 所示。应指定驱动器工作在大于 50％输出负载下，以使效率最大，并使成本最低。对于室内应用，驱动器效率为 87％的估值较好。室外

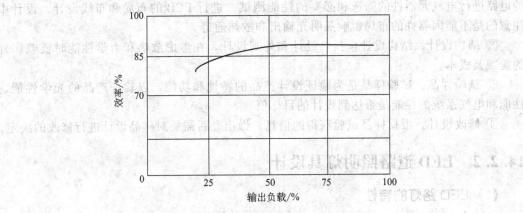

图 14.3　LED 驱动器效率与负载的关系曲线

用或非常长的使用寿命的驱动器，效率可能要低一些。

（3）计算需要的 LED 数量

实际需要的光通量

根据设计目标和估计的损失程度，可以计算满足设计目标的 LED 数量。所有系统效率估算好之后，就可计算要达到设计目标需要的实际 LED 光通量。因电气效率只影响总功耗和灯具效能，而不影响照明的光输出量。实际光通量 B_S 的计算如下：

$$B_S = B_M/(\eta_G \eta_R)$$

式中，B_S 为实际光通量；B_M 为目标光通量；η_G 为光学效率；η_R 为热效率。

工作电流

另一个需要确定的是 LED 的工作电流，LED 的工作电流对确定 LED 照明的效能和使用寿命是很关键的。因增加工作电流，则各 LED 的光输出会变大，因而减少了所需的 LED 数量。而增加工作电流的同时也带来某些缺点：

① 工作电流提高会降低功 LED 产生的功效，一般电源尺寸大小将随着工作电流的提高而增大，因为产生相同的光通量需要的功率更大；

② 电流的提高将增大 LED 结和 LED 热通道的温差，实际上，由于已经确定了最高结温，因此这样可以降低照明的最高环境温度，反之，如果最高环境温度不是降低，而是升高，则在 LED 的使用寿命期内光输出下降会更快。

根据应用的不同，在设计中 LED 使用寿命和功效是应优先考虑的设计目标，以 XLamp XR-E 数据手册所列的最小工作电流（350mA），可最大限度地提高 LED 功效并延长使用寿命。

LED 数量

工作电流确定之后，就可以计算各 LED 的光通量输出。由于 LED 的热损失已经在实际需要的光通量计算中考虑到了，故 LED 供应商提供的技术参数可以直接使用。

在设计中应使用 LED 技术参数中的最小光通量，而不是 LED 技术参数中给出的典型值。根据此最小光通量来设计，可确保满足设计目标要求。若使用 4000KCCT 的 XLamp XR-E LED，350mA 时的最小光通量为 67.2lm。LED 的数量计算如下：

$$S_{LED} = B_S/B_D = 1050/67.2 \approx 16$$

式中，S_{LED} 为 LED 的数量；B_S 为实际光通量；B_D 为每只 LED 的光通量。

（4）样品试制和性能评估

样品试制和性能评估是 LED 照明的最后步骤，可按照以下步骤来完成。

① 电路板布局。根据热指标和成本限制选择电路板材料（FR4 或 MCPCB），依据设计的电路进行电气元器件的筛选和必要的性能测试，进行 PCB 的布局和布线设计。设计中应注意的是不能因器件的布局影响照明光输出和散热通道。

② 结构设计。结构设计包括热设计和外观设计，在考虑散热和力学性能时要兼顾外观的美观及成本。

③ 试验样品。试验样品是为验证设计产品的特性和功能，以验证产品的光学性能、热性能和电气系统的性能是否达到设计的目标值。

④ 修改设计。根据样品试验获得的信息，做出是否需要对样品设计进行修改的决定。

14.2.2 LED 道路照明灯具设计

（1）LED 路灯的特性

LED 灯具和传统的照明灯具不同之处就是具有点光源、大功率、窄光束输出等特点。

因此对 LED 新型灯具的设计提出了更高的要求。设计 LED 路灯，首先要考虑把有限的光通量充分地利用到有效的照射范围。路灯要求是路面照明效果，超出路面的空地不是路灯照明的区域。因此，有效地控制光线的分布范围，使 LED 发出的光成为一个长条形光带沿路面方向铺展，同时也要兼顾眩光的产生，在驾驶员观看灯具的方位角上，灯具在高度角 80°和 90°方向上的光强分别不得超过 30cd/1000lm 和 10cd/1000lm，且不管光源光通量的大小，其在 90°方向上的光强最大值不得超过 1000cd。因此，如果对出光角不严格控制就会产生强烈的眩光。

路灯照明是个系统工程，要设计出高性能的 LED 路灯，首先要清楚地认识道路照明的标准及要求和常规照明灯具的配光原理。球形面的光反射器和点光源的合理配光，充分发挥了 LED 点光源、光束角可控性的优点及冷光源长寿命的优势。

LED 路灯选用发光管很重要，当今一些厂家使用集成封装 10W 以上单只组合制作路灯，存在光学配光难、易产生眩光、整体散热困难等缺陷。也有用 3～5W 的模块，其每瓦光效低，也存在整体散热问题，与单只 1W 相比同等光通量下价格优势也不明显。综合考虑，选用大功率 1W 发光管比较合理。从目前大功率 LED 的技术水平来看，1W 光效比较高，用于照明节能优势明显。

LED 的光色选用也是一个值得重视的要素。在道路照明的发展中，存在着黄光和白光的使用比较。黄光就是现在主流的高压钠灯，因为它经济节能，同时又有着优异的透雾性能，所以目前成为我国主流的路灯选择。虽然如此，黄光却也有着其先天不足，那就是色彩还原能力差。人们有这样的感觉，在钠灯光下，任何被照物的颜色都是偏黄而失真的。白光的追求目标是自然阳光。因为它有着最好的色彩表现能力，而阳光又是一种偏暖的白光。所以，如果能做到和日光相似的白光，同时又能兼顾到黄光的经济节能的优点，那将是理想的夜间照明选择。白光的前期是金卤灯，尽管它拥有比黄光高几倍以上的色彩表现能力，但是，因为透雾性能差、有效寿命低等一些难以克服的技术问题而没有得到大规模的应用。而采用 LED 光源则可弥补这一缺陷。在 LED 光源的色温使用选择上，3500K 左右较为合适，在视觉和舒适度上符合照明要求。而且在当今 LED 的光效发展及性价比上是可行的，适合 LED 路灯的大面积推广。

LED 光源结构上和光学特性上有自身的特点，因此，LED 路灯应该按照这些特点设计灯具，当今有些厂家采用传统灯具外壳换个 LED 灯芯，用过渡传导方式散热是设计不出高性能的 LED 路灯的。问题是灯体外部造型要结合 LED 的散热，而散热靠面积，现有常规照明灯具的表面积是远远满足不了"焦耳定律"所要求的良好的自然空气对流环境。LED 产品的工作温度基本要控制在 65℃ 以下（国际标准为 80℃，当 LED 工作温度达到 85℃ 时，光通量将下降一半，波长变长，即红移，超过 90℃ 即有烧毁的危险）。LED 灯具的科学合理的光学配光、灯体的密封等是十分重要的。同时，所设计的灯体结构还要有利于大批量工业生产。

散热是 LED 灯具要重点解决的问题。LED 是冷光源，不像白炽灯、气体放电灯那样产生灼热的高温，但是，当今 LED 光效的局限性本身也存在自身耐温能力有限，所以必须将 LED 工作时产生的热量有效地散发到空气中去，保证 LED 工作在安全的温度下，这样 LED 灯才能真正地体现出长寿命的优势。

对使用 6000K 以上的白光作路灯光源持有不同观点，特别是在 160W 以上、快速路上应用。按国家道路照明标准，快速路、主干路必须采用截光型或半截光型灯具。

① 截光型灯具。灯具的最大光强方向与灯具向下垂直轴夹角在 0°～65°，90°和 80°方向上的光强最大允许值分别为 10cd/1000lm 和 30cd/1000lm 的灯具，且不管光源光通量的大小，其在 90°方向上的光强最大值不得超过 1000cd。

②半截光型灯具。灯具的最大光强方向与灯具向下垂直轴夹角在 $0°\sim75°$，$90°$ 和 $80°$ 方向上的光强最大允许值分别为 50cd/1000lm 和 100cd/1000lm 的灯具，且不管光源光通量的大小，其在 $90°$ 方向上的光强最大值不得超过 1000cd。

因快速路道路长、路幅宽、车流量大、车速快，对视觉灵敏度要求高，所以在照度、色温、道路上的亮度、均匀度、眩光等指标要求高。

（2）灯具结构

①组成结构。LED 路灯由铝合金压铸灯体、LED 模块、钢化玻璃透光罩、恒流驱动器、驱动器盖板五部分组成，如图 14.4 所示。

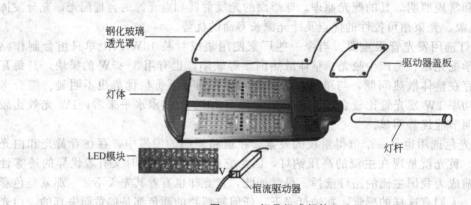

图 14.4　灯具组成部件

②功能结构。由散热灯体、光源室、电气室三部分组成，如图 14.5 所示。

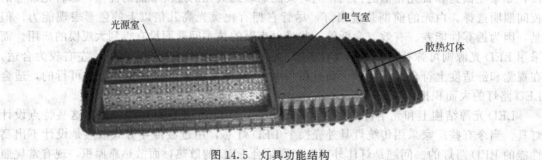

图 14.5　灯具功能结构

（3）LED 路灯散热设计

LED 的管芯和涂覆的荧光粉都是在几百度的高温条件下生产出来的，本身有一定的耐温能力。但是，LED 的外壳和管芯之间存在热阻，这个热阻使 LED 在使用时外壳和管芯之间出现温差，管芯的温度会高于外壳温度。

由于 LED 生产技术的进步，大功率 LED 内部的热阻越来越低，目前 1W 的 LED 的热阻普遍在 $15℃/W$ 以下，也就是说，给 1W 的 LED 加 1W 的电功率，管芯比管壳的温度只高 $15℃$。按照目前 LED 管芯材料的耐温水平，管芯温度不超过 $150℃$ 能长期安全地工作。这样推算，外壳温度 $135℃$ 时可以安全使用。但是，由于外壳封装材料的限制，实际使用中的管壳温度最好不超过 $70℃$，这样管芯温度只有 $85℃$，LED 的透明封装材料也不会快速老化，可长期稳定工作。因此，没有必要将 LED 灯工作时的温度降得很低，但必须减小 LED 外壳和灯体外壳之间的热阻，这样就可以以比较小的体积和比较低的成本生产性能稳定的 LED 灯具。

要有效地散热，减小灯的体积和生产成本，灯体必须有合理的散热结构。问题是怎样合理地把 LED 产生的热量传导到外壳上，怎样有效地增大外壳和空气的接触面，并且有利于空气在外壳表面上的流动，这就是灯体热结构设计要解决的问题。

根据光通量（lm）与辐射通量（W）的当量关系，1W 的辐射通量在最理想的情况下（黑体辐射）可能产生 683lm 光通量。所以，即使 LED 的光效达到 200lm/W，也不能将全部能量转化为光能输出，而其余的都转化为热能。从长远看 LED 灯具的散热问题将是一个长期存在的问题。

目前 LED 路灯的散热方式主要有自然对流散热、加装风扇强制散热、热管和回路热管散热等。加装风扇强制散热方式系统复杂、可靠性低，热管和回路热管散热方式成本高。而路灯由于为户外夜间使用、散热面位于侧面上以及路灯体型受限制等，因此应采用空气自然对流散热方式。

在 LED 路灯散热设计中可能存在的问题如下。

① 散热翅片面积的随意设定，使散热翅片布置方式不合理，灯具散热翅片的布置没有考虑到灯具的使用方式，影响到翅片效果的发挥。

② 强调热传导环节，忽视对流散热环节，尽管众多厂家考虑了各种各样的措施，如热管、回路热管、加导热硅脂等，但都没有认识到热量最终还是要依靠灯具的外表面散发。

③ 忽视传热的均衡性，如果翅片的温度分布严重不均匀，将会导致其中一部分的翅片（温度较低的部分）没有发挥作用或作用有限。

现在 LED 路灯散热技术，一般使用多为导热板方式，是一片 5mm 厚的铜板，实际上算是均温板，把热源均温掉；也有加装散热片来散热的，但是重量太大。重量在路灯系统上十分重要，因为路灯高有 9m，若太重危险性就增加，尤其遇到台风、地震，都可能发生意外。

要确保大功率 LED 的安全使用，保证光源及电源的散热条件，其灯具的尺寸会做得较大，增加了设计难度，相对成本也会提高。现今的 LED 色温和光通量的局限性在大功率的安全制作及性价比上难以得到推广。要设计高性能的 LED 路灯，首先要做好灯具的散热，然而散热和灯具的安全防护又是一个矛盾，在设计中应针对这对需要共生的矛盾进行研发。

若利用铝合金型材设计路灯散热系统，将一块 AA6063 305mm×500mm 的平板散热器型材和不锈钢外框组合，将 LED 粘贴在铝基板上制作成模块，在模块的底部涂抹导热膏，用螺钉固定于铝合金型材散热器平板上。此种结构的路灯的热传导和散热效果均佳，能将 LED 所产生的热量迅速地传导到散热器上，再由裸露在空气中的散热鳍片散发到空气中，由流动的空气带走热量，但是由于整个灯具是由多个部分连接组合而成的，产品一致性差，在防渗水安全上仅靠防水胶是极不可靠的，所以在防护等级上达不到 GB 7000.1—2002、GB 7000.5—2005 的要求。更主要的是所有的 LED 均安装在一个平板上，无法对灯具进行合理的配光，故仍有待进一步研发。

若利用传统路灯灯头改制的 LED 路灯，虽然采用了铝型材作散热器，将整个光源和驱动电路装入铝合金灯壳中，解决了灯具的防护等级问题，但是整个光源是在密闭的灯壳中，灯具工作中所产生的热量无法散发到空气中带走，导致 LED 模块和驱动电路在极恶劣的环境中工作，工作温度急剧升高，LED 随着温度的升高而出现光衰甚至损坏，驱动器也因温度超过而损坏，降低了 LED 灯具的可靠性和使用寿命。

LED 路灯散热与防护是一个行业性的难题，应在材料选择、结构设计方面进行系统的优化设计，才能解决 LED 路灯散热与产品的防护这一矛盾。

散热材料的选择

目前 LED 路灯散热器所采用的基本为金属材料，这主要出于三方面的考虑：

① 导热性能好，相对其他固体材料，金属具有更好的热传导能力；

② 易于加工，延展性好，高温相对稳定，可采用各种加工工艺；

③ 易获取，价格也相对低廉。

LED路灯散热器常用材料与常见金属材料的热导率见表14.12。

表 14.12 LED 路灯散热器常用材料与常见金属材料的热导率

金属材料	热导率	金属材料	热导率
金	317W/(m·K)	AA6061 型合金	155W/(m·K)
银	429W/(m·K)	AA6063 型合金	201W/(m·K)
铜	401W/(m·K)	ADC12 型合金	96W/(m·K)
铝	237W/(m·K)	AA1070 型合金	226W/(m·K)
铁	48W/(m·K)	AA1050 型合金	209W/(m·K)

热传导系数自然是越高越好，但同时还需要兼顾到材料的力学性能与价格。热导率很高的金、银，由于质地柔软、密度过大及价格过高而无法广泛采用。铁则由于热传导率过低，无法满足高热密度场合的性能需要，不适合用于制作高性能散热片。铜的热导率同样很高，可碍于硬度不足、密度较大、成本稍高、加工难度大等不利条件，在散热片中使用较少。铝因热导率较高、密度小、价格低而被广泛采用；但由于纯铝硬度较小，在各种应用领域中通常会掺入各种配方材料制成铝合金，为此获得许多纯铝所不具备的特性，而成为了散热片加工材料的理想选择。

各种铝合金材料根据不同的需要，通过调整配方材料的成分与比例，可以获得各种不同的特性，适合于不同的成形、加工方式，应用于不同的领域。表 14.12 中列出的 5 种不同铝合金中，AA6061 与 AA6063 具有不错的热传导能力与加工性，适合于挤压成形工艺，在散热片加工中被广泛采用。ADC12 适合于压铸成形，但热导率较低，因此散热片加工中通常采用 AA1070 铝合金，但其加工力学性能方面不及 ADC12。AA1050 则具有较好的延展性，适合于冲压工艺，多用于制造细薄的鳍片。

采用一体化铝合金压铸散热外壳

根据道路照明灯具的功能需要及灯具的防护安全等级的规定，将整个灯具分成三部分来设计，即整体散热外壳、光源室、电器室。选择 AA1070 铝合金压铸一次性成形。散热片的散热效果主要取决于散热片与发热物体接触部分的吸热底和散热片的设计。高性能的散热器应满足三个要求：吸热快、热阻小、散热快。

① 吸热快。即吸热底与 LED 模块间热阻小，可以迅速地吸收其产生的热量。为了达到这种效果，就要求吸热底与 LED 模块结合尽量紧密，令金属材料与 LED 模块直接接触，不留任何空隙。

散热器的整体热阻就是由与 LED 模块的接触面开始逐层累计而来的，吸热底内部的热传导阻抗是其中不可忽视的一部分。为了将吸收的热量有效地传导到尽量多的鳍片上，还需要吸热底有较好的横向热传导能力。在设计灯具时首先满足吸热底有足够的厚度，同时考虑 LED 模块的安装孔位进行加筋，以加强灯具的整体性和机械强度。

② 热阻小。为了提升吸热能力，希望散热片与 LED 模块紧密结合，不留任何空隙，压铸出来的表面是无法实现的。要想从根本上提高散热片吸热底的吸热能力，就必须提高其底面平整度。平整度是通过表面最大落差高度来衡量的，通常散热片的底部稍经处理即可达到 0.1mm 以下，采用铣床或多道拉丝处理可以达到 0.03mm。散热片的吸热底越平整，热阻越小，越有利于热量吸收，但增加制造成本。

③ 散热快。由于将 LED 模块的吸热底和散热鳍片压铸成一体，即能够将从 LED 组吸收的热量迅速传导到鳍片部分，整个灯体和散热鳍片上部是裸露于空中的，而且鳍片的方向

是平行于道路的，需要散发的热气与气流方向一致，不会因气流而形成涡流，造成热气的滞留，进而由流动的气流顺利带走而散发，以最快的速度将热量散发。

LED灯具的散热设计不仅直接关系到LED实际工作时的发光效率，而且还关系到LED的使用寿命。又因为在户外使用的道路灯具应具有一定等级的防尘防水功能（IP），良好的IP防护往往会妨碍LED的散热。

国内目前使用中出现的不合理的情况基本如下。

① 对LED采用了散热器，但LED连线的接线端子及散热器的设计无法达到IP45及以上等级，无法满足GB 7000.5/IEC 6598-2-3标准的要求。

② 采用普通的道路灯具外壳，在灯具出光面内用矩阵式LED，这种设计虽说能满足IP试验，但是由于灯具内的不通风，会造成在工作时灯具内腔的温度升高到50～80℃，如此高温度的工况下，将影响LED的发光效率和使用寿命。

③ 在灯具内采用了仪表风扇对LED及散热器进行散热，其进风口设计在灯具的下方，以避免雨水的进入，出风口设计在下射型LED光源的四周，这样也能有效避免雨水的进入，另外散热器和LED（光源腔）不处于同一空腔内，这种设计按灯具的IP试验要求，能顺利通过。这一方案，不仅解决了LED的散热问题，而且同时满足了IP等级的要求。但是这种设计应用中存在明显的不合理情况。因为在我国绝大多数道路灯具的使用场合，空中的飞尘量是较大的，这类灯具在一般条件下使用一段时间后（约3个月至半年），其内部散热器的缝隙内就会塞满灰尘，使散热器的散热性能下降，最后还会使LED因工作温度过高而缩短使用寿命。

LED路灯灯具的设计要兼顾LED的散热及IP防护，目前大部分的道路灯具外壳是铝材的，直接利用灯具外壳外面作为散热器，既可以保证IP防护等级的要求，也可以得到稍大的散热面积。另外，灯具外壳组成的散热器在有落尘时，可以通过自然的风雨冲洗，从而可保证散热器工作的持续有效性。

(4) LED路灯驱动方案

在灯具的另一端设有一个电气室，并通过线槽与光源、安装孔相连通，盖板的大小与电气室相适配，密封胶条与光源室、电气室相适配，通过盖板、密封胶条将电气室进行密封，DC/DC恒流控制装置的输入端连接蓄电池的输出端，输出端通过连接线连接LED模组的输入端，恒流控制装置涂抹导热膏，用螺钉贴装于散热壳体的电气室内的安装面上，输入连接线敷设于散热壳体的电源室与安装孔之间的线槽内，穿出安装孔外，连接至蓄电池。

LED路灯驱动方案选择

LED是一种半导体产品，需用低压直流来驱动。驱动一般采用两种方式：恒压驱动方式或恒流驱动方式。恒压的驱动方式相对简单，以前LED光源多采用恒压方式。LED的电压和它的相对光通量也近似成指数关系。如果采用恒压驱动方式，驱动电压轻微的扰动都会造成相对光通量大幅度的改变；而采用恒流方式驱动LED，受驱动电流扰动的影响要小得多。因此，应选择恒流的驱动方式。能提供大功率LED恒流驱动的芯片很多，如HV9910芯片驱动能力强、效率高并提供过温保护的功能。

LED驱动电路的效率和输出特性

LED对驱动电路的要求是具有恒流输出的特性，因为LED正向工作时结电压相对变化区域很小，所以保证了LED驱动电流的恒定，也就基本保证了LED输出功率的恒定。LED路灯的驱动电路具有恒流输出特性，可保证LED光输出恒定，并且防止LED的超功率运行。

要想使LED驱动电路呈现恒流特性，从驱动电路的输出端向内看，其输出内阻抗一定是高的。工作时，负载电流也同样通过这一输出内阻抗，如果驱动电路采用直流恒流源电路或通用的开关电源加电阻电路组成，在其上必定也消耗很大的有功功率，所以此两类驱动电路在基本满足恒流输出的前提下，效率是不可能高的。正确的设计方案是采用有源电子开关电路或采用高频电流来驱动 LED，采用上述两种方案可以使驱动电路在保持良好的恒流输出特性的前提下，仍具有很高的转换效率。

采用电子驱动电路的 LED 灯具，在室外照明场合使用时，要解决雷电感应问题。为此必须在 LED 的驱动电路的输入端并接快速响应的压敏电阻，以保证差模干扰的泄放。由于闪电的感应干扰是重复多次的，当干扰电压高时，压敏电阻瞬时导通泄放的电流可能很大，所以采用的压敏电阻不仅应具有快速的响应能力，还应具备瞬时导通数十安培的泄放能力而不损坏。除了采用压敏电阻外，LED 的驱动电路的输入端还应结合传导干扰（EMI）的防护，设计有复合的 LC 网络，使这些 LC 网络不仅能阻碍内部的 EMI 侵入电网，而且能对闪电的干扰信号起到明显的抑制作用。LED 驱动电路各点对地的电气间隙应保持在 7mm 以上，EMI 防护的接地电容以及驱动电路的对地绝缘强度应达到强化绝缘的相应要求，这样能使 LED 的驱动电路具有良好的抗差模和共模雷电感应的能力。

LED 的驱动电路设计实例 1

采用一个集成电路来控制 LED 的电流，使其无论在蓄电池电压降低或是环境温度升高时都能保持电流恒定。PAM2842 从 12V 或 24V 的输入电源电压驱动 10 只串联的 3W LED 应用电路如图 14.6 所示。最高输出电压可达 40V，最大输出电流可达 1.75A，但总输出功率不能大于 30W。反馈电压为 0.1V，串联电阻的阻值就可以根据所要求的正向电流来定。假设对 3W 的 LED 要求其正向电流为 700mA，则其阻值为 0.412Ω，损耗为 0.07W，对效率的影响基本可以忽略不计。二极管必须采用低压降、大电流的肖特基二极管，以减小功耗。电感需要采用高饱和电流、低直流电阻的电感。此外，PAM2842 的工作频率可以有三种选择：500kHz、1MHz、1.6MHz。为降低其开关损耗，应选择 500kHz 工作频率。PAM2842 具有很好的恒流特性，当输入电压从 12V 降至 10V 时，LED 中电流的变化还不到 3%，这样就可以保证 LED 的亮度基本不变。芯片内部具有过压保护电路，如果出现一个 LED 开路，芯片的升压会被限制而不至于过高，保护芯片本身不至于损坏。但由于所有 LED 为串联，如果一只 LED 开路，必然会导致所有 LED 不亮。但是，假如有一只 LED 短路，这时，由于恒流控制，芯片会自动降低其输出电压，而保持流过 LED 的电流不变，因此不影响其他 LED 工作。

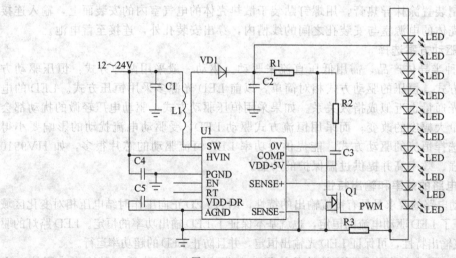

图 14.6 PAM2842 的应用电路

由于 PAM2842 是作为升压芯片来使用的，因此在要求的升压比较高时，它的效率较低。例如，假设输入电压为 24V，升压至 40V，其效率可达 95% 以上。而如果输入电压为

12V，仍然要求升压至 40V，这时其效率就只有 91% 左右。因为大多数太阳能路灯系统所采用的蓄电池是 12V 的，为了在 12V 时还能获得 95% 的效率，可以把 10 只 LED 分成两串，每串为 5 只 LED 串联，这样就只要求升压至不到 20V，可以将效率提高至 95%。而且如果一只 LED 开路，至多影响一串 5 只 LED，而不会影响另一串 5 只 LED 的工作。这时，两串 LED 共用一只 LED 电流采样电阻，由于电流增加一倍变成 1.4A，所以电流采样电阻阻值也应当减小一半，变成 0.07Ω。或只将其中一串 LED 的电流进行采样，而将另一串 LED 直接接地，这样就只能对其中一串 LED 电流进行恒流控制。

因为 1W LED 比较成熟，散热也容易处理。同样可以利用 PAM2842 来驱动 2 串 10 只 1W 的 LED，总输出功率约为 23W，如图 14.7 所示。不过，对于 1W 的 LED，它的驱动电流是 350mA，所以两串并联后的总电流仍然是 0.7A，和一串 10 只 3W 的 LED 情况一样，采样电阻仍然是 0.142Ω。当然，也可以连成 4 串，每串 5 只 1W 的 LED，总数为 20 个，甚至是连成 5 串，每串 5 只 1W 的 LED，以减少由于某一串中的 LED 开路而引起不亮的 LED 的个数。这时采样电阻需根据电流值来调整。各种不同结构所对应的电流采样电阻和输出限压电阻阻值见表 14.13。

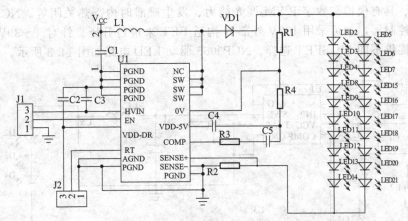

图 14.7 2 串 10 只 1W 的 LED 相并联电路

表 14.13 各种不同结构所对应的电流采样电阻和输出限压电阻阻值

参数	1 串 10 只 3W	2 串 5 只 3W	2 串 10 只 1W	4 串 5 只 1W	5 串 5 只 1W
输出功率/W	23.1	23.1	23.1	23.1	28.8
电流/A	0.7	1.4	0.7	1.4	1.75
R_1/Ω	0.142	0.07	0.142	0.07	0.06
R_2/Ω	360k	180k	360k	180k	180k
R_3/Ω	12k	12k	12k	12k	12k

LED 的驱动电路设计实例 2

以一个典型的太阳能路灯 LED 驱动设计为例，设计目标是：初始光输出为 4200lm；采用单层光学器件；采用 12V 蓄电池工作。假定所采用的 LED 技术参数如下。

① 输出：典型值为 100lm/350mA，结温为 25℃。

② 驱动电流：350mA。

③ 光电器件：单层，且耦合良好，光学损耗仅为 12%。

④ 最高环境温度：40℃。

⑤ 驱动器损耗：10%（目标效率 90%）。

首先需要估计 LED 数量及总功率。由于 $T_j = 25℃$ 时 LED 光输出为 100lm，而 T_j 升高时 LED 光输出会降低；T_j 为 90℃时，LED 光输出会下降 20%，即输出降为 80lm。由于光器件的光学损耗为 12%，所以每只 LED 的光输出就约为 71lm。由于需要的总光能输出为 4200lm，所以计算出的所需 LED 数量约为 60 只。相应的，总输出功率为：3.6V（LED 工作电压）×0.350A（输出电流）×60（LED 数量）≈76W。由于驱动器的损耗为 10%，所以灯具总功率约为 85W。而在拓扑结构方面，需要采用恒流结构来进行驱动。此外，需要能够根据不同 LED 的数量来调节 LED 输出电流，满足较高效率要求。

　　针对上述设计要求，可以采用 NCP3065/3066 来实现驱动解决方案。NCP3066 是一款大功率 LED 恒流降压稳压器，带专用"启用"引脚用于实现低待机能耗，具有平均电流检测功能（电流精度与 LED 正向电压无关），提供 0.2V 电压参考，适合小尺寸、低成本检测电阻。该器件采用滞环控制，不需要环路补偿，易于设计。

　　NCP3065/3066 是一种多模式 LED 控制器，它集成 1.5A 开关，可以设置成降压、升压、反转（降压-升压）/单端初级电感变换器（SEPIC）等多种拓扑结构。NCP3065/3066 的输入电压范围为 3.0～40V，具有 235mV 的低反馈电压，工作频率可调节，最高 250kHz。其他特性包括：能进行逐周期电流限制、不需要控制环路补偿、可用所有陶瓷输出电容工作、具有模拟和数字 PWM 调光能力、发生磁滞时内部热关闭等。NCP3065 也可用做 PWM 控制器，如可采用 100V 外部 N 沟道 FET 来进行升压。针对 4～30W 功率的不同应用，可提供不同 MOSFET 选择。NCP3065 驱动 LED 电路如图 14.8 所示。

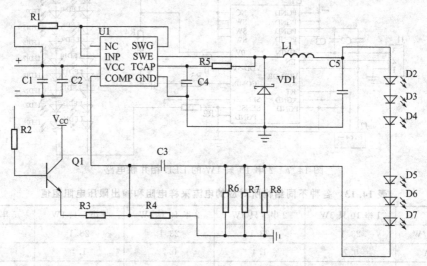

图 14.8　NCP3065 驱动 LED 电路

　　在结构设计上采用模块化设计，即采用 10 只 LED 光条，每个光条含 1 个驱动器电路及 6 只 LED。这样 LED 总数即为 60 个，接近所要求的 60 只 LED 数量，可以提供所要求的功率及光输出，并具有高效率。

复习思考题

1. 太阳能 LED 路灯设计的要点是什么？

2. 简述太阳能光伏系统设计方法和电池组容量设计。

3. 太阳能 LED 路灯灯具结构是什么？

4. LED 路灯驱动方案设计是什么？

第 15 章

太阳能LED路灯安装与维护

15.1 现代道路照明的规划设计与安装

15.1.1 道路照明的规划设计

(1) 规划设计

城市照明工程已日益成为城市建设的一项重要内容，它不再是狭义的道路照明，还扩展到灯光夜景等新领域。近年来不少城市把"灯光夜景"作为美化城市、提高城市形象的一个重要手段，这也给城市照明设计提出了新的课题。城市照明工程虽然只是电气安装工程的一个附属项目，但它还涉及土建、电光源、照明等诸多领域，既要满足照明要求，又要与周围环境和谐协调。

① 照明设计 对于现代文明城市来说，宽阔的马路、明亮的灯光、碧绿的草地、美丽的鲜花和清新的空气是不可缺少的硬件，夜晚色彩斑斓、交相辉映的灯光是现代都市文明进步、经济发展的象征。因此，道路照明与道路建设需同步进行，在规划设计上有一定的科学性和前瞻性，做到起点高，能适应中远期发展的要求。具体在照明设计上，需根据道路宽度和绿化隔离带情况，采用单排或双排和单、双臂照明，选用一定高度、色调、形状、灯杆的灯具与周围环境协调配置，使道路照明壮观、亮丽，真正成为都市亮点和旅游观光景点。

② 照明质量技术指标 根据《城市道路照明设计标准》的规定：快速路平均照度 20lx，均匀度 0.4，主干路平均照度 15lx，均匀度 0.35，次干路平均照度 8lx，均匀度 0.35，支路平均照度 5lx，均匀度 0.3。现投入使用的 LED 路灯，由于技术条件，LED 功率为 30～100W，光效 50～80lx/W，道路照度较低，若杆高 8.5m，间距 30m，光源 2×50W LED 灯，灯下照度 19lx，两灯之间 11lx，最暗处 3.5lx。以上数据为新安装灯具的初始照度值，故其照度是不能满足快速路与主干路的。太阳能路灯宜在次干路、支路上使用。

道路照明质量技术指标可按《城市道路照明设计标准》CJJ45—2015 执行，一般道路慢车道平均照度为 5～10lx，快车道以 15～25lx 为宜，各城市可结合本地经济水平和实际需要适当提高。

太阳能 LED 路灯每天的工作时间应按一般路灯的工作时间要求，设计时应考虑冬天日照时间短时，其工作时间应能在 12h 之上。由于太阳能 LED 路灯受天气影响较大，如遇连续阴雨天，就使太阳能 LED 路灯因缺乏电能而无法使用。国家规范对太阳能 LED 路灯在低辐照度（连续阴雨天）情况允许最少工作时间没有作出规定，现一般根据灯具厂家和当地的气象情况，应在低辐照度（连续阴雨天）工作状况下工作 15～20 天。在设计时应充分考虑太阳能电池板及蓄电池的容量。

LED 路灯的工作电压一般为 12V 或 24V，属安全电压，不做电气保护接地。但 LED 路灯金属灯杆应做防雷接地，接地电阻不大于 10Ω。

③ 布灯原则   灯杆高度和间距要根据不同区域设计，路面宽度 15m 以下可采取单侧布灯，15m 以上应采用双侧对称布灯，间距以 35m 为宜。对于城市立交桥、车站、码头、机场、广场等大型场所，应考虑高杆照明，其间距和高度之比以 3∶1~4∶1 为宜。

④ 注意问题   道路照明设计首先是在保证照明质量的前提下，结合道路的形式和城市的美化及规划来开展设计工作的。道路照明的质量，主要由路面平均亮度、路面亮度的均匀度、眩光、诱导性四个因素来确定。路面的平均亮度是能否看见障碍物的最重要的因素，因此道路照明是以路面照亮足以看清障碍物的轮廓为原则的。

眩光是指照明设施产生的有极高的亮度或强烈的对比时，在视场中造成视觉降低和人眼的不舒适感。在道路照明设计中，眩光的控制指数一般为 $G>7$ 以上，即以不降低能见度和不损伤舒适感为原则。诱导性是指沿着道路恰当地布置照明器，在灯具配置时，除充分考虑路面亮度分布外，还要通过透视图来检查其诱导性是否正确。

道路照明的方式很多，在设计中应结合城市道路的发展及适用于道路照明的光源和照明器的实况，以灯杆形照明的方式较适合我国的道路照明。它的特点是，可以在需要照明的路段用多种方式设置灯杆，而且可依道路的线形变化而配置照明器，其具有较好的诱导性，并可起到装饰及点缀环境、美化城市的效果。

(2) 道路照明

道路照明定义的范围涉及非常广泛，行人和车辆与其密切相关，这对道路照明提出质量的要求。而对于市区的道路照明，从城市美化和形象到美学和城市规划三维空间的角度，也对道路照明提出协调、优雅、点缀、配光等高质量的要求。道路照明在现代，已与人们的生产、生活及城市的面貌息息相关，它集实用、美化、衬托、装饰、点缀功能于一体。一个城市的道路照明是城市形象及整体经济实力的体现，同时也是生活在这座城市的人们文化修养及风格的象征，是一个国家照明技术、制造技术及文化素质的象征。人工照明是技术、艺术和文化的结合体，是人类文明生活的重要组成部分。

通常所说的道路照明主要目的是为了使各种机动车辆的驾驶者在夜间行驶能辨认出道路上的各种情况（道路上的障碍物、行人、车辆及其他情况），以保证行车安全，同时也为行人夜间行走提供方便。决定道路照明质量的主要因素有以下四点：

① 平均照度；
② 亮度分布的均匀性；
③ 采用的照明器眩光程度；
④ 路灯排列的诱导性指标。

随着灯光环境意识不断深入人心，人们对道路照明的要求也不断提高，除以上所说的功能外，还要求它具有美化都市环境的功能。由于城市装饰理念的加强，道路照明已经向道路灯光系统演化，要求灯杆、灯具、光源具有多样化和艺术化的特色，所有这些，既满足照明要求，又可渲染环境，美化城市。

在城市道路照明工程的建设中，灯光效果与经济永远是一对矛盾。为了减少灯光工程的运行成本，节约能源，采用节能灯具以及节能运行方式是节省经费的重要方式。同时，在采用节能措施时，必须考虑各方面的因素，如光衰、社会交通等。

随着城市建设的不断发展，城市灯光照明所带来的光污染问题也日益受到人们的重视。所谓光污染，就是不合理的光照明对人和环境产生的不良影响。对光污染产生的条件、表现形式、控制方法进行系统研究，是合理建设灯光工程的强有力的技术保障，是有效利用灯光工程美化居住环境的技术前提。

15.1.2 道路照明系统的安装

(1) 基础设计图

太阳能灯具选址要求如下。

① 根据路向和灯具光源位置，选择灯具光源朝向，满足路面最大照射面积。

② 太阳能路灯必须安装在光照充足的地方，阵列板选择安装在周围无高大建筑物、树木、电线杆等无遮挡太阳光和避风处。太阳能电池组件朝向正南，保证电池组件迎光面上全天没有任何遮挡物阴影。当无法满足全天无遮挡时，要保证9：30～15：30间无遮挡。

③ 太阳能灯具要尽量避免靠近热源，以防影响灯具使用寿命。

④ 环境使用温度：－20～60℃。在比较寒冷的环境下，应适当加大蓄电池容量。

⑤ 太阳能电池板上方不应有直射光源，以免使灯具控制系统误识别导致误操作。

⑥ 道路照明设计往往忽视现场的地质情况和周围环境。路灯安装工程中的沟槽开挖、灯杆基础等土建施工，都涉及排水问题。因此，灯杆基础要有足够的强度，预埋件要可靠且与灯座适配，高杆灯的要求更高。如果设计上有这方面的遗漏，安装施工人员应予以补充。

⑦ 除常规的土建设计外，更重要的是环境设计，这是城市照明工程是否成功的关键，要做到这点，设计人员必须熟悉现场，选择与周围环境相谐调的灯杆造型和灯位，并为土建、安装施工预留足够的空间。

⑧ 保护接地和避雷设施的设计应严格遵守《建筑物防雷设计规范》GB 50057—2010，所有的灯杆及电气设备应有可靠的保护接地和避雷设施。基础基坑开挖后，12m以下低灯杆应在基坑边角打入不少于1根的50mm×5mm×2500mm镀锌角钢。考虑到城市地下设施复杂，长度可减少到1500mm。15～18m中灯杆不少于2根，18m以上高杆不少于4根，并与基础钢筋可靠焊接，形成接地网。18m以上高杆灯应设置避雷针，避雷针可采用$\phi25$热镀锌圆钢或$\phi40$热镀锌钢管。灯杆与接地、避雷设施应有可靠的电气连接，接地电阻小于10Ω。

有些设计往往只提出一个接地电阻值的要求。而在有些地质情况难以达到接地电阻的要求时，就要进行特殊处理。例如，埋设接地体的连接，在特殊基础处要用降阻剂，接地防雷措施要由检验记录来保证。

(2) 路灯安装前的准备及注意事项

灯杆（特别是高杆灯杆）的吊装定位是安装工程的一项主体工程，设计的杆位多数是以计算推算而定的，而现场则可能出现一些杆位与设计不符的情况，需要现场变更杆位。同时还要掌握施工现场是否适宜运输、吊装车辆进场、吊装设备能否到位作业、是否停电或临时中断交通等。只有经过实地勘察，方能制订可行的吊装方案。

除了一些重点工程外，目前大部分道路桥梁照明工程是在道路主体工程完工通车前后的一段时间里突击完成的。但是，随着经济发展水平的提高，道路照明已成为美化城市景观的一个组成部分，因此为了确保路灯工程，路灯器具供应商和安装商要提前介入道路照明工程。

在路灯安装中应注意以下几点。

① 全面了解灯具、光源、灯杆的特点，设计对道路实际和参考的照明标准，结合投资预算，合理地选用灯具、光源、灯杆，以充分发挥光源的高效节能、灯具的配光性、配件组合的优势。

② 在光照性能保证的条件下，适当加大灯具间距，以节省灯具数量；适当提高灯杆高度，以改进光照效果；尽可能在道路的中间分隔带布杆，以节省工程费用。

③ 结合道路工程，适时提前介入杆位选定、基础施工和预埋，以便及时发现问题，合理变更，保证质量，节省投资。

④ 根据工地的实际地质情况，设计制作灯杆基础和高杆灯基础，保证基础牢固可靠。特别要注意预埋螺栓与杆座预留孔适配，定位准确，预埋长度和外留长度合理，螺纹部分要妥善保护，以方便吊装定位。

⑤ 在岩层、风化石地段，分散接地和分段接地难以达到要求，可以考虑按设计要求的镀锌扁钢等导体通长连接，连接要可靠，同时加以合适的防护处理，并与预埋基础可靠连接，保证每根灯杆与地可靠连接。高杆灯较分散，主要依靠基础接地，必要时要使用降阻剂，降低接地电阻。

⑥ 吊装作业要严格遵守操作规程。特别要关注吊装设备周围的电网线路和其他线路，以及周边构筑物。吊装时吊点要合理，定位后要及时调整。

⑦ 注意安装后灯杆的美观。从基础施工开始，灯位以主线为准，控制好直线性，并合理地按道路设计线形变化，灯杆平直，加工焊缝和检修口要避开主行方向，且全线保持一致。灯杆悬臂的倾角要保持方向和角度的协调。

⑧ 灯具内部配件接插件要插紧、插牢，避免风摆松动和接触不良而造成故障。灯具与灯杆、灯杆与悬臂都可靠固定。高杆灯每节杆要套装到位，升降架与灯具要可靠固定，升降系统要安全可靠，升降、限位、定位等功能要齐全。

（3）8～9m 太阳能 LED 路灯地基结构施工

8～9m 太阳能 LED 灯地基结构如图 15.1 所示，8～9m 太阳能 LED 灯地基结构施工技术要求如下。

① 在立灯具的位置预留（开挖）符合标准的 $1m^3$ 坑；进行预埋件定位浇注。预埋件放置在方坑正中，PVC 穿线管一端放在预埋件正中间，另一端放在蓄电池储存处，如图 15.1 所示。注意保持预埋件、地基与原地面在同一水平面上（或螺杆顶端与原地面在同一水平面上，根据场地需要而定），有一边要与道路平行，这样方可保证灯杆竖立后端正而不偏斜。然后以 C20 混凝土浇注固定。浇注过程中要不停用振动棒振动，保证整体的密实性、牢固性。

② 基础顶面标高应提供标桩。基础坑的开挖深度和大小应符合设计规定。基础坑深度的允许偏差应为 +100mm、-50mm。当土质原因等造成基础坑深与设计坑深偏差 +100mm 以上时，应按以下规定处理：

- 偏差在 +100～+300mm，应采用铺石灌浆处理；

- 偏差超过规定值的 +300mm 以上时，超过 +300mm 的部分可采用填土或砂、石夯实处理，分层夯实厚度不宜大于 100mm，夯实后的密实度不应低于原状土，然后再采用铺石灌浆处理。

③ 地脚螺栓埋入混凝土的长度应大

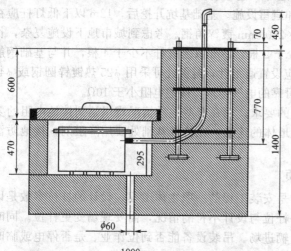

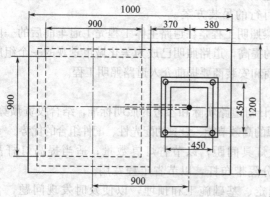

图 15.1　8～9m 太阳能 LED 路灯地基结构

于其直径的 20 倍，并应与主筋焊接牢固，地脚螺栓应去除铁锈，螺纹部分应加以保护，基础法兰螺栓中心分布直径应与灯杆底座法兰孔中心分布直径一致，偏差应小于＋1mm，螺栓应采用双螺母和弹簧垫。

④ 浇注基础时，应符合现行国家标准 GB 50010—2010 的有关规定。施工完毕，及时清理定位板上残留泥渣，并以废油清洗螺栓上杂质。混凝土凝固过程中，要定时浇水养护；待混凝土完全凝固（一般 72h 以上），才能进行吊灯安装。

⑤ 基坑回填应符合下列规定：

• 对适宜夯实的土质，每回填 300mm 厚度应夯实一次，夯实程度应达到原状土密实度的 80% 及以上；

• 对不宜夯实的水饱和黏性土，应分层填实，其回填土的密实度应达到原状土密实度的 80% 及以上。

（4）太阳能 LED 路灯安装

准备工作

① 拆装及组装地点选择。拆装地点应在安装地点附近，以便于组装后的运输。此外，安装地点铺有防雨布，防止因地面的凸起或细沙及污渍而造成磨损、划伤等。

② 安装人员及工具。专业安装人员 3～6 名（安装任务较重时可相应增加安装人员），每人配备安装工具一套，包括万用表一块，大活口扳手（安装地脚螺母）和小活口扳手（安装其他各处螺母）各一把，平口螺丝刀、三角锁工装、十字螺丝刀和尖嘴钳各一把，绝缘胶布、防水胶带等。此外配有吊装设备和升降设备。

③ 依照发货清单清点灯具；拆装并参照装箱清单一一核对各零部件并检查有无磕碰、磨损、变形和划伤等损坏，不合格品禁止安装。灯杆组件及易磨损配件（如太阳能电池组件、灯头等）放置时，必须垫有柔软的垫物，以免在安装过程中造成划伤等不必要的损坏。下灯杆组件放置时，其上端处需有一铁架支撑，便于上灯杆组件的安装。

④ 检查电池组件背后铭牌，核对规格、型号、数量是否符合设计要求，如不符合设计要求的应立即调货更换，不能勉强施工。

⑤ 检查电池组件表面是否有破损、划伤，如有应立即更换。

⑥ 检查太阳能电池组件正负极标志，确保正负极连接正确，应用万用表验证一下，以防标志错误等情况。验证方法：用数字万用表的红黑表笔分别接触电池组件的两个电极，显示为正值则红表笔对应电极为正，显示为负值则红表笔对应电极为负，其他正负极检验方法同此。

组装

太阳能 LED 路灯主要由太阳能电池组件、智能控制器、免维护蓄电池、LED 光源、灯杆和结构件等组成。

① 安装灯臂。用细铁丝将下灯杆上裸露的护套线端绑紧并用黑胶布缠裹；细铁丝的另一端穿过灯臂组件；在灯臂组件的顶端慢慢抽拉细铁丝，使得细铁丝带动护套线穿过灯臂组件，同时灯臂组件逐渐靠近下灯杆，直至灯臂上的面板与下灯杆上的灯臂凸台对准、紧贴，然后采用合适的螺栓紧固灯臂组件于下灯杆上；固定灯臂组件时，避免灯臂组件挤压护套线，造成护套线线皮受损乃至切断；断开细铁丝与护套线的连接。

② 安装灯具（内装有光源）。光源灯头、灯罩组装，穿线、接线，确保正负极连接正确，验证光源和其线路是否有问题，如有问题查出原因及时解决。将打开的灯具接近灯臂上端，裸露的护套线从灯具尾部穿进灯具内；拉动护套线，同时将灯具插入灯臂上，两者的重合长度为 150mm；将护套线接在灯具内部的接线端子上，接线时确保正负极接线正确；检测光源是否完好，线路是否有问题。将光源引出线与蓄电池两端电极相接，点亮则代表线路正常，不亮则回路中有故障。注意正、负极不要接反，电压等级要相互匹配。以灯臂为中心

转动灯具，使得灯罩正朝地面，然后将灯具固定于灯臂上。

③ 组装上灯杆组件。依次将支架组件和角钢框紧固于上灯杆组件上，螺纹连接部位要受力均匀、紧固；连接支架和角钢框的同时，采用细铁丝把护套线从灯杆中经过支架组件引到角钢框内；太阳能电池组件护板放置于角钢框中，然后将太阳能电池组件放置于护板上；安放太阳能电池组件时，接线盒均处于高处，当太阳能电池组件横放时，接线盒应向距灯杆组件近的方向靠拢。

④ 电池组件的输出正负极在连接到控制器前需采取措施避免短接；太阳能电池组件与支架连接时要牢固可靠；组件的输出线应避免裸露，并用扎带扎牢；电池组件的朝向要朝正南，以指南针指向为准。

依据路灯的系统电压和太阳能电池组件的电压将太阳能电池组件的线接好，如路灯的系统电压为24V，太阳能电池组件的电压为17V或18V，就应将太阳能电池组件进行串联，串联的方法是第一块组件的正极（或负极）和第二块组件的负极（或正极）连接；若太阳能电池组件的电压为34V，就应将太阳能电池组件进行并联，并联的方法是第一块组件的正负极和第二块组件的正负极对应连接。接线时将太阳能电池组件接线盒用小一字螺丝刀打开，把太阳能电池组件电源线用小一字螺丝刀压接到接线盒的接线端子上，要求红线接正极，蓝线接负极，线接好后将接线盒出线端的防水螺母紧固，并在接线盒内的接线端子处涂7091密封硅胶，涂胶量以使接线盒内进线孔处被完全密封为准，然后扣上接线盒盖。接线盒盖应扣紧，不可扣反。

用万用表检测太阳能电池组件连线（接控制器端）是否短路，同时检测太阳能电池组件输出电压是否符合系统要求。在晴好天气下其开路电压应大于18V（系统电压为12V）或34V（系统电压为24V）。在安装前和测试后，太阳能电池组件电源线接控制器端的正极应用绝缘胶布将外露的线芯包好，绝缘胶布包两层。电池组件在安装过程中要轻拿轻放，避免工具等对其造成损坏。

太阳能电池组件和电池组件支架用M6×20的螺栓、M6的螺母、垫圈紧固。安装时，应将螺栓由外向里安装，然后套上垫圈并用螺母紧固。紧固时要求螺栓连接处连接牢固，无松动。

⑤ 上、下灯杆组件的连接。将上灯杆组件下端口中的护套线取出并捋顺，把缠在下灯杆上的细铁丝松开并捋顺。上灯杆组件下端口处的护套线端固定于下灯杆上端口的细铁丝上。于下灯杆组件下端慢慢抽动细铁丝，同时起吊上灯杆组件于合适位置。当上灯杆组件下端距下灯杆组件上端约100mm时（此时穿于下灯杆组件中的护套线应处于轻轻受力状态），采用尼龙扎带扎紧下灯杆上端口的护套线，并再采用尼龙扎带将扎紧的护套线固定于下灯杆组件上端口处的挂钩上。然后将上灯杆组件插入下灯杆组件中至合适位置，均匀紧固下灯杆组件上的螺栓，直至达到要求。断开细铁丝与护套线的连接。组装完毕后，必须保证太阳能电池组件固定框朝向安装地点的正南面。

竖灯

将起吊绳穿在灯杆合适位置；缓慢起吊灯具，注意避免吊车钢丝绳划伤太阳能电池组件。起吊过程中，当太阳能路灯完全离开地面或完全脱离承载物时，至少有两位安装人员采用大扳手夹紧法兰盘，阻止灯具在起吊过程中因底部摆动而造成灯具上端与吊车吊绳摩擦，损坏喷塑层乃至更多。当灯具起吊到地基正上方时，缓慢下放灯具，同时旋转灯杆，调整灯头正对路面，法兰盘上长孔对准地脚螺栓；法兰盘落在地基上后，依次套上平垫30（或平垫24）、弹垫30（或弹垫24）及M30（或M24）的螺母，用水平尺调节灯杆的垂直度，如果灯杆与地面不垂直，可在灯杆法兰盘下垫上垫片，使其与地面垂直，最后用扳手把螺母均匀拧紧，拧紧前应涂抹螺纹锁固胶。对于M24的螺栓（8.8级），旋紧扭矩为650.6N·m，对于M30的螺栓（8.8级），旋紧扭矩为1292.5N·m。

检查太阳能电池组件是否面对南面，若不是则进行调整。调整太阳能电池组件方向，采用必要装置将安装人员（1～2 名）送至适当高度，安装人员用扳手逐一松动紧固在上灯杆组件的螺栓，然后以指南针为依据，扭转上灯杆组件至合适位置，最后逐一紧固上灯杆组件的螺栓，并确保各螺栓受力均匀。

蓄电池安装接线

蓄电池之间的连接线必须用螺栓压在蓄电池的接线柱上并使用铜垫片以增强导电性；输出线连接在蓄电池后，任何情况下禁止短接，避免损坏蓄电池；蓄电池的输出线与电线杆内的控制器相连时必须通过 PVC 穿线管。

控制器

① 检查控制器标志，核对规格、型号、数量是否符合设计要求，如不符合应立即调货更换，不能勉强施工。

② 检查控制器表面是否有破损、划伤，如有应立即更换。

③ 接线前要确认控制器上的太阳能电池组件、蓄电池、负载三者的标志符号、接线位置和正负极符号。

④ 控制器接线时注意正、负极性，要求红线接正极，蓝线接负极。接线前应先用剥线钳将太阳能组件线、蓄电池线和控制器上各电源线均剥去 30mm±2mm 塑铜线皮，按以下顺序进行接线：先接蓄电池电源线和控制器上的蓄电池线，将太阳能电池组件线接于控制器上的组件线上（控制器是双路太阳能输入的，应优先连接第一路），最后将负载接到控制器上的负载线上。安装舱门，采用三角锁紧固舱门。清理现场，保证环境整洁。清点工具，确定无遗漏。

15.1.3 太阳能灯具的调试

(1) 系统调试

灯具安装好吊装以前，要用蓄电池再进行一次测试，看灯具是否能够点亮，避免吊装完成后才被发现，增加维修成本。

① 时控功能设置。根据设计方案中设计的每天亮灯时间，按控制器说明书指示设置时间控制结点，每晚亮灯时间应不高于设计值，只能等于或小于设计值。

② 光控功能模拟。若是在白天，接线后，可用不透光物完全遮挡电池组件迎光面（或把控制器上电池组件接线卸下），根据控制器说明书上提到的延时时间（一般为 5min），看经过相应时间后，灯具是否能自动点亮，能点亮则说明光控开功能正常，不能点亮则说明光控开功能失效，需重新检查控制器设置情况。若正常，去除太阳能电池组件上的遮挡物（或把控制器上电池组件电源线接好），光源能够自动熄灭，说明光控关功能正常。

(2) 太阳能 LED 路灯安装接线注意事项

① 安装太阳能电池组件时要轻拿轻放，严禁将太阳能电池组件短路。

② 电源线与接线盒处、灯杆和太阳能电池组件的穿线处用硅胶密封，电池组件连接线需在支架处固定牢固，以防电源线因长期下垂或拉拽而导致接线端松动乃至脱落。

③ 安装灯头和光源时要轻拿轻放，确保透光罩清洁、无划痕。

④ 搬动蓄电池时不要触动电池端子和控制阀，严禁将蓄电池短路或翻滚。

⑤ 接线时注意正负极，严禁接反，接线端子压接牢固，无松动，同时应注意连接顺序，严禁使线路短路。

⑥ 不要同时触摸太阳能电池组件和蓄电池的"＋"、"－"极，以防触电危险。

⑦ 在安装过程中应避免将灯体划伤。

⑧ 灯头、灯臂、上灯杆组件、太阳能电池组件等各螺栓连接处连接牢固，无松动。

⑨ 安装太阳能电池组件时必须加护板。

⑩ 灯杆镀锌孔处用灯杆配套的密封器件或硅胶密封，并注意美观。

（3）太阳能电源安装工程验收标准

安装工程交接验收时应按下列要求进行检查

① 路灯安装试运行前，应检查灯杆、灯具、太阳能电池组件、控制器、蓄电池的型号及规格，应符合设计要求。

② 灯杆杆位合理。

③ 太阳能电池组件方位角和倾斜角安装符合设计要求，没有明显遮挡。灯杆应与地面垂直。

④ 控制器的设置符合设计要求。

⑤ 灯臂安装应与道路中心线垂直，固定牢靠。在杆上安装时，灯臂安装高度应符合设计要求，引下线松紧一致。

⑥ 灯具纵向中心线和灯臂中心线应一致，灯具横向中心线和地面应平行，投光灯具投射角度应调整适当，平均亮度、平均照度达到设计要求。

⑦ 灯杆、灯臂的热镀锌和油漆层不应有损坏。

⑧ 基础尺寸、标高与混凝土强度等级应符合设计要求。

⑨ 金属灯杆、太阳能电池组件边框、支架等均应接地保护，接地线端子固定牢固。

⑩ 路灯的防盗措施完善。

路灯安装工程交接验收技术资料和文件

路灯安装工程交接验收时，应提交下列技术资料和文件：

① 工程竣工资料；

② 设计变更文件；

③ 灯杆、灯具、太阳能电池组件、控制器、蓄电池等生产厂提供的产品说明书、试验记录合格证件及安装图纸等技术文件；

④ 试验记录，应有路灯每天照明的时段。

验收检查试验方法

验收检查试验应执行 GB 7000.1、GB/T 9535、YD/T 799、GB 19510.1 中规定的试验方法，并做以下项目检查和测量。

① 电压的测定，用电压表测量。

② 各连接件的检查，用目测法。

③ 接地电阻，用接地电阻测试仪进行测量。

④ 防腐处理，可用外观目测法。

⑤ 路灯的照度，用照度仪测量。

⑥ 太阳能电池组件的抽检测量，采用光伏组件测试仪。

⑦ 蓄电池容量的抽检测量，采用容量测试仪或相关国家标准规定的方法进行。

⑧ 控制器的抽检测量，按照其设计的性能进行检测。

如工程业主单位对系统的性能有明显疑问，可提出对太阳能电池组件、蓄电池容量进行抽检，抽检由有检测资质的机构进行。

15.2   太阳能路灯及蓄电池的维护

15.2.1   太阳能路灯的维护

太阳能路灯的使用与维护的好坏直接影响着太阳能路灯的使用寿命，影响着太阳能路灯的运行成本，并影响效率。做好太阳能路灯的维护是维持系统良好运行的最佳手段。一般情况下，无需对太阳能电池组件进行表面清洁处理，但对暴露在外的接线点要进行定期检查、维护。

① 遇有大风、暴雨、冰雹、大雪等情况，应采取措施保护太阳能电池方阵，以免损坏。

② 太阳能电池方阵的采光面应经常保持清洁，如有灰尘或其他污物，应先用清水冲洗，再用干净纱布将水迹轻轻擦干，切勿用硬物或腐蚀性溶剂冲洗、擦拭。

③ 与太阳能电池方阵匹配使用的蓄电池组，应严格按照蓄电池的使用维护方法使用。

④ 定期检查太阳能路灯电气系统的接线，以免接线松动。

⑤ 定期检查太阳能路灯的接地电阻。

15.2.2 蓄电池的维护

蓄电池运行的质量是由三个方面决定的：一是产品质量，二是安装质量，三是运行维护质量。这三个方面对于蓄电池的运行都是十分重要的。特别是产品质量，这是保持蓄电池有较好运行质量的关键，与蓄电池生产过程中的各个环节，即从铅粉制造到封装入库的每道工序都有关联。因此，要对板栅的厚度、重量，铅膏的配方，隔板的透气性，安全阀的技术设计，电解液的灌装方式及对电解液注入量的控制、合成方式，壳体材料及壳盖与极桩、壳盖与壳体间的密封等诸方面、诸环节进行严格的把关。

为确保电池的使用寿命，应对电池进行正确的检查和维护。以下推荐 6V、12V 电池的维护保养方法。

(1) 月度保养

每月完成下列检查：

① 保持电池房清洁卫生；

② 测量和记录电池房内环境温度；

③ 逐个检查电池的清洁度、端子的损伤及发热痕迹、外壳及壳盖的损坏或过热痕迹；

④ 测量和记录电池系统的总电压、浮充电流。

(2) 季度保养（重复各项月度检查）

测量和记录各在线电池的充电电压。若经过温度校正有两只以上电池电压低于 2.18V/单格，电池组需进行均衡充电，如问题仍然存在，继续进行电池检验项目检查。

(3) 年度保养

① 重复季度所有保养、检查。

② 重复检查连接螺钉是否有松动，并把松动的螺钉拧紧。

复习思考题

1. 太阳能路灯安装的步骤及注意的问题有哪些？

2. 太阳能灯具的调试步骤有哪些？

3. 太阳能 LED 路灯安装接线注意事项有哪些？

4. 太阳能路灯的维护有哪些方面？

附录1　LED 封装过程使用仪器技术参数及使用说明

一、扩晶机

1. 机器用途

晶片扩张机被广泛应用于发光二极管、中小型功率三极管、集成电路和一些特殊半导体器件生产企业内的晶粒扩张工序。扩晶机实物及结构示意图如附图1所示。

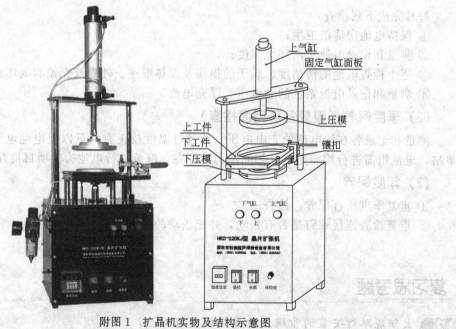

上气缸
固定气缸面板
上压模
上工件
下工件
镶扣
下压模

下气缸　上气缸
下　上

HKD-220KJ型 晶片扩张机

温度设定　温控　电源　保险座

附图1　扩晶机实物及结构示意图

2. 机器特点

①采用双气缸上下控制；②恒温设计，膜片周边扩张均匀适度；③加热、拉伸、扩晶、固膜一次完成；④加热温度、扩张时间、回程速度均匀可调；⑤操作简便，单班产量大；⑥机器外形见附图1。

3. 技术参数

① 额定电压：220V；频率：50Hz。

② 功率：250W。

③ 气压范围：3～8kgf/cm² ❶ 。

④ 扩晶拖盘最大行程：100mm；固晶压圈行程：100～150mm。

⑤ 温度控制：0～200℃；常规温度：60～65℃。

⑥ 外形尺寸：250mm×280mm×820mm。

4. 操作步骤

① 接通 220V 电源。

② 接通 4～8cm² 气泵。

③ 把总电源拨到 ON 位置（指示灯亮）。

④ 设定温度为 55～60℃。将上气缸开关拨至"上升"位置，上压模回至最上方。将下气缸开关拨至"下降"位置，下压模回至最下方（反复几次下气缸动作，将上升速度调整至越慢越好）。

⑤ 松开锁扣，掀起上工件板，将固晶内环放于下压模，将晶片膜放于下压模正中央，晶片朝上，将上压模盖上，锁紧锁扣。

⑥ 把扩晶升降托盘的电源开关连续轻按到所需要的位置。将下气缸开关拨至"上升"位置，下压模徐徐上升，薄膜开始向周围扩散，晶粒间隔逐步拉大。当晶片间隔扩散至原来的约 2～3 倍时即停止上升。将固晶外环圆角朝下平放在薄膜与内环上方。

⑦ 套上扩晶环外环（须放平整）。将上气缸开关拨至"下降"位置，上压模开始下压，将扩散后的晶片膜套紧定位，上压模回至最上方。

⑧ 按下扩晶环压合气缸电源按钮，待压合后才松开电源按钮，气缸回位。

⑨ 轻按托盘电源开关下降按钮，托盘回位。

⑩ 松开扩晶膜压合圈拉钩。

⑪ 取下扩晶环。

5. 维护保养

① 用干净布块擦拭附着灰尘，活动部位定期涂少许机油润滑。

② 放置晶片膜的部位必须干净，附着的油脂、灰尘会污染晶片造成不良品产生。

6. 注意事项

① 气缸工作时切勿将手接近或放入压合面。

② 下压模表面切勿用锐器敲击、摩擦，以免形成伤痕。

③ 机器安装时，应正确、可靠接地。

④ 机箱内电源危险，箱门应锁紧。

⑤ 更换加热管或其他电气元件时，需在电源插头拔下后进行。

⑥ 切勿用带水或溶剂的抹布擦拭机器，以免产生漏电或燃烧危险。

二、点胶机

1. 主要用途

点胶机适用于 LED 发光二极管、数码管、点阵及各种 PCB 板上点银浆、点环氧树脂等。

2. 机器特点

点胶机采用拨码器，调整设定准确，对比直观；可任意调整设定注胶时间、气压大小、胶量；有脚动和自动两种使用方式；最小点胶直径 0.5mm；有空气过滤装置；外表采用平光喷粉，美观耐用。

3. 技术参数

① 使用电压：220V；频率：50Hz；额定工作电压：24V。

② 功率：10W。

③ 气压范围：1～10kgf/cm²；设定气压：1～2.5kgf/cm²。

---

❶ 1kgf/cm²＝98kPa。

④ 点胶时间：0～10s，可任意调整。

⑤ 点胶针筒：10～50mL；针头：5#～20#，一般用5#～12#。

⑥ 选择功能：脚动、自动自由转换。

⑦ 外形尺寸：270mm×200mm×90mm。

4.操作说明

① 将电源插头插入220V插座。

② 接上气管，上好所需针筒大或小、选择针头大小。

③ 调整气压阀门，调到一般额定气压，气压表指针到0.3～0.4之间。

④ 设定自己产品所需胶量的大小，可以调整气压大小或延时开关（一个是停顿延时，一个是注胶延时）。

⑤ 按下电源开关，这时电源指示灯会亮，不亮时则要检查保险是否有损坏。

⑥ 脚动点胶：将机器背面转换开关拨向"脚动"位置，踩下脚踏开关不动则为连续点胶，点按一下为单动点胶。

⑦ 自动点胶：将机器背面转换开关拨向"自动"位置，无需脚踏即可完成自动点胶。脚踏下时就会停止。

三、烤箱

1.特点

此烤箱为精密烘烤箱，采用固态继电器加热方式，温度控制稳定，噪声低，操作方便。表面采用静电烤漆，内腔采用不锈钢板制造，不生锈，经久耐用，外形美观，清洁度高，易于维护。适用于烘烤温度在200℃以下的各种五金、电子产品，尤其适用于生产LED发光二极管、数码管、背光源等产品，具有烘干快、不裂胶、支架不变色等优点。

2.主要技术参数

① 额定电压/频率：380V/50Hz。

② 鼓风机功率：0.37kW 4P。

③ 鼓风机转速：1400r/min。

④ 发热管：6kW（1.5kW×4）。

⑤ 控温范围：室温～200℃。

⑥ 外形尺寸（长×宽×高）：手动/到温计时。

⑦ 使用空间：600mm×900mm×660mm。

⑧ 净重：150kg。

⑨ 时控开关：999分任意设定，开机计时。

⑩ 温控计时：到温计时。

3.操作说明

① 每台烤箱须单独配备一个隔离开关。

② 按要求连接好电源（三相五线电源）。

③ 把总电源旋钮向右旋转，电源指示灯亮。

④ 轻按ON按钮，风机启动，烤箱开始工作。

⑤ 设定定时开关

a.开机计时　先在计时器上设定时间（999分钟任意设定）。打开计时开关，此时计时器上显示时间开始计时。设定时间到，计时蜂鸣器工作，此时须关闭计时开关，如计时器不关，蜂鸣器不停止。

b.到温计时　轻按温控表SET键两次，上方红色显示ST字样，下方显示0，此时按上升/下降键设定所需要的时间（999分任意设定）。

c.温度设定　轻按SET按钮一次，上方红色显示SP字样，下方显示数字，此时轻按上升/下降键，设定所需要的温度。

d.设定到温计时功能　当温度达到所设定的温度时，计时器开始工作，到设定的时间后，烤箱自动关闭加热系统。风机继续运转确保烤箱内气体流通。

    e. 继续设定　重复原步骤。

    f. 当电源启动至 ON 位置，电机指示灯亮，电机工作。当加热系统开始工作时，加热指示灯亮，温控表显示温度，电流表显示工作电流，当温度达到设定温度，电流表复位。

    g. 超温报警设定　将超温报警器温度设置至比温控器所设定的温度高于 10℃ 的位置，当温度超过设定温度时，报警器报警。

4. 主要电气配件

名称	用途	技术数据	数量
旋钮开关	电源控制	250V/6A　φ25	1
电源指示灯	显示电源	220V　φ25	3
温控器	控制加热温度	XMT-6000/220V	1
超温调节	设定超温范围	220V	1
蜂鸣器	超温报警	220V	2
散热风扇	控制箱散热	220V	1
时控开关	设定加热时间	JG316T/220V	1
电流表	显示工作电流	20A	1
3P 断路器	保护整机电源	60A	1
固态继电器	加热电源连接/断开	CJX2-10/220V	3
10A 交流接触器	电机电源连接/断开	CJX2-10/220V	1
热过载继电器	保护鼓风电机	JRX2-10/220V	1
电机	循环热风	380V/370W　50/60Hz	1
风轮	循环热风	9″(1″＝25.4mm)	1
发热管	加热	1500W	4

5. 一般性故障及维修

故障类型	故障原因	清除办法
总电源旋钮开关旋至 ON 位置，指示灯不亮	电源没接好	检查电源
	总电源旋钮开关坏	检查总电源旋钮开关
	断路器烧坏	检查断路器
	热过载继电器没复位	检查热过载继电器
	超温报警器断开	检查超温报警器或调高设定温度
	总电源指示灯坏	检查总电源指示灯
风机旋钮开关旋至 ON 位置，风机指示灯不亮，鼓风电机不工作	风机电源指示灯坏	检查风机电源指示灯
	风机旋钮开关坏	检查风机旋钮开关
	风机交流接触器坏	检查风机交流接触器
	鼓风电机坏	检查鼓风电机
加热旋钮开关旋至 ON 位置，加热指示灯不亮，温控器不显示温度	加热电源指示灯坏	检查加热电源指示灯
	加热旋钮指示灯坏	检查加热旋钮开关
	温控器坏	检查温控器
	风机电源没启动	检查鼓风机是否开启
	电流表坏	检查电流表
电流表不显示或显示电流不对，烤箱不升温	电热管交流接触器坏	检查电热管交流接触器
	电热管坏	检查电热管
	温控表坏	检查温控表是否有电源输出
	高温接线端子老化	检查电源是否到电热管
	电流表坏	检查电流表

6.注意事项

在设备出厂前，应已通过严格的安全性能检测，但任何种类的设备在循环周转（指运输、安装、使用、调试、拆卸、维修等）的过程中都存在一定的隐患，为了安全，务必注意以下事项。

① 试机前，应熟悉设备各控制件的位置及功能。

② 该设备外壳使用1.5mm钢板制成。在搬运安装时，不要和任何物体碰撞，以免影响设备外观及功能。

③ 严禁烘烤易燃、易爆、有剧毒的化学物品。

④ 烘烤箱是高温作业设备，在使用时，手及身体部分不要直接接触烘烤箱内任何物体，以免烫伤。

⑤ 设备配电箱内电源为380V，如电源控制出现故障需维修时，应切断电源再维修，不得随意打开控制箱，以免发生危险。

⑥ 设备应安装在室内，严禁有雨水或阳光直射。

⑦ 烘烤箱外形尺寸为900mm×730mm×1640mm，实际使用空间不得少于660mm×600mm×900mm，设备左右空间不应少于500mm，后背距墙壁不得少于200mm。

⑧ 如烘烤的产品含有化学物质，建议用内径50mm的软管连接排气管来排除废气，确保操作人员身体健康。

⑨ 烘烤箱内应保持清洁、干燥，若长期停机应切断电源，用气泡纸或软体纸包装。

四、焊线机

1.用途

STR-L803A金丝球焊线机主要应用于大功率发光二极管（LED）、激光管（激光）、中小型功率二极管、三极管、集成电路、传感器和一些特殊半导体器件的内引线焊接，特别适用于大功率发光管的焊接。焊线机实物如附图2所示。

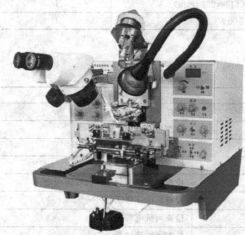

附图2　焊线机实物

2.产品特点

① 单向焊接可以记忆两条线的数据，方便左、右支架均采用同侧单向焊接。

② 双向焊接时，焊完第一条线后自动运行到第二条线一焊上方，大致对准第二条线的第一焊点，可提高效率并保护第一条线弧。

③ 双向焊接时，两条线的二检高度、拱丝高度分别可调，以利于不同二焊高度的支架焊接。

④ 弧度增高功能，有弧形1、弧形2及弧形3多种弧形可选，可达到所想要的任何弧形，对于弧度要求较高的大功率管支架、深杯支架及食人鱼支架，将大大提高合格率。

⑤ 二焊补球功能，可大大提高二焊的可焊性，降低死点率。

⑥ 自动过片1步或2步选择，对于ϕ8mm和ϕ10mm等大距离的支架，选择每次过片2步将大大提高生产效率。

⑦ 连续过片功能，对于返工支架能提高效率。

⑧ 劈刀检测功能，可检测劈刀是否正确安装，大大降低人为的虚焊。

⑨ 超声功率4道输出，可尽量保证两边线的二焊焊点基本一致，同时因为晶片支架上的焊点参数不同，选择晶片上与支架上不同的一焊功率可保证。

⑩ 晶片上的焊点与支架上的补球一焊都满足要求。

⑪ 烧球性能大大改善，若再采用独特设计的劈刀，可得到更小的一焊（球焊）及更可靠的二焊，更适合蓝、白发光二极管的生产。

3.主要技术参数

① 使用电源：220V AC±10％（110V AC 可定制），50Hz，300W，要求可靠接地。

② 消耗功率：最大 300W。

③ 适用金丝线径：20～50μm。

④ 焊接温度：60～400℃。

⑤ 超声功率：二通道 0～3W，分两挡连续可调。

⑥ 焊接时间：二通道 0～100ms。

⑦ 焊接压力：二通道 35～180g。

⑧ 最小焊接时间：0.4s/线。

⑨ 一焊至二焊最大自动跨度：双向均不小于 4mm。

⑩ 尾丝长度：0～2mm。

⑪ 金球尺寸：线径的 2～4 倍，可任意设定。

⑫ 夹具移动范围：$\phi25$mm。

⑬ 显微镜：体视显微镜（15 倍、30 倍两挡）。

⑭ 外形尺寸：700mm(长)×460mm(宽)×550mm(高)。

⑮ 重量：约 30kg。

⑯ 环境要求：清洁无尘；室内温度：20～28℃；相对湿度：<70％；周围无干扰振动，置机工作台要牢固，每机一桌。

4.安装

打开包装箱，取出机器、显微镜、夹具等，并清除其包装灰尘放于平稳工作台上。

① 滑板安装　清除滑板上的防垫物，拆除机器操纵盒的包装杂物，把两个 $\phi5$ 钢球放于滑板和底板之间的钢垫上，将支轴穿过底座、滑板和操纵盒的轴承，并将两端用螺钉加平垫固定。

② 金丝的安装　把金丝筒座安装在机器正上方的位置上，将导丝管的小头穿过筒座中间的橡胶固定环，把金丝筒放在金丝筒座上，调整导丝管的伸缩量，导丝管的大头应高于金丝筒的上端约 20～25mm，金丝从导丝管穿出，经过放线系统，最后进宝石孔、线夹和劈刀。

③ 劈刀的装卸　将劈刀插入换能器孔，用镊子背或其他工具顶住换能器头部左边，用起子将螺钉拧紧。

注意

·紧固劈刀螺钉时，一定要用工具顶住换能器左侧，以免换能器移位！

·劈刀螺钉的紧固力要适当。力小了劈刀夹不紧，影响超声输出；力大了易拧断劈刀螺钉，而在换能器内的劈刀螺钉很难取出，甚至造成换能器报废！

5.操作

（1）操纵盒

安装线盒及穿线示意图如附图 3 所示。操纵盒结构示意图如附图 4 所示。

（2）首次操作

首先设置好工作温度，视不同的支架和芯片设定适当的温度，待工作温度达到设定值后方可工作。对于不同的产品，建议先做一次工作面高度的检测，定好参数后，便可试焊生产，根据产品的特性和要求，操作者可对焊接进行跟踪调节，当检测参数达到产品要求后，即可进行实际生产。焊接循环图如附图 5 所示。

（3）持续操作

在生产过程中因故中断工作，可关闭电源或只关闭照明灯和停止夹具加温即可。即使电源关闭，原有设定参数仍然保存在记忆体中，不被清除（除非进行数据清除操作）。终止操作时，应按"复位"键使整机恢复至原始位置，保证劈刀不被意外碰损。继续操作时，先调整显微镜，让工作面在视野中间，方可进行下一步的操作。

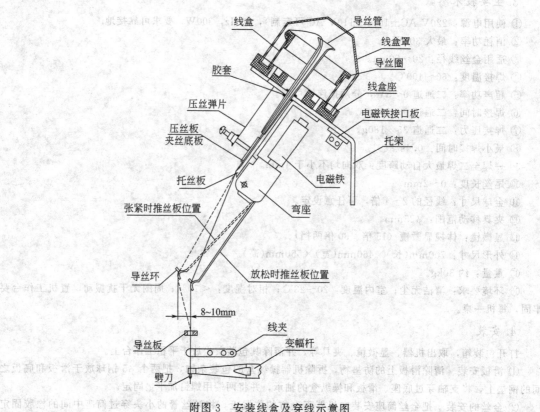

附图3　安装线盒及穿线示意图

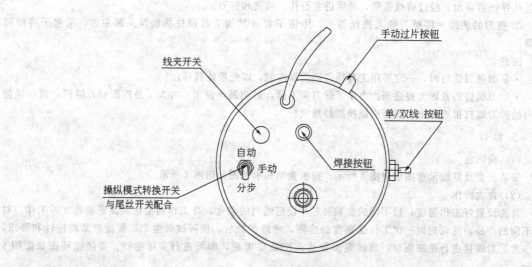

附图4　操纵盒结构示意图

（4）高弧度调整

模式转换开关打在分步（半自动）状态下，按住焊接按钮不放，同时按下线夹开关，面板上的弧形指示灯同时亮起，再把高度/跨度开关打到跨度。在打完一焊时机器会在不动状态下，这时再调整"调整旋钮"，调整到相应的跨度，再把跨度开关打到中间状态，完成高弧度设定。焊接循环图如附图5所示。

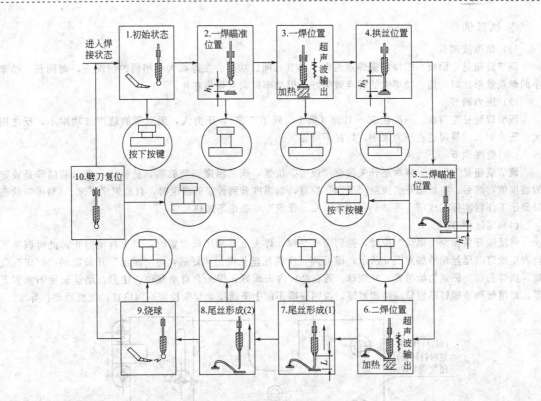

附图 5　焊接循环图

h_1—焊瞄准位置；h_2—拱丝位置；h_3—二焊瞄准位置；L—尾丝长度

STR-L803A 金丝球焊机六种操作模式如下所示。

操作模式	功能项目			K1 位置			K2 位置		K3 位置		说明
	自动位移	自动二焊	自动送料	自动	手动	分步	锁定	禁止	单线	双线	
1	有	有	有	○		○			×	×	在固晶、框架均较好,操作人员较熟练的情况采用这种模式,可发挥出机器最大的效能
2	有	有	无	○		○			×	×	在框架二焊脚不太好的情况下,采用这种模式,易觉察二焊不良,方便返工,同时速度较快
3	有	无	无	○		○			×	×	在固晶不良,框架二焊不良的情况下,采用这种模式,既可提高速度,又可兼顾二焊不良的情况
4	无	无	无		○		×	×	×	×	此为全手动方式,主要用途是在自动焊线不良时返工。同时该模式可用于初学者学习,或用于焊接非发光二极管器件
5	有	无	有	○		○			×	×	在固晶不良但二焊脚较好的情况下,采用这种模式,既可提高速度,又可兼顾二焊不准的情况
6	无	无	有			○			×	×	此种模式为模式 5 跨度调为零的情况下得到,可用于固晶不良、二焊脚不良的情况下及初学者学习
7									○		焊单线发光二极管等器件
8										○	焊双线发(白、蓝、绿)光二极管

注：1. 模式中,"×"表示不定,即不论 K2 处于什么位置,均为全手动方式。

2. K1、K2、K3 分别为操纵盒及板面上的功能切换开关。

6.机器调整

（1）超声波调节

调节旋钮见左面板。根据所需焊点的大小调节时间、功率。在焊点大小相同的情况下，时间长、功率小的焊点效果比时间短、功率大的焊点效果好，但功率过大会损伤芯片。

（2）压力调节

调节旋钮见左面板。一般在35～120g（第1格到第7格），压力大，则需要的超声波功率小，反之则大。压力太大，易焊烂；压力太小，焊接不可靠。

（3）温度调节

调节旋钮见右面板。将状态开关拨至"设定"位置，调节温度调节旋钮，显示器上显示的值即是设定的温度值，然后，将状态开关拨至"工作"位置，当温度升到设定的温度时，自动恒定下来。"暂停"状态只显示工作台实际温度值，不加热（注意：在"设定"状态也不加热）。

（4）尾丝调节

将尾丝开关拨至"尾丝"位置，待到完成二焊，焊头上升到尾丝位置时，焊头自动停止，此时调节尾丝调整螺钉（尾丝调节如附图6所示）即可调至所需尾丝长度。调好后，将"尾丝"开关拨回"锁定"位置，则焊头自动回到初始位置，并烧球。若在20s内未调好，焊头会自动复位。注意：尾丝长度不能调至零，即尾丝调节螺钉不能紧逼换能器座，否则瓷嘴不能上下活动，焊头检测不到位置，使机器动作异常。

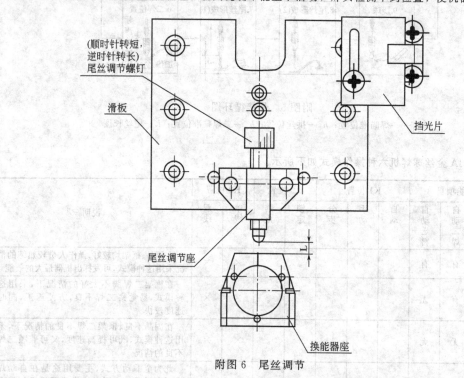

附图6　尾丝调节

（5）打火调节

调节旋钮见右面板。根据所需金球的大小调节时间、电流。金球同样大小的情况下，时间长、电流小的金球比时间短、电流大的金球球度好且表面细腻。

（6）照明灯调节

调节旋钮见右面板。照明灯聚光效果较好，故照明灯亮度不必开得很大即可满足焊点照明。

（7）金球大小调节

金球大小可由尾丝长短及打火强度的配合调节来完成。在打火强度足够大的情况下，尾丝越长金球越大；反之则越小。而尾丝固定的情况下，打火强度越小，则金球越小；反之则越大。

（8）清除记忆数据及工作面高度检测

在遇到强干扰破坏了已设定的高度数据或工作高度须大幅更改时，可清除原记忆数据，重新测试工作面高度后再调至所需高度。

①　按住线夹开关，同时按下复位键，在复位的同时，原高度和跨度数据即被清除。

②　加热体平面为基本工作面，让劈刀对准加热体平面，按下操纵开关，焊头架下降，劈刀碰到加热体平面后返回初始位置，即完成工作高度测试。注意：在劈刀尖端与工作面距离小于6mm时，机器将视为非法高度，不予检测。

（9）一检、二检、拱丝位置高度调节

①　高度调整　将"高度"调整开关拨向"高度"位置，机器分别运行到"一检""二检""拱丝"位置时，调节"调整"旋钮，则可分别改变"一检""二检""拱丝"位置高度并记忆，之后将"高度"调整开关拨向"锁定"即可。

②　跨度调整　将"高度/跨度"调整开关拨向"跨度"位置，机器运行到"拱丝"或"二检"位置时，调节"调整"旋钮，即可改变跨度，在"拱丝"位置时作为粗调，而在"二检"位置时作为精调。如焊双线时按该方法先调好第一条线，再调第二条线。

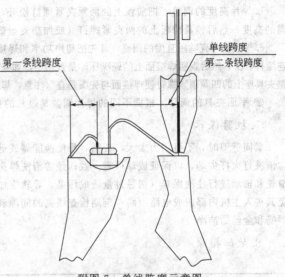

注意　调节跨度时，需选一个管芯位置装得比较正确的支架，因为二焊焊点应在二焊脚偏右些位置。单线跨度示意图如附图7所示。

附图7　单线跨度示意图

（10）焊头初始高度调节（含打火杆高度）

调整箱体上的挡光片高度，可改变焊头初始高度，挡光片越高，焊头初始高度越低，反之则越高。焊头高度以劈刀尖端距工作面（一般以加热体上平面为工作面）6～7mm为宜，小于6mm时视为非法高度，清零后不予检测；而太大时将影响速度。调好劈刀高度后，须调整打火杆的高度。打火杆尖端距劈刀尖端为0.2mm，距劈刀侧壁为0.1～0.5mm。打火杆调整示意图如附图8所示。

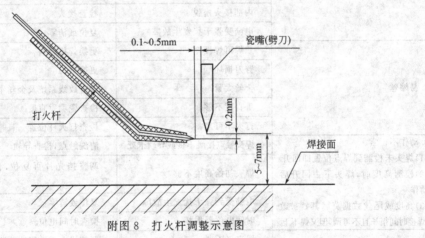

附图8　打火杆调整示意图

（11）弧度调整

调整焊头拱丝位置的高度及打火火力强度均可改变弧度。在金丝过硬或较粗或不需太大的弧度时，可将摆杆螺线管插头取下，使摆杆不动作。

注意　如过丝系统太脏，可能会出现低弧、甩丝、划伤金丝、堵劈刀等现象。所以，必须高度重视过丝系统的清洁。

（12）显微镜的调整

找出焊接位置，调整显微镜的左右和前后位置，使显微镜的视野对准焊接位置，后调节显微镜工作高度使焊接能看得清。

（13）夹具的调整

① 发光二极管夹具的调整

a.过片位置的调整　首先调整左推钩，使推钩垂直焊片，距夹具立板 0.1～0.2mm，转动电机偏心轮，推钩推动焊片往右移动，在偏心轮最高点时，使焊片的两焊脚正好位于两压刮位置，然后调整右推钩使其和左推钩同步。

b.焊片高度的调整　把前板上的两颗夹紧螺钉松开，调节前板和后板中间的垫板，上下移动至焊片所需的高度，然后锁紧前板上的两夹紧螺钉（或加垫支架垫片）即可。

c.焊接面与瓷嘴垂直度的调整　首先把超声功率和焊接压力调小（0.5格以下），瓷嘴未穿金丝在焊接面上连续打数次，然后观察焊接面上的瓷嘴压印是否均匀，如瓷嘴压印不均匀则松开夹具座上的两锁紧螺钉，然后调整夹具座上的四颗顶紧螺钉使焊接面与瓷嘴垂直（注意：焊接面与瓷嘴是否垂直对焊接质量影响很大）。

② 平面夹具的调整　根据不同的焊片调整其过片的步距，使每次过片刚好处于压紧即可。

7.机器保养

紧固劈刀时，不可用力太大，否则，易使换能器或劈刀螺钉滑牙；经常清洗劈刀，以保证可焊性；经常清洗打火杆尖端，以保证成球可靠一致；经常清洗焊头触点，以保证焊头动作正常；定期对活动的导轨、滑轮和轴承进行注油保养（切忌过量造成污染，导轨应加润滑硅脂）；定期清理工作台面上的残余金丝，以免其进入主机内部造成电路短路；定期检查线夹的间隙和张力是否变化；经常清洗放线系统，以保证过丝顺畅和金丝的洁净。

8.故障排除

问题	原因	维修
1.不动作	电源线接触不良或没插好	检查电源线
	保险丝烧断或电源开关故障	检查保险丝、开关
	操作按键故障	检查操作按键 SS-5GL
	变压器故障	检查变压器
	内部接头松脱	检查接头
	电脑受强干扰发生故障	复位或清零
2.易缩丝	二焊可焊性差	更换焊接材料
	劈刀损坏	更换劈刀
	金丝太紧	检查放线系统及金丝本身
	垂直度不够	检查瓷嘴垂直度
	打火不可靠	检查打火杆位置
3.动作不正常 （1）焊头未检测到焊点位置即回升 （2）检测高度时，焊头下去回升后不动作 （3）高度或尾丝数据莫名其妙被改变，焊接时间很长且不可调，但又焊不上	焊头触点接触不良或导轨卡死	清洗触点,检查导轨
	焊头初始高度不够	调整挡光片再复位,使焊头初始高度升高些
	电脑受到强干扰发生故障	复位或清零
	时间电位器损坏	检查时间电位器
4.不能成球或成球不一致	线夹夹不紧	调整线夹磁铁间隙并清洗夹线面
	打火杆尖端太脏	清洗打火杆尖端
	劈刀不干净	清洗劈刀
	劈刀磨损	更换劈刀
	打火杆距劈刀太远	调整打火杆
	材料可焊性差	更换材料
	打火电弧强度太大	减小打火电流
	张力系统张力太小	增加金丝张力

续表

问题	原因	维修
5.不能手动成球	打火杆距离劈刀远	调整打火杆
	尾丝太长	缩短金丝
6.掉球(在一检位置时,金球未紧附瓷嘴,而在初始位置时正常)	压丝玻璃片没压紧	调节压丝螺钉将玻璃片压紧
	刚穿丝,金丝太松	多焊几条线或将金丝收紧
7.弧度不稳	劈刀太脏或损坏	清洗劈刀或更换劈刀
	线夹间隙太小	调整线夹磁铁间隙
	金丝松紧不匀	更换金丝
8.虚焊或焊点质量不稳	劈刀脏,磨损	清洗,更换劈刀
	劈刀固定位置太高或太低	正确装劈刀
	固定劈刀的螺钉松动或滑牙	更换
	超声波红灯不转换或黄灯不亮	检查超声板
	焊片夹不稳	检查工作台
	被焊面不平	更换焊片、晶粒
	芯片黏结不良或芯片本质不良	更换芯片
	金丝不洁或芯片本质不良	更换金丝
	导轨焊接点处被卡死而不能继续下行	放松皮带后,将导轨往下压过死点即可
9.从一焊断线	金线太紧	更换金线
	放线系统故障	检查摆杆是否正常摆动或压丝力是否太大
	劈刀太脏	清洗或更换劈刀
10.打穿晶片	压力或功率太大	可将功率或压力调小,时间加长
	劈刀磨损	更换劈刀
	芯片黏结不良	更换芯片
11.不能加热	加热芯烧坏	更换
	热电偶开路或接触不良	检查热电偶
	温控板坏	检查温控板
12.温度失控	热电偶接反或短路	检查热电偶
	温控板坏	检查温控板
13.金球被压烂	超声功率过大	适当降低超声功率
	焊接时间过长	适当缩短一焊时间
	焊接压力太大	适当减小一焊压力
	金球太小	调整打火时间、电流和尾丝长度,选择适当的金球大小
	线夹顶住变幅杆,弹片无作用	调整线夹高度,使变幅杆能上下移动并有弹性
14.金球大小不一致	打火电弧强度不稳定	检查打火电路
	打火针位置不对	按附图7调整打火针位置
	线夹电磁铁动作有延迟	清除电磁铁推杆脏物或更换
	线夹力不够,金丝断丝不正常	调整线夹力
	夹丝板表面有脏物	用酒精清洗夹丝板
	两夹丝板表面不平行	校正夹丝弹片
	线夹张开间隙太大	调节线夹张开螺钉至要求位置

续表

问题	原因	维修
15.一焊金球粘上后,金丝正好在金球上方断开	金丝张力过大	减少金丝张力
	金丝被勾住后扯断	检查金丝过丝通道是否通畅,特别是导丝环
	线夹在一焊时未张开	检查线夹电磁铁是否运动顺畅或损坏,有问题就更换
	金丝太硬,质量不好	更换品质好的金丝
	劈刀尖口部有小金球或脏物堵塞	用钨丝或王水清除孔内脏物
	劈刀口严重磨损	检查,更换劈刀
16.一焊焊不上	金线太紧	更换金线
	过丝通道故障	推丝板是否正常摆动或压丝力是否太大
	劈刀太脏或损坏	清洗或更换劈刀
	超声功率过小	适当加大超声功率
	焊接时间过小	适当增加超声时间
	焊接压力太小	调整焊接压力
	工作台夹具温度过低	调高工作台夹具温度
	初始检查位置过高	复位清零后重新检测高度
	焊接面脏,镀层质量差	用酒精清洗或试用新工件
	金丝未烧球	清洗或用金相砂纸打磨打火针尖,按附图7调节距离
	金球太小或太大	调整打火时间、电流和尾丝长度,选择适当金球大小
	垂直导轨卡住,焊头架不能下落	松开同步带,稍加力上下移动导轨座,使之顺滑并能移至最高及最低点
	焊头架下降时打火针顶住变幅杆	适当调整打火针位置
	焊头架或变幅杆顶丝松动	锁紧螺钉或顶丝
17.二焊焊不上	金线太紧	更换金线
	过丝通道故障	检查推丝板是否正常摆动或压丝力是否太大
	劈刀太脏或损坏	清洗或更换劈刀
	超声功率过小	适当加大超声功率
	焊接时间过小	适当增加超声时间
	焊接压力太小	调整焊接压力
	工件松动,未压紧	调整工作台夹具
	劈刀与焊接表面不垂直	校劈刀与焊接表面的垂直度
18.堵劈刀	材料品质不良,镀层质量差	更换合格材料
	晶片质量差或固晶不良	使用合格晶片或固晶合格的材料
	过丝通道脏	清洗过丝通道
	打火时间、电流调节不当	重新调整
	金丝不良	更换好的金丝
	劈刀不良	更换劈刀

五、搅拌机

搅拌机表面经过耐高温金属处理，不生锈，操作简单。

1. 主要用途

适用于发光二极管、数码管点阵搅胶用。

2. 技术参数

① 额定电压：220V；频率：50Hz。
② 功率：35W。
③ 气压范围：3~8kgf/cm^2。
④ 外形尺寸：300mm×250mm×700mm。

3. 操作方法

① 插入 220V/50Hz 电源插座，接通气管气源。
② 将 A、B 胶按比例配好至杯中，放入搅拌机底板上（可调）。
③ 打开电源开关，轻按下降键、上升键，设置到搅胶的最佳位置，将计时器设置到搅拌胶体的需要时间，再按启动键，电机运转，如果调整拌杆的叶片高度，可按上升键、下降键。
④ 旋转调速器上的旋钮，调节电机转速。
⑤ 双叶片设计，自带定时，具有正反转功能。

4. 注意事项

① 下班时拔掉电源插头，断开气源。
② 用苯酮或酒精擦洗机台及立柱的残余胶水及脏物，保持机台干净卫生。

六、真空箱

LED 真空箱外观设计成多层次箱体结构，表面采用静电喷涂，美观大方；内胆采用不锈钢焊制，光滑且密封，永不生锈，经久耐用；真空度达到−0.1MPa；适用于制造 LED 发光二极管、数码管、LED 环氧树脂脱气泡。

1. 主要技术参数

① 额定电压：380V/三相。
② 频率：50Hz。
③ 电热功率：4.0kW。
④ 抽气机功率：2.2kW。
⑤ 抽气时间设定：0~60min。
⑥ 控温范围：室温~100℃±5℃。
⑦ 超温调节：由温控器控制超温。
⑧ 外形尺寸：690mm×600mm×1520mm。
⑨ 使用空间：350mm×350mm×350mm。
⑩ 箱体净重：100kg。

2. 操作说明

① 接通 380V 电源。
② 打开总电源开关。
③ 先按下启动按钮，试机看有没有接反电源，如反了应立即停机调换线路。
④ 打开真空门，放入所要抽真空的产品及胶杯。
⑤ 设定抽胶调整温度 55~70℃，禁止超过 70℃。超温造成的损失自行负责。
⑥ 关紧真空门，打开抽气阀门，关闭放气阀门，按下启动开关，真空机正常工作。
⑦ 抽胶时间到，慢慢打开放气阀门，等气体完全排出箱体时才能打开真空门，取出产品。

3. 主要配件清单

序号	名称	用途	技术参数	数量
1	断路器	总电源通断	3P/63A	1
2	交流接触器	电机通电	0910/220V	1
3	交流接触器	发热管通电	0910/220V	1
4	热过载继电器	保护电机	8～10A	1
5	超温温控器	控制温度超过限度	6411-2D	1
6	温控器	温度控制	E5C2-R2K	1
7	指示灯	电源指示	220直通 φ25	1
8	选择开关	电源控制	250/6A φ25	1
9	平头按钮	启动、停止	250/6A φ25	2
10	时间继电器	延时控制	60min	1
11	传感器	温度感应测量控制	K度型	1
12	放气阀	排气		
13	真空表	显示箱体内的真空度		

4. 一般性故障与维修

故障类型	故障原因	清除办法
总电源旋钮开关旋至 ON 位置，指示灯不亮	电源没接好	检查电源
	总电源旋钮开关坏	更换总电源旋钮开关
	热过载继电器没复位	按热过载继电器复位按钮使之复位
	超温报警器断开	检查超温报警器或调高设定温度
	总电源指示灯坏	更换总电源指示灯
按启动开关，电机不工作	电源缺相	检查电源
	计时器没有电源进入	更换计时器
	零线错接成火线，计时器烧坏	调换线路
	负荷过重	调松皮带
打开加温开关，温控器不显示或显示误差很大	加热开关坏	更换加热开关
	温控器没有输入电压	检查电源进线
	温控器没有输出电压	更换温控器
显示误差很大，真空箱抽气不干净	真空油浑浊	更换真空油
	真空机响声不对	对真空泵进行清洗、保养

① 每天开始工作时，要先打开电源开关预热 10min，先让箱体内的温度平衡后才能使用。每天第一次用时，先用碎布粘上机油擦一次密封胶圈。这样可以防止胶圈老化，但千万不能用丙酮擦洗。

② 真空泵要及时换油，一般是半个月到 20 天换一次油，真空油的型号必须为 100♯。

七、粘胶机

1. 主要技术参数

① 电源：AC 220V±10％，50Hz。

② 输入气压：1.5～2.5MPa（气管内径：8mm）。

③ 大气缸：0～70mm。

④ 小气缸：0～40mm。

⑤ 适用范围：02 支架、04 支架、09 支架。

⑥ 最大外形尺寸（长×宽×高）：425mm×330mm×375mm。

2. 使用与保养

（1）使用前需要清洗干净装胶斗的杂物，保持滚筒表面的光滑。使用时注意不要划伤滚筒表面。

（2）部件调样

① 给 04 支架与 09 支架粘胶，小钢板的调校方式。

② 给 02 支架粘胶，小钢板的调校方式。

③ 气压大小可通过大气缸上的可调接头进行调节。

④ 粘胶质量调节。

a. 调节"下胶口宽度调节螺钉"以控制装胶斗的下胶量。

b. 调节装胶斗两边的胶量调节螺钉以调节装胶斗与滚筒之间的缝隙，从而控制下胶量的多少。

c. 控制滚筒的转速和粘胶时间以保证粘胶质量。

⑤ 调节"拖板定位螺栓"以使支架跟滚筒得到更好的配合。

⑥ 电机转速可通过"调速开关"及"调快/慢开关"调节。

⑦ 换用不同颜色的树脂，将装胶斗和滚筒彻底清洗干净。

3. 故障排除

问题	原因	检查
机器无法启动	电源线接触不良或没接好	检查电源线
	电机烧坏或电源开关故障	检查开关及电机和脚踏开关
胶量不均匀或偏边	滚筒与装斗配合不当,间隙不平行	停机,用塞尺测量或透光检查
粘胶有气泡	电机与大气缸速度过快	检查电机速度设置和气缸行程设置
	A、B 混合胶抽真空抽不净	A、B 混合胶是否有气泡
滚筒粘胶出现线纹	滚筒与装胶斗间有灰尘和杂物	检查滚筒、装胶斗与树脂
	装胶斗有缺口	检查装胶斗
大小气缸伸缩大	气压大	检查输入气压
支架被压变形或不到位	拖板定位调节不佳	检查拖板定位螺钉是否过于偏内或不到位

八、数码管灌胶机

1. 主要用途

适用于制造数码管注胶用，每次注胶 12 个，最大注胶量 3.5g/个。

2. 技术参数

① 额定电压：220V；频率：50Hz。

② 功率：10W。

③ 气压范围：$4\sim8\text{kgf/cm}^2$。

④ 注胶块最大行程：50mm；设定时间：$0\sim6\text{s}$。

⑤ 切胶块最大行程：15mm；设定时间：$0\sim6\text{s}$。

⑥ 外形尺寸：450mm×550mm×650mm。

3. 产品特点

注胶机经过不断的改进，尤其对胶量不均、气泡产生、漏胶等采取了有效防范措施，收到良好的效果；注胶模组设计合理；可以任意调整注胶头左右、高低和注胶量大小。清洗机台方便、操作简便、效率高。

4. 操作说明

① 接通 220V 电源。

② 接通 $4\sim8\text{kgf/cm}^2$ 气压。

③ 打开总电源开关，指示灯亮。

④ 关闭气压开关，设定注胶气缸与注胶棒连接板高度，把注胶组平衡放于卡槽内，插上切胶气缸销，锁紧注胶组，锁紧螺钉。

⑤ 打开气压开关，注胶机各部位复位。

⑥ 踩下脚踏开关，试用一个过程。

⑦ 注入环氧树脂到储胶桶，首次注入时以一个入胶孔进胶，把注胶组内空气排尽。

⑧ 踏下脚踏开关，注胶一次。

5. 机台清洗

（1）目的

为确保产品优良率，各部件必须移动顺畅。当使用的环氧树脂开始硬化，就必须拆机清洗（或注入丙酮清洗）。

（2）清洗步骤（主要清洗注胶通道）

① 排尽储胶缸内的胶体。

② 关闭电源与气源。

③ 取下胶量调节螺钉，使注胶棒上升到顶位。

④ 取下切胶块与气缸连接销针。

⑤ 用双手拿住注胶组，向外轻轻一拉，会轻轻拉出，用胶盆装好，并注入丙酮，将残胶洗净（注：拆装时应轻放，切勿碰伤注胶组）。

6. 维护与保养

① 气压系统以 $4.5 \sim 6.5 \text{kgf/cm}^2$ 供给。

② 注意电压是否与机器规格相符（AC 220V 50Hz）。

③ 控制面板或各个开关按钮如有损坏，必须马上更换。

④ 保持定期清洗机台（一般 72h 清洗一次）。

⑤ 控制箱内连线勿任意调换或松动，如有疑问请与厂商联系。

⑥ 机器任何部件勿任意拆卸，以免精度受损。

⑦ 各控制开关螺钉固定，除非损坏更换，切勿松动。

九、注胶机

Lamp 注胶机用于二极管注胶，主要是面向国内二极管注胶机的技术要求，可以任意调整注胶头左右、高低和注胶量大小。注胶模组采用 SKD-11 进口钢材，表面经电镀处理，光滑且密封，再经过精密磨床加工而成，不易漏胶。

1. 主要技术参数

序号	内容	参数
1	额定电压	220V
2	频率	50Hz
3	功率	20W
4	气压范围	$3 \sim 8 \text{kgf/cm}^2$
5	注胶行程	50mm，$0 \sim 6$s
6	切胶行程	10mm，$0 \sim 6$s
7	外形尺寸（长×宽×高）	400mm×350mm×550mm

2. 操作说明

① 接通 220V 电源。

② 接通 $4 \sim 8 \text{kgf/cm}^2$ 气压。

③ 打开总电源开关，开关内部指示灯亮。

④ 关闭气压开关，调节注胶气缸与注胶棒连接板高度，把注胶组平衡放于卡槽内，插上切胶气缸销，锁紧注胶组螺钉。

⑤ 打开气压开关，注胶机各部位复位。

⑥ 踩下脚踏开关，试用一个过程（循环工作 $5 \sim 8$ 次）。

⑦ 倒入环氧树脂到储胶桶，首次倒入时以一个入胶孔入胶，把注胶组内空气排出，按配电盒上的排胶开关，按 $5 \sim 8$ 次把除胶块内的空气排尽。

⑧ 踏下脚踏开关，注胶一次。

3. 主要配件清单

名称	用途	技术参数	数量
船形开关	控制电源	AC 250V　φ20	1
带锁按钮开关	注胶棒排空气	AC 250V　φ16	1
时间继电器	切胶延时	AC 220V　3s	1
时间继电器	注胶延时	AC 220V　6s	1
脚踏开关	启动工作	AC 220V	1
电磁阀	切胶工作	AC 220V　4V210-08	1
电磁阀	注胶工作	AC 220V　4V210-08	1
气缸	切胶行程	63×15mm	1
气缸	注胶行程	63×(50～100)mm	1
调理组合	调气压、防水	AFC-2000	1
保险管	线路保险	5A	1

4. 一般性故障及维修

故障类型	故障原因	清除办法
打开总电源开关,工作灯不亮	保险管可能烧断	更换保险管
	开关已坏	更换开关
	电源没有接好	检查电源
按排气开关,电磁阀不工作	开关已坏	更换开关
	电磁阀已坏	更换电磁阀
	气压不够	调高气压(0.4～0.5Pa左右)
按脚踏开关,设备不能工作	计时器坏	更换计时器
	脚踏开关坏	更换脚踏开关
	气压不够	调大气压
	气缸调气阀漏气	更换调气阀
注出的胶有气泡、一边多胶一边少胶	注胶模组磨损过大,造成模组有间隙	把注胶模组发至生产厂修改
	胶量调节没有调好	清洗注胶模组,调节螺钉

5. 维护与保养

① 气压系统以 4.5～6.5kgf/cm² 供给。

② 注意电压是否与机器规格相符（AV 220V）。

③ 控制面板或各个开关按钮如有损坏,必须马上更换。

④ 保持定时清洗机台（一般72h清洗一次）。

清洗步骤如下:

① 排尽储胶缸内的胶体。

② 关闭电源与气源。

③ 取下胶量调节螺钉,使注胶棒上升到顶位。

④ 取下切胶块与气缸连接销针。

⑤ 用双手拿下注胶组,向外轻轻一拉,会轻松拉出,用胶盆装好,并注入丙酮,将残胶洗尽（注:拆装时应轻放,切勿碰伤注胶组）。

⑥ 控制箱内连线勿任意调换或松动,如有疑问请与厂商联系。

⑦ 机器任何部件勿任意拆卸,以免精度受损。

⑧ 各控制开关螺钉固定,除非损坏更换,切勿松动。

十、离模机

离模机适用于 02/03/04/09 等支架的离模,采用可调试气缸,操作简单、方便。

1. 主要用途

用于 LED 发光二极管离支架。

2. 技术参数

① 额定电压：220V；频率：50Hz。

② 功率：10W。

③ 气压范围：3～8kgf/cm²。

④ 可调行程：50cm。

⑤ 针长：4mm×70mm。

⑥ 外形尺寸：250mm×260mm×350mm。

3. 操作方法

① 将电源插头插入 AC 220V、50Hz 的电源插座上。

② 将模条及支架放入底板面上，两边卡位卡住铝船，将模条移入离模针内，调节气缸行程，以铝船模条在离模机上操作灵活为宜。

③ 轻踩脚踏开关，调节气缸调气阀，调整气压大小，使离模气压达到最佳状态。

4. 注意事项与保养

① 当气缸上提离出支架后，必须将铝船向前推出离模针底，才能松开脚踏开关，拿出离出的支架，否则，支架压到铝船上会使支架严重变形。

② 拿取支架时，注意手指安全，严防压撞伤手。

③ 下班时拔出电源插座，断开气源，用酒精或苯酮擦拭机架，保持清洁卫生。

十一、液压冲床

液压冲床，冲压速度快，压力 3～5t 可调节，操作方便，表面采用静电喷涂，面板采用不锈钢板制造，永不生锈，经久耐用，外形美观，易于维护；适用于冲压支架上刀、各种五金、电子产品，是冲压 LED 发光二极管、数码管压 PIN 的最佳设备。

液压冲床具有噪声小、冲力大、速度快等优点。控制电路设计成多层次保护装置，确保设备正常运转及使用寿命。

1. 主要技术参数

序号	内容	参数
1	额定电压/频率	380V/50Hz
2	液压电机	5P 307kW
3	液压机转速	1400r/min
4	冲压行程	100mm
5	冲压力	3～5t 可调
6	下降延时	0～6s(设定下冲到位即复位为宜)
7	作业范围	自动/手动选择
8	外形尺寸	1280mm×740mm×1630mm
9	数量净重	250kg

2. 操作说明

① 在设备附近安装一个隔离开关，提供设备使用电源。

② 根据设备使用数据，检查电源电压是否相符。

③ 按要求连接好电源，把隔离开关按 ON 位置。

④ 把总电源旋钮向右旋转（红色大头按钮），电源指示灯亮。

⑤ 把油压泵电机按钮按下，油压泵启动运转。（电机运转按箭头方向）。

⑥ 把自动/手动选择旋转旋置手动位置，按下降按钮油缸冲头下降，按上升按钮复位。

⑦ 把自动/手动选择旋转旋置自动位置，双手同时按下启动按钮，油缸冲头冲击一次自动复位。

⑧ 设定下降延时时间，以冲压到模具闭合为宜。

⑨ 按下紧急按钮，冲压头自动复位。

3. 电气配件清单

名称	用途	技术参数	数量
旋钮开关	开启关闭电源	250V/6A φ25	3
电源指示	显示电源	220V φ25	1
平头按钮开关	下降/上升按钮	250V/6A φ25	2
时间继电器	下降延时	6s	1
熔断器	保护整机控制电源	10A	1
交流接触器	电机通风	CJX2-10/220V 带辅助点	1
热过载继电器	保护电机	JRX2-10/220V 5.588A	3
断路器	总电源开关	3P/63A	1
油泵电机	泵油用	2.2kW 14100r/min	1
油压换向阀	切换油路用	3C6	1
启动按钮	启动延时电源	250V/6A φ25	2
行程开关	控制上模高度		1
发射光电开光	保险操作安全	1×1 对射	2
散热风扇	油泵电机散热	120×120 220V	1
油缸	冲击压力缸	φ100×100	1
镇流器	控制电压变换		1
光头继电器	配光电开关用	DC 12V	1
油泵	泵油用	40	1

4. 一般性故障处理及维修

故障类型	故障原因	清除办法
总电源开关开至 ON 位置,指示灯不亮	总电源未开	打开总电源
	开关已坏	更换总电源开关
	指示灯坏	更换指示灯
电机启动开关开至 ON 位置,电机不工作	上升/下降按钮开关坏	接触是否良好,有没有电源输出
	交流接触器坏	触点接触能力不好,线圈是否烧了,如是须更换新的
	热过载继电器坏	是否自动跳闸
	油泵电机坏	是否有三相电源进
	电机启动按钮开关坏	检查线有没有接好
	自动/手动选择开关坏	更换新的
	油压换向阀坏	检查换向阀,是不是温度异常
	油泵不泵油	检查油泵里的半圆铁销磨坏了还是卡住了
自动/手动开关开至手动位置,按下降/上升键,油缸不工作	开关坏	更换开关
	换向阀继电器坏	线圈有没有烧了,如果接触能力差,更换新的自动/手动开关
开至自动位置,按下降上升键,油缸不工作	启动按钮坏	更换启动按钮
	下降延时器坏	检查启动按钮接触的线有没有松脱下来
	换向阀继电器坏	线圈有没有烧了,如果接触能力差,更换新的
	光电保护开关坏	检查光电开关的常闭脚是否不通,若是更换新的
	紧急停止按钮坏	紧急停止按钮换新的
	拖盘不工作	气压不够,须调大气压,检查电磁阀的性能,如坏了及时更换

5.注意事项

① 液压冲床是危险加工设备，在试机前，应熟悉设备各控制件的位置及功能，作业前必须详细检查各安全保护装置是否完好。检查方法如下。

a.启动设备，选择自动功能，按下"启动"按钮，用手或其他物体挡住光电开关，保护开关对射位置，油缸自动上升，正常。反之，应及时修理，不得强行作业。

b.按下"启动"按钮，按下"紧急停止"按钮，油缸会自动上升，正常。反之，应停机检修，不得强行作业。

② 选择手动作业时，光电保护开关无效，勿将手放置在工作区内。

③ 工作压力在出厂时已调整好，调压开关只有在调试压力过程中才能打开，压力最大不能超过90MPa，一般 60～70MPa 就可以了，压力调完后应关闭调压开关。

④ 设备应安装在室内，严禁有雨水或阳光直射机床。

⑤ 设备电源为380V，如电源控制需维修时，应切断电源再进行维修，不得随意打开控制箱。

⑥ 该设备外壳用方钢框架 15mm 钢板配制而成。在搬运安装时，注意不要碰撞，以免影响外观及功能。

⑦ 液压机外形尺寸为 700mm×1200mm×1600mm，实际使用空间不得少于 2000mm×18000mm×2200mm。

⑧ 首次半年换一次液压油，以后每一年换一次液压油。如在使用过程中，电机响声较大时，建议停止作业，并打开电机下面的小油箱，看油是否加满，如没有加满，应立即加油，直到整箱的 80% 为宜。

⑨ 保持机体清洁，若长期不用时，应切断电源，用包装纸包装好。

6.半切机具体操作流程及注意事项

(1) 准备

① 将半切模具装到液压机上，并固定。

② 打开液压机的电源，旋动油泵开关，转换半切模式到自动状态并试压，调节液压时间，确认机台性能完好。

(2) 半切

① 将支架灯头朝外，光滑面朝下或光滑面朝上放入半切模具的定位座中。

② 左右手同时按动液压机的手动双开关，气缸下降，即完成一次半切（不能将一只手放在按钮上）。

③ 按个人用手习惯放取支架，但该批半切支架一律放置于工作台上，并与半切支架区分。

④ 及时检查半切完的支架是否有出现半切质量不合格品。

⑤ 取出支架并将其整齐装入铁盘排好。

⑥ 重复②～④动作，直到整批半切完。

⑦ 半切完之后将电源关闭，整理工作面。

(3) 注意事项

① 开始进行模具装配时，应注意是否是该型号的模具（是否限位）。

② 需戴防静电腕带操作。

③ 装配时应注意模具中的排屑孔是否通畅。

④ 进行半切时，如果模具表面留有铁屑，应用刷子清扫干净。

⑤ 若因员工操作不当而引起材料浪费，将进行适当扣款。

(4) 安全牢记

① 机台出现故障应及时请设备维护人员，操作者不能擅自动手。

② 机台半切状态严禁操作人员用手靠进刀模，以免突发状况。

③ 半切期间，严禁常按任一按键以进行半切，同时手中禁止拿任何可反射光线的物体（含支架）进行半切操作。

④ 若半切材料损坏，应立刻关闭机台电源，并清除。

⑤ 不能在其岗位嬉戏。

⑥ 不能破坏工作台上接近保护感应器。

⑦ 培训合格后方可上岗。

⑧ 半切和压 PIN 机力度均为吨级以上单位，操作员应自觉遵守操作与安全规范。

（5）液压机操作员安全规范

① 严禁操作人员离开时，机台仍处于工作状态！

② 工作期间，严禁其他人员逗留液压房内并与操作人员嬉戏！

③ 刀模更换工作台面时，应量力而行，不要随意搬动，以免跌落砸伤手脚。搬动时两手要抓牢刀模下刀座！

④ 工作状态下进行残屑清扫时，要将机台电源安全关闭！

⑤ 清扫残屑应用毛刷，禁止用手直接接触刀模！

⑥ 严禁破坏机台接近保护感应装置！

⑦ 工作时，操作人员禁止任一只手停留在按键上，以免另一只手放取支架时碰触另一按键而引起机台液压发生意外！

⑧ 正常操控机台，应是两手同时按下双开关后再两手同时离开开关。待半切材料应该置放于工作台上，支架为反射光物体会影响接近保护装置，半切时严禁拿在手上！

⑨ 机台液压下禁止靠近液压工作区，以免突发意外！

⑩ 因液压操作后材料损坏，并残留在模具表面，操作人员应立即关闭电源，并进行清除工作。若无法清除，应通知设备人员进行维护，严禁人员在未关闭电源状态下进行清除工作！

⑪ 及时清除工作台面上的任何金属物质，以免落入控制箱发生危险！

⑫ 严禁操作人员对机台和刀模进行调整！

十二、发光二极管检测仪

STR-L2030F 型发光二极管测试机是 LED 专用测试仪，用电脑或工业控制计算机来控制，采用 Windows 98/XP 平台，准确度大大优于用单片机或者 DOS 系统控制的普通检测仪，测量高档 LED 时尤其能发挥准确的优势。全中文的 Windows 程序，使用直观、方便，能提高测试的效率。该机适用于每支架 20（支持 1～24）颗的共阳或共阴 LED LAMP 半切材料的小电流压降、大电流压降、漏电流的检测，还可全点亮目视外观，检测闸流体效应，反向电压冲击试验。在测试方式上有正常和单个测试两种方式，遇到不良二极管时用不同的声音和颜色指示出来，非常直观。该机同时还带有错误统计功能，方便了解质量情况。

1. 技术规格

① 小电流压降（U_{FL}）的量程：0.01～10.00V。

② 大电流压降（U_{FH}）的量程：0.01～10.00V。

③ 反向漏电流（I_R）的量程：1～200μA。

④ 测 U_{FL}（闸流体）时的电流源：1～1000μA 可调。

⑤ 测 U_{FH} 时的电流源：1～30mA 可调。

⑥ 测 I_R 时的电压源：0.1～10.0V 可调。

⑦ 全点亮系数：1～20 可调或者静态点亮。

⑧ 反向冲击电压：12V，1ms。

⑨ 显示方式：电脑显示屏，20 个同时显示。

⑩ 显示位数：4 位，如 1.952，有效位 3 位，最后一位为参考位。

⑪ 测试稳定度：电压误差＜0.005V，电流＜1μA。

⑫ 测试准确度：±0.05％。

⑬ 软件：Windows 程序，全中文。

⑭ 电脑：普通电脑或专用工业控制计算机可选。

⑮ 电源供给：160～240V，50Hz。

2. 软件启动

电脑开机后通常会自动运行软件，也可双击桌面上的"LS2068 LED TESTER"图标运行。

3. 软件使用说明

① 可以将各种 LED 的参数储存起来，要用时调入即可。在首次使用时要新建型号，选择"文件""新

建型号"，如附图 9 所示。然后输入名字，如"普通绿色共阳"，注意名字中不能有"/\ * & |"等特殊符号。按"确定"继续，就会出现如下的参数设置窗口，见附图 10。不同的 LED 有不同的要求，可以按照需要来进行设置。要注意的是，设置值的范围不能超过"技术规格"中的范围，设置的值中可以有小数点，如 1.98、3.55 等，设定好了后按"确定"按钮即可。

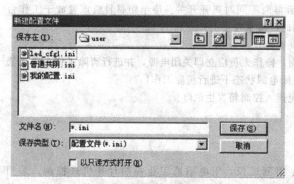

附图 9　新建文件类型示意

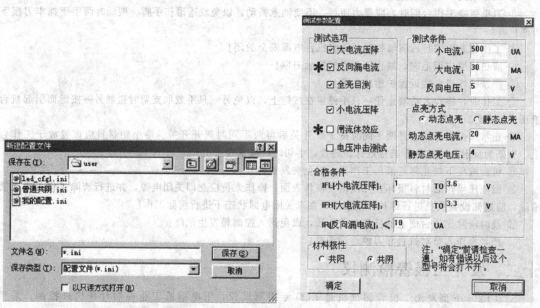

附图 10　测试参数示意图

注：在测试步骤选项的左边有两个"＊"图标，按这个图标可以同时选中或不选中右边的 3 个选项，加快了设置的速度。

② 可以重复上面的步骤继续新建其他的型号，也可以在需要的时候进行添加，所建的型号的数量是不受限制的，以后要用时只要在"选择型号"中调入即可。这种型号的参数也会自动调入，不用再一一设置，能节约时间。配置文件示意图如附图 11 所示。

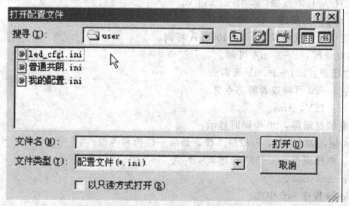

附图 11　配置文件示意图

③ 对所建立的型号可以进行改名、删除等操作，选择"文件"→"改名/删除"选项，点中要删除或改名的型号，按鼠标的右键分别选"删除"或者"重命名"即可。这时就可以使用测试仪了。

④ 按动测试架上的启动开关，电脑屏幕上就会将它们的参数显示出来，如果全部 LED 都没问题，右下角会出现"pass"字样，同时电脑会发出"嘀"的一声提示音，表明全部正常。如果有 LED 没通过测试，则显示"error"字样，同时电脑发出报警音，电脑屏幕上有问题的 LED 的图标颜色也会变成红色的，

使操作者能一目了然地看出来测试通过错误。

⑤ 屏幕上显示值就是实际值，如"1.852"表示压降为 1.852V，"20"表示漏电流为 $20\mu A$。

⑥ 屏幕上圆点图标颜色的含义：黑色表示对应的 LED LAMP 已经被剪掉了，或者测试架上没放 LED，或者是死点，黑色的点不报错；绿色表示测试正常；黄色表示有标准闸流体效应；红色表示电压压降超标；紫色表示反向漏电流超标。

注意　因为有时用户会将把不良品、剪掉了的 LED 放到测试架上重新测试，或者测试一排没有 20 个的 LED，这时没有 LED 的位置将显示为黑色并且不报警，这样就不会分散操作员的注意力，这是用户希望的。但是由于完全开路（如没焊线）的 LED 效果和剪掉了的一样，所以在全亮目测时，不亮的 LED 都要去除。

⑦ 如果在上面的新建型号的设置中选中了"全亮目测"选项，那么在按下测试架上的启动开关后继续按住，LED 就会全亮，可以进行目测观察。本机采用独特的点亮方式，亮度调节范围很大，可以有以下两种工作方式。

·动态扫描方式（全点亮系数）　老式测试仪在测试高亮 LED 时亮度太高，从正面观察时除非透过纸观察，否则很难看出亮度的差别。这种方式在 1～20 间任意可调，并且降低了亮度，适合人眼观察，使用中调到合适的值即可。这种方式的缺点是点亮普通的 LED 时亮度不够，适合于测高亮、超高亮的 LED。

·静态点亮方式（全点亮电压）　由于是静态的，点亮时亮度很高，适合于点亮发光强度很低的普通 LED。这种方式下可选点亮电压 0.1～9.9V。

注意　将全点亮电压设低点，有时会发现有些 LED 测出的参数正常但不亮，这种 LED 有闸流体效应或其他问题，不能应用在要求高或者点亮电流很小的场合。

⑧ 2068 型测试仪提供了电压冲击试验功能。选中后在测反向漏电流前，先由 12V 的反向高电压限定电流快速冲击一次（1ms），然后再测 I_R。如果测 I_R 正常，说明这种芯片的反向漏电流性能很好，适合要求很高的用户。但要注意：使用了这项功能后 I_R 不良品可能会上升！

特别是 I_R 性能本来就不是很好的芯片。建议平时不选中这个选项。

⑨ 测完了一排 LED 后，将下一排 LED 放到测试架上进行下一次测试。在测试的过程中，可以在屏幕的左上角看到当前共测试了多少个 LED 以及有多少个 LED 有问题，显示出当前 LED 的总体质量。

⑩ 单个模式的使用。本机可以对测试架上的一排 LED 中的某个大电流压降进行单独测试，只要在屏幕右上角的单个模式选择框中选中"单个"，然后输入第几个后按"执行"按钮即可。这时屏幕的右上角仿真屏上显示的值就是要测试的值（注意这时的电流，即设置里的大电流，最好设为 LED 的正常工作电流，即 1～10mA，电流大了，LED 内部会发热，值会缓慢减小）。

⑪ 在使用的过程中，还可以对测试的参数进行更改，以及选择其他的型号进行测试。比如测完了普通红色的接着要测蓝色的，不需要将参数重新设置一遍，只要在"文件"→"选择型号"里选择要用的型号即可，电脑会将那个型号的参数自动全部调入。

⑫ 用户可以在"设置"→"公共参数更改"里选择测试速度以及报警音的方式，速度一般可用"最快"。报警音选择"形式 1"时只有在有错误时才报警，而"形式 2"则是通过时响一声，错误时响三声。

⑬ 本软件支持的快捷键如下。F1：帮助；F2：测试参数更改；F3：公共参数更改；F4：新建型号；F5：选择型号；Esc：取消；Enter（回车键）：确定。

在使用当中按 F2 和用鼠标到"设置"里点击"测试参数更改"的效果是一样的。

4. 常见问题解答

问题 1　使用一段时间后，有时按下测试架没反应。

原因是左边的启动开关在按下时没有接触到，将启动开关下面的螺钉调整一下即可。

问题 2　电脑在运行当中弹出一个警告框。

原因可能是在"公共参数"中选择了不正确的串口号，或者电脑通信口有故障。

问题 3　从"选择型号"中选择某个型号但选择不了，其他的型号却可以选中并自动调入。对这个型号修改后按"确定"保存时也会出错。

这个型号的设置有误时，如果有错误的字符输入，系统将不接受并给予相应的提示，直到操作人员输入正确的参数为止。

问题 4　测试中某个 LED 总是显示"10.0"，即最大值，其他的值的波动也很大。

测试架和电脑之间的排线有问题，更换排线，测试针使用长时间后也要更换。

问题5　在测试过程中，由于 LED 没放好，测试架上的测试针发生短路会不会损坏测试仪？

不会的。所有的测试项目都工作于恒流或者保护状态下，电流不会因短路而过大，进而损坏测试仪。

问题6　软件启动后打开了"测试"这个型号。

这是因为上次使用的型号被删除或者改了名等，已经打不开，系统默认打开"测试"型号，这是正常的。只要在"选择型号"中重新选择型号即可。

问题7　为什么测试仪测试的值在扫描状态下（正常模式）和静态时（单个模式）有微小的差别，同时在单个模式时显示的值有逐步下降的趋势？

这是由于在单个模式时 LED 长时间大电流通电内部会发热，U_F 缓慢下降造成的（当大电流设置 $\geq$ 20mA 时特别明显，而在 1mA 等电流时几乎没变化），所以在单个校正模式时不要设为 20mA 以上的电流长时间通电，以免烧坏二极管。但在正常模式时，即使设为 100mA 也是安全的，因为此时工作在扫描状态下。

问题8　有问题的 LED 的 I_R 有时会有变化吗？

有问题的 LED 处于不稳定状态，在不同的时间测试同一 LED 有时都有不一致的问题（但 U_{FL} 和 U_{FH} 一般不变）。JL-2068 型测试仪测试反向漏电流极为准确，但用习惯了其他的各种灵敏度很低的测试仪，会觉得 2068 型测出的 LED I_R 不良品较多，这时可以把 2068 型测试仪降低精度用，即把 I_R 的范围设大点。

检测一台测试仪 I_R 准确不准确较简单的方法是先将反向电压设为 5V，然后将一个 100kΩ 的电阻放到测试架上进行测试，由欧姆定律可知，这时的漏电流应为：5V÷100000Ω＝50μA。也就是测试仪显示的值越接近 50 越准确！注：这时如果将反向电压设为 8V，漏电流应当为 8V÷100000Ω＝80μA。

问题9　电脑发生死机怎么办？

应当重新启动。如果按动主机上的电源开关没反应，应当按动重启开关。测试仪不工作（不扫描）或者工作不正常但电脑正常时，可按动屏幕右下角的"刷新"按钮。

问题10　电脑搬动要注意什么？

搬动前的最后一次关机要正常关机，这样硬盘的磁头会停在保护位置，搬运时不易损坏。另外搬运震动后内存容易松动，开机后电脑发出"嘀"声长鸣，不能启动，这时只要将机箱打开，把内存条拔出来重新插一次即可。

问题11　测试仪的稳定度不好，即相邻几次测同一排 LED 得出的值有差别。

本测试仪的"浮动"可以控制在 0.01V 以下。如果浮动过大，有两点要注意。

① 在测试架的左边有一个启动开关，这个开关一接触到即启动了测试。要注意的是，在这个开关闭合之前测试架前面的 20 根针必须已经和 LED 支架接触良好（有弹性的内置的针压紧了），否则在接触不紧（不良）的情况下测试的值浮动就比较大。

② 长时间使用后测试针的接触电阻会变大并且不太稳定，需要更换。

5. 标准配置

① STR-L2030F 型测试仪一台（含控制电脑一套，测试板一块）。

② 测试架一个（普通手动型）。

③ 说明书一份。

6. 关于闸流体效应

闸流体效应也叫 LED 的负阻效应。正常的 LED LAMP 在正向电压增加时，正向电流也迅速增加，如附图 12 的右边部分所示。

有闸流体效应的 LED 的曲线中有一段表现为电压增加时电流反而减小的现象，即"负阻效应"。由于闸流体效应发生在较小的电流下（500μA 以下），所以由闸流体效应测试出来的测试机必须有小电流测试的功能。LS-2000 系列测试仪都具有微小电流的测试功能，LS-2068 型可测到 10μA（0.01mA）。

LS-2000 检测闸流体效应的具体的过程是：假定用户设定的小电流是 200μA，电脑程序利用这一条件驱动恒流源通过 200μA 的电流可以测量到一个对应的 U_F 值，这一 U_F 值先被存储在内存中，然后程序又利用这个 U_F 值去反测一 I_F，正常的 LED 的 I_F 应当与前面的小电流一样，即 200μA。如果差别过大，就可以判断为闸流体。用户在设置小电流时不要设置过大，可以设为如 100μA。同时小电流压降的范围也不要设置过宽，如 1.720～1.780V。特别说明的是，闸流体效应的 LED 的数量并不多，很多国外的仪器都不

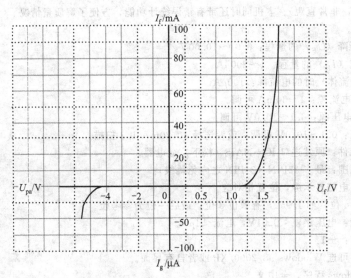

附图 12 LED 的负阻效应

把闸流体测试作为主要测试项目显示在面板（显示器）上，正常测试时也不测试它，仅作为一项备用功能。

7.测试机精度的检查

测试机刚买来以及长时间使用后应当检查一遍，看精度是否达到了要求。常用的检查方法有：用 100Ω 的精密电阻模拟检查；用 CIE 标准的样品管 LED 对比检查；用精度更高的仪器检查校正精度更低的仪器。对于国内用户而言，先拿一排 LED LAMP 到测试机上测试，然后剪下来到进口设备上去比较是种较简单可行的方法，但经常被用户忽略的是，有些用户拿一排完全好的 LED 去检查测试机的精度，这样意义不大。正确的方法是拿一排有问题的 LED 甚至人为制造一排"有问题"的 LED 去测！再看结果，因为 LED 测试机的 20 个通道间要在高速测试时完全做到没有互相影响是个较大的技术难题。

具体的做法是：先拿一排普通的红色 LED，将某个（如第 10 个）剪下来，焊一个蓝光的 LED（蓝光压降较大）上去，然后拿到测试机上去测试，看这个蓝光 LED 是否测试准确，其他的红色 LED 是否准确，蓝色 LED 旁边的红色 LED（第 9 个，第 11 个）在蓝色 LED 焊上以及取走后的值是否一样。还可以将这个蓝色 LED 故意短路以及开路，看旁边的是否受到影响，反向漏电流是否稳定。

如果用以上方式（插不同的 LED，故意短路，故意开路）测试时，旁边的 LED 的值都"纹丝不动"，则测试机的邻道干扰就很小。LS-2000 系列测试机在出厂时都经过了校正，其中 3008 是用符合 CIE 标准的样管直接校正，3003、2068、3006 用 3008 去校正，3003、2068 还可以根据用户的要求采用其他的标准，这样有利于产品的一致性，即测试机判断为不好的，分光机也判断为不良，分光机判为好的，测试机也判断为好的，不会出现分光机测试为正常而测试机却判断为不合格，或者分光机判断为不良品而测试机却测不出来！建议用户每半年就要检查一下测试机的精度是否下降。检查时最好用新的测试架，这样可以排除测试架的影响。

十三、点阵、数码管电脑测试机

1.主要技术规格及特性

STR-L2060E 型数码管/点阵测试机用电脑或工业控制计算机控制，采用 Windows 98/XP 平台测试机，准确度大大优于用单片机或者 DOS 系统控制的普通检测机。全中文 Windows 程序，使用直观、方便，能提高测试的效率。

本机适用于 8×8（含）以下的单色、双色、全彩点阵，各种位数的数码管、米字管、条形板、时钟板等产品的电性能检测，包括：顺向电流压降（U_{FH}）、反向漏电流（I_R）、全点亮目测外观（检查封装缺陷不均现象）、短路测试（行-行，列-列，行-列之间）。

（遇到不良品时，用不同的声音和颜色指示出来，检查到短路时可以直接指出短路脚的编号，同时还可以让不良品不亮，非常直观）。本机同时还带有错误统计功能，方便了解质量情况。

技术规格如下。

① 顺向电流压降（U_F）的量程：0.01～10.00V。

② 反向漏电流（I_R）的量程：1～200μA。

③ 测 U_{FL}（闸流体）时的电流源：100μA。

④ 测 U_F 时的电流源：1～30mA 可调。

⑤ 测 I_R 时的电压源：0.1～10.0V 可调。

⑥ 全点亮电压：0.1～10.0V 可调，或者选择 10/20mA 1/8 扫描。

⑦ 通道切换元件：原装进口 IC＋NAIS（松下）继电器。

⑧ 材料引脚范围：最多 32PIN（24PIN 之内免跳线）。

⑨ 显示方式：电脑显示屏，位置相对应。

⑩ 显示位数：4位，如 1.952，有效位 3 位，最后一位为参考位。

⑪ 测试稳定度：电压误差＜0.01V，电流＜1μA。

⑫ 测试准确度：±1%。

⑬ 系统平台：可选 Windows 98/2000/XP 或者自有界面。

⑭ 软件：Windows 程序，全中文。

⑮ 电脑：普通电脑或专用工业控制计算机可选。

⑯ 电源供给：160～240V，50Hz。

2.操作步骤

① 电脑开机后通常会自动运行软件，也可双击桌面上的 "LS-3088 LED TEST" 图标运行。

② 软件启动后会先显示一个开机画面，然后显示主界面（测试界面）。主界面如附图 13 所示。

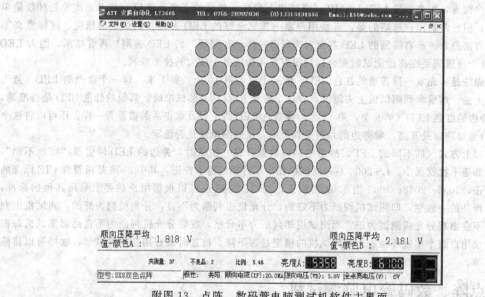

附图 13　点阵、数码管电脑测试机软件主界面

③ 本软件可以将各种数码管/点阵的参数储存起来，要用时调入即可。在首次使用时要新建型号，选择 "文件" → "新建型号"，将会弹出新建对话框，如附图 14 所示。

a.选产品型号，如 KP-1588。注意 Windows 系统的名字中不能有 "/ \ | * %" 等特殊符号，否则保存时会提示出错。

b.选择好材料的类型，如双色 8×8 点阵。

c.按 "确定" 继续，就会出现参数设置窗体，不同的材料有不同的要求，可以按照需要来进行设置。要注意的是，设置值的范围不能超过 "技术规格" 中的范围，设置的值中可以有小数点，如 1.98、3.55 等，设定好了后按 "确定" 按钮即可。测试对象参数设置如附图 15 所示。

附图 14 测试对象设置对话框

附图 15 测试对象参数设置

d. 接着再输入材料的管脚资料，输入时完全按照管脚排列的彩图（说明书）输入即可，管脚排列参数设置如附图 16 所示（某 8×8 双色点阵的管脚）：

• 公共极指的是数码管的公共极以及点阵的横排（ROW），测试脚指的是数码管的其他脚以及点阵的竖排（COL）。

• 输入完后可能有些空格，如一位数码管只有一个公共极，输入一个公共极后其他的输入框可以不管，系统会自动添"0"。

• 测试脚的输入顺序：多色点阵和多位静态数码管等有两组（或以上）独立的测试脚，第一组输到左边 00～09 文本框中，第二组输到中间 00～09 文本框中。脚不够 9 个不管，系统自动添"0"。其他材料按顺序输入，即先输入到第一组中，如果第一组不够，接着输入到第二组中（如米字管），都是按从上到下的顺序（00～09）。两位米字管的管脚设置示例如附图 17 所示。

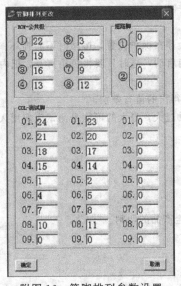
附图 16 管脚排列参数设置

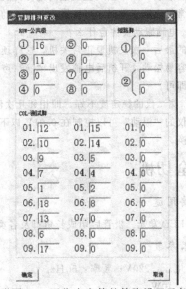
附图 17 两位米字管的管脚设置示例

e. 可以重复上面的步骤继续新建其他的型号，也可以在需要的时候进行添加，所建的型号的数量是不受限制的，以后要用时只要在"选择型号"中调入即可。这种型号的参数，管脚也会自动调入，不用再一一设置，能节约时间。

f.对所建立的型号可以进行改名、删除等操作，选择"文件"→"改名/删除"选项，点中要删除或改名的型号，按鼠标的右键分别选"删除"或者"重命名"即可。

g.执行完以上操作就可以进行测试。按动测试架上的启动开关，电脑屏幕上就会将它们的参数显示出来，如果没问题，左下角会出现"pass"字样。注意：本测试机的定义是材料靠 40P 锁紧插座的右边安放。

h.屏幕上圆点图标颜色的含义：黑色表示对应的点是死点；绿色表示测试正常；红色表示电压压降超标；紫色表示反向漏电流超标。

i.如果选中了"漏光检查"选项，那么在电性能参数测试完成后点阵将显示"井"形图案，数码管将显示"三"形图案，便于漏光检查。

j.测完了一个器件后，将下一个器件放到测试架上进行下一次测试。在测试的过程中可以在屏幕的左下角上看到当前共测试了多少个器件以及有多少个器件有问题，显示出当前材料的总体质量。

k.在使用的过程中还可以对测试的参数进行更改，以及选择其他的型号进行测试.比如测完了点阵接着要测数码管，不需要将参数重新设置一遍，只要在"文件"→"选择型号"里选择要用的型号即可，电脑会将那个型号的参数自动全部调入。

注意　对已经新建好了的型号进行更改，只能更改参数，不能转换型号。如有一个新建好了的单 8 型数码管，对它测试参数，PIN 脚排列可以随时进行更改（只要还是单 8 型的数码管），但不能将它的 PIN 脚排列更改为其他的型号的排列。要新建型号必须到"文件"→"新建型号"。

l.用户可以在"设置""公共参数更改"里选择测试速度，速度一般可用"最快"。

m.本软件支持的快捷键如下：F1 帮助；F2 测试参数更改；F3 公共参数更改；F4 新建型号；F5 选择型号；ESC 取消；Enter（回车键）确定。

在使用当中，按 F2 和用鼠标到"设置"里点击"测试参数更改"的效果是一样的。

3.常见问题解答

问题 1　软件启动后打开了"测试"这个型号。

这是因为上次使用的型号被删除或者改了名等，已经打不开，系统默认打开"测试"型号，这是正常的。只要在"选择型号"中重新选择需要的型号即可。

问题 2　电脑发生死机怎么办？

应当重新启动。如果按动主机上的电源开关没反应，应当按动重启开关。测试仪不工作（不扫描）或者工作不正常但电脑正常时，可按屏幕右下角的"刷新"按钮。

问题 3　电脑搬动要注意什么？

搬动前的最后一次关机要正常关机，这样硬盘的磁头会停在保护位置，搬运时不易损坏。另外，搬运震动后内存容易松动，开机后电脑发出"嘀"声长鸣，不能启动，这时只要将机箱打开，把内存条拔出来重新插一次即可。

问题 4　测试仪的稳定度不好，即相邻几次测同一器件得出的值有差别。

本测试仪的"浮动"可以控制在 0.01V 以下。如果浮动过大，最大的可能是测试座使用久了，接触不好，需要更换。

十四、全切机

1.主要用途

适用于 LED 发光二极管后切成长短脚及各类电子、五金产品的切割。

2.技术参数

① 额定电压：220V；频率：50Hz。

② 功率：10W。

③ 气压范围：$3\sim8kgf/cm^2$。

④ 挡板调整：30mm。

⑤ 切刀行程：50mm。

⑥ 外形尺寸：300mm×250mm×350mm。

3.操作方法

① 插入 220V、50Hz 电源插座，按通气管电源。

② 轻踩脚踏开头，调试气缸气压大小（气压以达到切断支架为宜）。

③ 轻踩挡板螺钉，调好要切支架脚长短的间距（螺钉顺时针方向调动为后挡板后退，间距调宽，逆时针方向调动为间距调小）。

④ 手拿支架放入刀口压卡下，轻踩脚踏开关，切断支架后条。

4.注意事项

① 放支架时注意手指安全。

② 下班时拔掉电源插头和断开气源。

十五、分光分色机

分光机由软件、光谱仪、拍照系统及机械部件组成，生产中参考工艺和要求调整电压、电流、光强、色品数值。分光机实物如附图 18 所示。

LED 品质要求如下。

① 光通量分挡　光通量值是 LED 用户很关心的一个指标。LED 光通量保证产品亮度的均匀性和一致性。

② 反向漏电流测试　反向漏电流在载入一定的电压下要低于要求的值。生产过程中由于静电、芯片品质等因素引起 LED 反向漏电流过高，这会给 LED 应用产品埋下极大的隐患，在使用一段时间后很容易造成 LED 死灯。

③ 正向电压测试　正向电压的范围需在电路设计的许可范围内，正向电压大小直接会影响到电路整体参数的改变，从而会给产品品质带来隐患。另外，对于一些电路功耗有要求的产品，则希望保证同样的发光效率下正向电压越低越好。

④ 相对色温分挡　对于白光 LED，色温是表征其颜色用得比较多的一个参数。此参数可直接呈现出 LED 色调是偏暖还是偏冷还是正白。

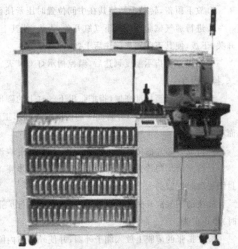

附图 18　分光机实物

⑤ 色品坐标（x，y）分挡　对于白光或者单色光，都可以用色品参数来表达 LED 在哪个色品区域，一般都要求四点（x，y）确定一个色品区域。必须通过一定测试手段保证 LED 究竟是否落在所要求的四点（x，y）色品区域内。

⑥ 主波长分挡　对于单色光 LED 来说，主波长是衡量其色参数的重要指标。主波长直接反映人眼对 LED 的光的视觉感受。

⑦ 显色指数分挡　显色指数直接关系到光照射到物体上物体的变色程度，对于 LED 照明产品，这个参数非常重要。

分光机采用两种方案进行有效的分光分色，一种是通过专业的大功率 LED 分光分色机进行自动分挡，效率高，速度快，可以做到对每一颗 LED 分光分色，另一种是从测电压到漏电流到光通量到光谱多道工序，大量人工配合，进行品质把控和分挡。

LED 分光分色机的工作原理大致分为三部分：

a.测电流、电压特性，这和三极管、二极管的测试相似；

b.测亮度，就是用光敏器件接收被测光，转换成电信号；

c.测波长，是利用棱镜的分光原理，在不同的光敏器件中形成不同的感应，进而转化为电信号。

Lamp LED 自动测试分类机 H142 采用 240×128 液晶显示屏幕、24 键操控面板实时监控机台分料状态，红、黄、绿三色指示灯显示机台动作状态。H142 可与测试仪器联机，并根据测试仪器读取的信号自动将 LED 迅速正确地分送到各个分料盒，并可依使用者的需求更换工具，测试不同规格的材料及设定计数条件。

附录2　仪器使用规程

扩张机

设备操作、保养规程		文件编号		页　次	
		设备名称		实施日期	
操作内容				版　本	

作业准备

1. 压气
2. 内外绷子
3. 剪刀

控制重点

一、操作准备

　　1.接通电源插座，旋开高压气，调节压力表至 0.5MPa。

　　2.按动电源开关，指示灯亮，设备通电。

　　3.调节温控器指表，使其设定在 70℃。

　　4.放下顶盖，转动手柄使其在中间位置时压紧顶盖。

　　5.进行通气试验。拨动下气缸开关，上拨，使其上升到顶停住后下拨，使其下降。拨动上气缸开关，下拨，使其下降到底停住后上拨，使其上升。

　　6.在温控器指示温度到达后，温控指示灯 ON 灭。

二、操作内容

　　1.气缸上升至标准高度（指扩张机下气缸上的圆形工作台面上升到与底盖面同一高度）。

　　2.顶开绷子内外圈，并将绷子的内圈放入圆形工作台里（放置时绷子内圈的方向应是有倒圆面朝上）。

　　3.将放有芯片的薄膜放入圆形工作台面（注意应该是芯片朝上，不能使其碰触工作台面）。

　　4.将薄蜡均匀放置在工作台后，按准备中的步骤 4 将薄膜压紧。顶盖和底盖是利用其中的密封圈将薄膜压紧的。

　　5.拨动下气缸开关使其缓慢上升，对薄膜进行扩张，待薄膜扩到一定宽度（即芯片间的间距够时）停止扩张。

　　6.在扩张的薄膜上放入绷子外圈，并使外圈与内圈能配合（轻微配合即可）。

　　7.拨动下气缸开关，使气缸下降，靠高压气压力使绷子的内外圈紧密配合在一起。

　　8.拨动下气缸开关使其下降，工作台脱离薄膜，工作台面上的气孔进行排气。

　　9.旋开手柄，抬离顶盖，把已绷好的芯片从中取出。

　　10.用剪刀把绷子外圈多余的薄膜剪掉，完成扩张。

三、保养规定

　　1.日常保养（操作者）

　　操作前应做好操作前的准备工作，进行通气试验，检查各气阀的稳定性，使用过程中要注意到机器的磨损情况和电气线路是否异常。每天操作完后应进行机件的清洁工作，并关闭电源和高压气。

　　2.定期保养（设备组）

　　根据本设备使用状况，每 4 个月应进行保养、检修。

　　机台的完整性：机座、气缸、温控表、电磁阀、顶/底盖、加热块。

　　电路的稳定性：电源电路、温控线路、加热可调、电源提示。

　　通气试验：电磁阀、调流阀无漏气，气缸平稳，气缸无漏气。

　　如出现零部件的严重损坏，影响生产进程时，应及时更换处理。

　　3.三级保养（厂外送修）

　　设备出现重大故障，设备组不能自行处理时，应送厂外做精度检查或保养修理。

温控器的温度不应设太高。

下气缸的上升高度由气缸底的旋转螺母所确定。

半切机

设备操作、保养规程	文件编号		页　次	
	设备名称		实施日期	
操作内容			版　本	

作业准备

1.刷子
2.冲筋模具
3.物料

控制重点

一、使用条件

　　1.电源为三相电源,三相接 A、B、C 三接头。

　　2.接好线后,从后面观察电机风扇转向,其转向应为顺时针方向。如不是,则换接 A、B、C 三相中任意两相。

　　3.最大出力为 15t。

　　4.使用 46 号液压抗磨油。

二、使用说明

　　1.半自动/手动置手动时,台面上两双联按钮不起作用,只有手动上升、手动下降起作用;置半自动时,台面上两双联按钮及手动上升起作用,手动下降不起作用。

　　2.光电保护开关在操作人员手未离开模具及活塞杆下降过程中有异物进入危险区时起作用,它使活塞杆立即上升,避免伤及人体或损坏设备。

　　3.当设备动作不正常或情况危急、光电保护失效等情况下,按下急停按钮,可使机器立即停止动作,进行维修。

　　4.手动上升无论半自动/手动按钮置何挡,按下手动上升按钮,活塞杆上升,放开手动上升按钮,活塞杆停止不动(既不上升,也不下降)。常在试机、调模时使用。

　　5.手动上升无论半自动/手动按钮置何挡,按下手动上升(松开)按钮,活塞杆上升,放开手动上升(松开)按钮,活塞杆停止不动(既不上升,也不下降)。常在试机、调模时使用。

　　6.半自动/手动置半自动时,按下双联按钮,活塞杆下降,当放开双联按钮时,活塞杆继续下降,计时器开始计时,到时后,活塞杆自动上升。

　　7.打开电源开关,电源指示灯亮。按动泵启动开关,机器开始工作。

三、开关说明

　　1.电源开关:电源开关控制整个线路电源,当电源开关打开时,电源指示灯亮。

　　2.电机开关:控制电机及控制线路电源,当电机开关打开时,电机转动、控制线路可用。

　　3.手动/半自动切换开关:用于手动和半自动的互换。

　　4.上升开关:调模时用于调节模具的上升高度。

　　5.下降开关:调模时用于调节模具的下降高度。

　　6.急停开关:情况紧急时用于停机。

四、保养规定

　　1.日常保养(操作者)

　　应时刻注意油位和油温的高低。油压的调节应在设备维护人员的指导下进行。

　　操作时如有残留物应用刷子清扫干净,特别是冲筋模具落料口的清洁。

　　2.定期保养(设备组)

　　根据本设备的使用状况,每 2 个月应进行保养、检修。

　　电路的稳定性:电源、电机电路、换挡电路、保护电路。

　　机件的磨损:冲筋模具、装模头、换耐磨油。

　　3.三级保养(厂外送修)

　　设备出现重大故障,设备组不能自行处理时,应送厂外保养修理。

　　　　在操作油压机时,双手应同时按下双联开关,以免发生危险。

半自动灌胶机

设备操作、保养规程		文件编号		页　次	
		设备名称		实施日期	
操作内容				版　本	

操作内容	作业准备

一、安装要求

1. 全机工作站分别为铝模进料站、注胶站、支架进料与支架预热站、支架粘胶站、上支架站、压支架站、铝模收料站等。

2. 工作电压为 AC 220V 单相,电流 10A,功率 1kW,需配稳压源。

3. 气压为 5～6kgf/cm^2。

4. 环境条件:温度约 25℃,湿度百分比约 35%。

二、操作准备

1. 将机器的可拆件用高压气枪进行吹气清洁处理。

2. 可拆部件:粘胶组和注胶组。

3. 打开电源和供气阀。

4. 将粘胶组清洗完放入粘胶站,并倒入胶体,调节器调整好胶量及滚轴转速,查看支架粘胶后是否有气泡。

5. 将注胶组清洗后放入注胶站,检查注胶针是否有损坏,倒入胶体,旋转胶量调整器使胶量达到所要数值。

6. 将铝模放入注胶进料站,支架放入支架进料站,铝盘放入铝模收料站。

7. 打开各个预热站,对铝模和支架进行预热。

三、操作内容

(一)自动灌胶生产

当自动/手动开关打到自动时,进入自动操作控制界面,将所有工作站功能全部开启,则机台进行自动灌胶生产。

1. 在自动操控界面下关闭注胶启用,则机台会自动忽略注胶功能,使加热后的铝模进入上支架站。

2. 关闭粘胶启用,使机台忽略支架粘胶过程,使支架直接进入上支架站。

3. 关闭插支启用,使机台忽略插支过程,进入上支架站的铝模,会直接进入压支架站。

4. 关闭压支启用,则上过支架的铝模直接进入铝模收料站。

5. 当生产过程中出现报警信息并得以排除后,要按一次机台上的确认按钮,以解除报警信号。

6. 生产过程自动/手动转换,或是进行机台故障排除时,要将操控板上红色周期停止,转换或排除完后要将紧急按钮向右旋转,以解除锁定,同时再按下确认键。

7. 操作最后一根支架时,先按支架终了,等注胶完,关闭注胶暂停,待支架粘胶完,关闭粘胶暂停,插支完后关闭插支暂停,压支完后关闭压支暂停,最后按周期停止。

(二)手动灌胶生产

1. 注胶教导是手动操作将铝模上胶再输送到上支架站,顺序为:分料(送到位后关闭)、注胶定位(上)、胶门气缸(开)、注胶气缸(开)、胶开气缸(关)、注胶气缸(关)、注胶定位(下)、注胶停位(下)、平移上升(上)、移入插支(向右)、平移上升(下)、移入插支(向左)、注胶停位(上)。

2. 料盘教导是手动操作支架进入粘胶站,操作顺序为:分料上顶(上)、分料下顶(下)、料盘输送、收盘上顶(空盘时用)。

3. 上支架教导是手动控制将粘胶后的支架插入铝模中,操作顺序为:支架推入(开关)、拨料头(入)、粘胶闸门(开)、两个夹具均打开、支架拨入(进)、拨料头(出)、支架拨入(出)、粘胶闸门(关)、粘胶夹持(关)、粘胶气缸(自动回位)、粘胶夹持(松)、插支夹持(夹紧)、插支旋转(下)、支夹持(松开)、插支定位(下)、插支旋转(上)、插支停位。

4. 压支教导是手动操控机台进行压支架,操作顺序为:插支移位(出)、插支移位(返回)、插支停位(关闭)、压支定位(上)、压支停位(上顶)、原点归位(每次压支前都必须归位)、压支架(上)、压支架(下)、压支停位(下)、推入料盘(出)、压支定位(下)、推入料盘(返回)。

(三)参数设置参考

1. 高支架参数;料盘铝模数—15;粘胶延迟时间—3.0;打底延迟时间—0.0;压支停留时间—1.0;插支行程—9700;插支高速—14000;插支低速—500;压支行程—120;压支高速—6000;压支低速—300。

2. 矮支架参数;料盘铝模数—15;粘胶延迟时间—3.0;打底延迟时间—0.0;压支停留时间—1.0;插支行程—11500;插支高速—10000;插支低速—1000;压支行程—1750;压支高速—5000;压支低速—400。

(四)胶量调整

调节注胶站的注胶气缸,旋转定位旋钮来控制胶量的多少。

作业准备
高压气
铝船
支架
铝盘
配胶

控制重点

自动机生产结束前后,应将可拆卸物全部充分清洁,所有活动部位要灵活自如,传感器正常工作。

续表

设备操作、保养规程		文件编号		页　次	
		设备名称		实施日期	
操作内容				版　本	

四、保养规定	作业准备

四、保养规定

　　1.日常保养(操作者)

　　操作者应时刻注意机器的清洁工作,在灌胶过程中或灌胶结束后,都应将残留在机台上的胶体清理干净,并将机台用丙酮清洗干净,可拆件应及时拆卸清洗,并保证不损坏拆卸器件。在操作过程中如发现机器的异常情况应及时上报。

　　2.定期保养(设备组)

　　根据本设备的使用状况,每1个月应进行保养、检修。

　　机台的完整性:机体、各工作气缸、各工作站、各感应传感器。

　　电路稳定性:电源电路、各气缸电路、预热电路、感应传感电路。

　　机械的磨损性:注胶针、转动轴、气阀。

　　3.三级保养(厂外送修)

　　设备出现电路重大故障,机械部件出现严重磨损,设备组不能自行处理时,应送厂外保养修理。

作业准备

高压气
铝船
支架
铝盘
配胶

控制重点

　　自动机生产结束前后,应将可拆卸物全部充分清洁,所有活动部位要灵活自如,传感器正常工作。

冰箱

设备操作、保养规程		文件编号		页　次	
		设备名称		实施日期	
操作内容				版　本	

一、要求

　　1.安装不稳定会造成震动或噪声,可利用调节螺钉调好。

　　2.选择通风良好的地方,若放在通风不好的地方,制冷效果会降低,导致电力的浪费。因此冷柜的周围必须留有足够的空隙,两侧及背面距离墙或其他物品的间隙应大于10cm。

　　3.冷柜的放置应避免阳光直射,远离热源。

　　4.冷柜应放置在平整、坚固、潮气少的地方。

　　5.本冷柜使用电源为单相交流电220V/50Hz。如果电源无接地,必须增加可靠的接地线。

　　6.冷柜必须使用单独的电源插座,不得与其他电器共用插座。

　　7.禁止直接用水冲洗冷柜表面,以免发生漏电事故。

　　8.禁止冷柜靠近和存放乙醚、汽油、酒精、黏结剂、火药等易燃危险品。

二、首次使用

　　1.冷柜首次使用时,由于柜内温度和外界环境温度相同或十分接近,所以要柜内温度降低到自动停机的温度,一般需要经过1h左右才能达到。

　　2.经过1~2h的空箱运转后,将温度控制旋钮调整至适当位置,关门后冷柜便可进入正常工作(温度控制器自动控制压缩机开停)。此时便可放入所需储存的物品。

　　3.切记不要在冷柜进入正常工作状态前就急于放入物品。

三、温度调节

　　1.温控器旋到关的位置时,压缩机停止工作。

　　2.温控器旋钮的刻度从1~7,柜内的温度越来越冷。

　　3.柜内如需急冷请将温控器旋钮至6或7,但使用后务必旋回其他刻度,如果长时间处于"急冷"状态,箱内温度过低,容易冻裂瓶子。

　　4.第一次开机调至6或7位置,1~2h后调至3的位置,需要再低温度时调至4~6的位置,觉得温度偏低时调至1或2的位置。

四、保养规定

　　1.日常保养(操作者)

　　做好箱体的清洁、箱内温度的监控。工作一段时间后,当冷柜蒸发器表面结霜大于5mm时,就应进行除霜。

　　2.定期保养(设备组)

　　根据本设备的使用状况,每4个月应进行保养、检修。

　　机台的完整性:箱体、压缩机、温控器、密封箱门、隔离架。

　　电路的稳定性:电源线路、调温电路、压缩主板。

　　温度检定时应进行多次校正。

　　3.三级保养(厂外送修)

　　设备出现重大故障,设备组不能自行处理时,应送厂外保养修理。

作业准备

1.温度范围:
0~10℃
2.有效容积:
276L
3.耗电量:
2.0kW·h/24h
4.电压、频率:
220V/50Hz

控制重点

禁止冷柜靠近和存放乙醚、汽油、酒精、黏结剂、火药等易燃危险品。

点胶机

	设备操作、保养规程	文件编号		页　次	
		设备名称		实施日期	
	操作内容			版　本	

作业准备

1. 高压气
2. 台灯
3. 针筒
4. 6/8mm 转接头
5. 气管

控制重点

一、操作准备（面板说明）

　　1. 压力表：用于读出进气压力。

　　2. 减压阀：用于调节进气压力大小。

　　3. 电源开关：机器电源总开关。

　　4. 工作方式开关：用于选择工作方式（持续式或单动式）。

　　5. 时间拨码器：持续式工作方式时，用于设定出气时间。

　　6. 输出气孔：连接气管。

　　7. 机器后板说明：后板有进气孔、电源进线、保险盒、脚踏开关出线。

二、操作内容

　　1. 首先正确连接进气管和出气管，打开高压气。

　　2. 打开电源，选择工作方式。

　　3. 拉出气压调节阀旋钮调节进气压力，气压通过压力表读出，调节到后压回调节阀旋钮。

　　4. 选择自动工作方式：设定出气时间。脚踏开关不放，则出气孔根据所设定的时间循环出气。

脚踏松开，出气停止。

　　5. 选择单动工作方式：脚踏开关不放，则出气孔持续出气直至松开脚踏开关为止。

　　6. 实际工作时，可同时调节时间和气压以达到最佳状态。

　　7. 工作结束后关闭机台电源和高压气。

三、保养规定

　　1. 日常保养（操作者）

　　操作前应做好操作前的准备工作，进行通气试验，检查各气阀的稳定性。

　　使用过程中要注意到机器的磨损情况和电气线路是否异常。

　　每天操作完后应进行机件的清洁工作，并关闭电源和高压气。

　　2. 定期保养（设备组）

　　根据本设备的使用状况，每 4 个月应进行保养、检修。

　　机台的完整性：机体、压力表、减压阀、各开关。

　　电路的稳定性：电源电路、拨动开关、时间拨码器、单动持续开关。

　　通气试验：电磁阀无漏气、减压阀无漏气、减压阀可调节。

　　点胶机各配件（如针头、针筒）应根据磨损情况进行更换。

　　3. 三级保养（厂外送修）

　　设备出现重大故障，设备组不能自行处理时，应送厂外做精度检查或保养修理。

四、注意事项

　　1. 涂点直径及涂线宽度可做调整。

　　2. 快干胶、流动性不良及高浓度液料皆可解决。

　　3. 适用范围广，控制精度高，提高生产效率，减少废品。

　　4. 整个点胶机体应保持清洁。

　　出胶压力及时间、针嘴孔径大小可按需要选择（可调节气压大小）。

灌胶机

设备操作、保养规程		文件编号		页 次	
		设备名称		实施日期	
操作内容				版 本	

作业准备

1. 物料
2. 铁盘
3. 钳子

控制重点

一、操作准备

　1.将机器可拆件进行吹气清洁处理。

　2.可拆部件:倒胶筒、吸胶柱、注胶针头、转动轴、吸胶柱定位块、注胶连接体。

　3.将清洁的零件各个装好。

　把注胶体倒放在干净的桌面上,并用钳子把注胶针头连接到注胶连接头上。

　把吸胶柱放入定位块里,并留有一定的间隙,然后用螺钉旋好。

　将转动轴放入注胶连接体中,轴柄字朝上放入转动电机缺槽中,然后将吸胶柱插入注胶连接体的吸胶孔中。固定好连接体和定位块。

　将倒胶筒固定在注胶连接体上的定位孔。

　4.打开灯电源对机体进行预热。

　5.将灌胶的物料沿着倒胶筒壁缓慢倒入胶筒。

二、操作内容

　(一)当自动/手动按钮拨至自动挡,手动循环旋钮拨至OFF挡时:

　1.按动自动启动按钮,吸注胶气缸后退进行吸胶、转动气缸内转进行切胶。

　2.踩动脚踏开关一次,进出料气缸送料,上下气缸上升,吸注胶气缸前进注胶,转动气缸外转。完成后气缸按顺序退回。

　3.按动自动停止按钮,各气缸回归原始状态(吸注胶气缸前进、转动气缸外转)。

　(二)当自动/手动按钮拨至自动挡,手动循环旋钮拨至ON挡时:

　1.按动自动启动按钮,吸注胶气缸后退进行吸胶、转动气缸内转进行切胶。

　2.踩动脚踏开关一次,进出料气缸送料,上下气缸上升、吸注胶气缸前进注胶、转动气缸外转。完成后各气缸按顺序退回。

　3.按动自动停止按钮,各气缸回归原始状态(吸注胶气缸前进、转动气缸外转)。

　(三)当自动/手动按钮拨至自动挡,手动循环旋钮拨至OFF挡时:

　1.踩动脚踏开关,进出料气缸送料,上下气缸上升,其他气缸不动作。

　2.踩动脚踏开关,各气缸回归原位。

三、保养规定

　1.日常保养(操作者)

　操作者应时刻注意机器的清洁工作。在灌胶过程中或灌胶结束后,都应将残留在机台上的环氧胶清理干净。

　2.定期保养(设备组)

　根据本设备的使用状况,每1个月应进行保养、检修。

　机台的完整性:机体、倒胶筒、吸胶柱、注胶柱定位块、注胶连接体、远红外灯。

　电路的稳定性:电源电路、各气缸电路、灯电路。

　机械的磨损性:吸胶柱、转动轴、内孔。

　各零件的磨损程度若影响生产应进行更换处理。

　3.三级保养(厂外送修)

　设备出现电路重大故障,机械部件出现严重磨损,设备组不能自行处理时,应送厂外保养修理。

灌胶机进行灌胶前,应将可拆部件充分清洁。

金丝球焊机

设备操作、保养规程		文件编号		页　次	
		设备名称		实施日期	
操作内容				版　本	

操作内容	作业准备
一、操纵系统及操纵盒 　　操纵系统由连杆、滑板、U5 轴承及轴承座等组成。它的作用是通过移动操纵盒，实现焊接材料与劈刀准确定位。 　　操纵盒上安装有部分操作控制开关、按键，用于配合机器面板上的设定进行焊接操作，其相关说明如下。 　　转换开关 K1：有自动、手动与分步三种工作模式挡位。 　　手动过片键：用于手动过片操作，使支架在工作台中走过一个工位。若按住该键不放，则在过完第一个片约 0.5s 后产生连续过片。 　　线夹键/功能设定键：用于张开或闭合线夹、清零等操作，其中还有线弧、补球设定操作功能。 　　主操作键：用于机器焊接操作。 二、金丝安装 　　将备好的金丝置于托丝座板上，取出起始端，穿过导丝环、导丝管、压丝玻璃片、摆杆过丝孔、宝石粒过丝孔、线夹、劈刀孔。 　　注：① 穿丝前，过丝通道（金丝经过的路径称为过丝通道）需用酒精棉球清洁。 　　② 需保证过丝通道过丝顺畅，防止挂住金丝或划伤金丝。 三、工作模式、高度、跨度调整设定 　　（一）自动/手动/分步工作模式 　　将操纵盒"自动/手动/分步"转换开关 K1 拨到"手动"，操作"主操作键"，第一焊点焊接结束后，由操作员进行第二焊点瞄准，移动操纵盒确定跨度，再操作"主操作键"完成第二焊点焊接，称为手动模式；将操纵盒"自动/手动/分步"转换开关 K1 拨到"分步"，在第一焊点焊接结束后，机器自动移位形成一个跨度，需操作员进行第二焊点瞄准，再操作"主操作键"完成第二点焊接，称为分步模式；将操纵盒"自动/手动/分步"转换开关 K1 拨到"自动"，操作"主操作键"，机器自动完成第一焊点，焊接和第二焊点焊接及跨度形成，称为自动模式。 　　（二）第一、二焊点瞄准高度设定 　　1.将操纵盒"自动/手动/分步"转换开关 K1 拨到"分步"。 　　2.将右面板"高度/锁定/跨度"转换开关 K4 拨到"高度"，再按下"主操作键"，焊头下移至第一焊点（或第二焊点）瞄准位置，在显微镜下观察劈刀高度，并调节"调整"旋钮，调至操作者习惯高度。 　　注：焊双线时，两条线的第二焊点瞄准高度分别可调。 　　（三）拱丝高度设定 　　1.将操纵盒"自动/手动/分步"转换开关 K1 拨到"分步"。 　　2.将右面板"高度/锁定/跨度"转换开关 K4 拨到"高度"，操作"主操作键"，第一焊点焊接结束后，焊头回到拱丝位置时旋转"调整"旋钮，即可改变拱丝高度，此高度的设置对弧度有较大影响，若适当调高，可使线弧稳定、弧形增高。 　　注：焊双线时，两条线的拱丝高度可分别调节。 　　（四）跨度设定 　　1.将操纵盒"自动/手动/分步"转换开关 K1 拨到"分步"。 　　2.将右面板"高度/锁定/跨度"转换开关 K4 拨到"跨度"。第一焊点焊接结束后，焊头回到拱丝位置时调节"调整"旋钮，即可改变跨度。 　　3.调节跨度时，需选一个管芯位置固定正确的支架。在生产发光二极管时，劈刀瞄准点位置应调到二焊的位置。 四、尾丝及金球大小调节 　　（一）尾丝调节 　　1.将"尾丝/锁定/禁止"转换开关 K2 拨到"尾丝"。 　　2.操作"主操作键"，待第一、二焊点焊接完后，焊头自动停在一个位置，劈刀（实为变幅杆前端）抬起，处于尾丝调节状态。此时顺时针旋转"尾丝调节螺钉"，降低劈刀抬起高度，尾丝减短；逆时针旋转"尾丝调节螺钉"，升高劈刀抬起高度，尾丝加长。此时，在显微镜下可观察到劈刀抬起高度及尾丝的长短。	1. 金丝 2. 镊子 3. 拨针 4. 物料 控制重点 每天第一次焊接时，应首先调好预备高度。

续表

设备操作、保养规程		文件编号		页　次	
		设备名称		实施日期	
操作内容				版　本	

作业准备

注：① 必须在 30s 内完成尾丝调节，超过 30s，焊头会自动复位。

② 尾丝长度不能调至零，尾丝调节螺钉不能紧逼换能器座(L 必须大于零)，否则会造成劈刀碰到被焊面时不能抬起，检测触点不能断开，使机器动作异常。同时还会造成没有尾丝，无法烧球。

（二）金球大小调节

金球大小由尾丝长短及打火强度(由打火时间及打火电流决定，时间长、电流大时，打火强度大，反之打火强度小)的配合调节来完成。在打火强度正常的情况下，尾丝越长，金球越大，反之金球越小。在尾丝正常的情况下，打火强度越大，金球越大，反之金球越小。

根据所需金球大小调节打火强度。在尾丝长度一定时，所用时间长、电流小烧的金球比用时间短、电流大烧的金球球形好且表面光亮。

五、保养规定

1. 日常保养(操作者)

每天第一次焊线时节应调节瓷嘴的预备高度。

中午休息时间小于 2h 应对机器加热进行 50℃ 保温，大于 2h 应关闭电源。

每天工作结束后应将残留在机台的金丝清理干净。

2. 定期保养(设备组)

根据本设备的使用状况，每 4 个月应进行保养、检修。

机台的完整性：超声波发生器、超声波控制板、立式送料器、显微镜、温控器、放电棒、电源线。

机件的完整性：瓷嘴、瓷嘴螺钉、铁线夹、电磁线圈、绒布线夹、调整秩序螺钉、凸轮组。

电路的稳定性：控制板、电源板、光电耦合器、高压放电板、I/O 板。

功率的稳定性：功率输出稳定、焊接时间可调、焊接功率可调、焊点正常。

3. 三级保养(厂外送修)

设备出现重大故障，设备组不能自行处理时，应送厂外保养修理。

作业准备

1. 金丝
2. 镊子
3. 拨针
4. 物料

控制重点

每天第一次焊接时，应首先调好预备高度。

二切机

设备操作、保养规程		文件编号		页　次	
		设备名称		实施日期	
操作内容				版　本	

一、操作准备

1. 先将待切的物料和工具盘备好。

2. 将二切机的刀口擦拭干净。

二、操作内容

1. 插上电源，打开高压气阀，通电通气，调节压力在 0.4～0.6MPa 之间。

2. 将被切支架头部朝里，顶住其定位块，踩动脚踏开关，气缸动作，完成二切。

3. 松开脚踏开关，将已切好的支架按顺序放好。

4. 机台出现故障应及时请设备维护人员清除，操作者不能擅自动手。

三、保养规定

1. 日常保养(操作者)

不使用状态时应关好机台电源和高压气。气缸轴和导轴应注意加油润滑。

2. 定期保养(设备组)

根据本设备的使用情况，每 2 个月应进行保养、检修。

机器的磨损：上刀片、下刀片、气缸轴、导轴、电磁阀、连接管。

3. 三级保养

设备部件如有严重磨损，不能继续使用，设备组不能自行处理，应送厂外修理。

作业准备

1. 高压气
2. 电压、频率：200V/50Hz
3. 工具盘
4. 维护工具

控制重点

支架待切脚是否整个放入刀口切面，否则有可能切坏支架。

脱模机

设备操作、保养规程		文件编号		页　次	
		设备名称		实施日期	
操作内容				版　本	

操作内容	作业准备
一、操作准备 　1.先将待脱模的物料和工具盘备好。 　2.将全切机的顶爪擦拭干净。 二、操作规程 　1.插上电源，打开高压气阀，通电通气，调节压力在 0.4～0.6MPa 之间。 　2.将铝模条和模粒放出顶爪，顶住其定位块，踩动脚踏开关，气缸动作，完成脱模。 　3.拿出支架后松开脚踏开关，将已脱模单管按顺序放好。 　4.机台故障时应及时请设备维护人员清除，操作者不能擅自动手。 三、保养规定 　1.日常保养(操作者) 　不用状态时应关好机台电源和高压气。气缸轴和导轴应注意加油润滑。 　2.定期保养(设备组) 　根据本设备的使用状况，每周点检，进行保养、检修。 　机器的完整，机器的磨损：气缸轴、导轴、电气线路的老化。 　3.三级保养(厂外送修) 　设备出现重大故障，设备组不能自行处理时，应送厂外做精度检查或保养修理。	1.待脱模的支架 2.铁盘 控制重点 脱模机应在支架放至室温后开始使用。

显微镜

设备操作、保养规程		文件编号		页　次	
		设备名称		实施日期	
操作内容				版　本	

操作内容	作业准备
一、安装要求 　1.将显微镜和固定架平放在桌面上。 　2.保持整个机体的清洁。 二、操作内容 　1.用擦镜纸擦净显微镜目镜。 　2.摆正显微镜。 　3.调节焊线机上的灯光强弱，使之适合自己的眼睛。 　4.左右调节目镜使之适合自己的眼距。 　5.调节显微镜的高度，使之看清物料。调节时应先调节右眼的目镜高度(用整体高度调节旋柄)，定位后调节左眼高度(用左目镜上的调节旋钮)。 　6.看清物料后固定显微镜。 　7.操作结束后关闭台灯电源。 三、保养规定 　1.显微镜的物镜和目镜不得随意擦拭，以影响镜片的光洁度。必要擦拭时应使用擦镜纸。擦拭时应轻缓适中。 　2.显微镜目镜上的护眼套根据各自的情况，自己选择戴与不戴。 　3.使用完毕后应将物镜和目镜上的保护套套上。	1.台灯 2.物料 控制重点 显微镜的物镜和目镜不得随意擦拭，以影响镜片的光洁度。

粘胶机

设备操作、保养规程		文件编号		页　次	
		设备名称		实施日期	
操作内容				版　本	

作业准备

1. 物料
2. 润滑油
3. 铁盘
4. 丙酮

控制重点

一、操作准备

　　1. 将机器可拆件(滚轴、倒胶筒)进行吹气清洁处理。

　　2. 预热后将各部件装在机体上,并保证机器的清洁。

二、操作内容

　　1. 开高压气,调节压力至 0.6MPa。

　　2. 开电源开关,电源指示灯亮。

　　3. 开粘胶机转动电机,调节其转速。

　　4. 将预热的滚轴对准电机连接轴缺口,与滚轴导口平行时停止转动。

　　5. 将放置环氧胶的上下板定位在其挡块上,旋紧螺钉。

　　6. 将电机转速调节在中间挡(第六挡)位置。

　　7. 将已抽真空的环氧胶沿着下板壁来回缓慢放入,直到胶量足够覆盖上下板流胶间隙。

　　8. 调节粘胶时间在 2s 左右。

　　9. 将预热过的支架放入支架槽。

　　10. 踩动脚踏一次,上气缸动作夹住支架,下气缸动作,滚轴前移配合转动进行粘胶,完成后各气缸退回。

三、保养规定

　　1. 日常保养(操作者)

　　滚轴的连接轴和导轴应加油润滑。

　　粘胶机操作结束后,应将残留在机体上的环氧胶清洗干净。

　　操作者在每次操作前应注意机体和各零件的磨损情况。

　　2. 定期保养(设备组)

　　根据本设备的使用状况,每 4 个月应进行保养、检修。

　　机台的完整性:机体、滚轴、倒胶筒、红外灯泡。

　　电路的稳定性:电源线路、调速电路、灯开关、电机按钮。

　　如果设备的机械部分出现轻微磨损,应进行修正处理。

　　3. 三级保养(厂外送修)

　　设备出现电路重大故障,机械部件出现严重磨损,设备组不能自行处理时,应送厂外保养修理。

粘胶结束后,应将可拆的机件放丙酮泡洗。

烘干箱

	设备操作、保养规程		文件编号		页　次	
			设备名称		实施日期	
	操作内容				版　本	

作业准备

1.手推车
2.手套
3.登记表
4.物料

控制重点

一、安装要求

　　1.地面须水平。

　　2.通风良好，落尘量较少。

　　3.不要安置在潮湿的地方。

　　4.尽可能使可燃物远离。

　　5.环境温度勿过高，最好在0～40℃内。

二、操作内容

　　1.将电源插头插好，打开插座开关。

　　2.打开电源开关，电源指示灯亮。

　　3.温度设定：按下温控表的"设定和调节"按钮；再旋转圆形电位器直到数码管显示所需的温度；然后再将"设定和调节"按出，即自动工作；此时数码管显示的温度为实际温度。

　　4.打开鼓风开关，指示灯亮。打开加热开关，指示灯亮，进行预热。

　　5.所设温度到达后即可打开烘箱所有开关，放入产品并关上箱门，打开电源，而后打开鼓风开关。约10s后打开加热开关，此顺序是为避免冲温现象。

　　6.烘烤结束后，关闭电源开关。

　　7.进出烘干箱应进行登记备案。

三、保养规定

　　1.日常保养（操作者）

本机器顶盖上，勿放置任何物品以免影响本机器的散热。

保持箱内清洁。

如果烘箱门开启比较紧，将铰链的上下螺钉旋松即可。

将排风口打开，顶盖旋松即可。

操作者应时刻注意烘箱的加热情况和风机是否转动。

　　2.定期保养（设备组）

根据本设备的使用状况，每4个月应进行保养、检修。

机体的完整性：机体、温控仪、鼓风机、超温保护装置。

电路的稳定性：电源电路、温控电路、超温保护电路、鼓风电路、指示电路。

箱内情况：升温情况、噪声度、电机平稳性。

　　3.三级保养（厂外送修）

设备出现重大故障，设备组不能自行处理时，应送厂外保养修理。

有操作设定条件的特殊安全型防爆箱外，绝不可将易爆物、加压容器置于箱内。

附录3 LED 生产过程中使用到的原料及检验

一、银胶

导电银胶是一种固化或干燥后具有一定导电性能的胶黏剂，它通常以基体树脂和导电填料即导电粒子为主要组成成分，通过基体树脂的黏结作用把导电粒子结合在一起，形成导电通路，实现被粘材料的导电连接。由于导电银胶的基体树脂是一种胶黏剂，可以选择适宜的固化温度进行黏结，如环氧树脂胶黏剂可以在室温至150℃固化，远低于锡铅焊接的200℃以上的焊接温度，这就避免了焊接高温可能导致的材料变形、电子器件的热损伤和内应力的形成。同时，由于电子元件的小型化、微型化及印刷电路板的高密度化和高度集成化的迅速发展，铅锡焊接的0.65mm的最小节距远远满足不了导电连接的实际需求，而导电银胶可以制成浆料，实现很高的线分辨率，而且导电银胶工艺简单，易于操作，可提高生产效率，也避免了铅锡焊料中重金属铅引起的环境污染，所以导电银胶是替代铅锡焊接，实现导电连接的理想选择。目前导电银胶已广泛应用于液晶显示屏（LCD）、发光二极管（LED）、集成电路（IC）芯片、印刷线路板组件（PCBA）、点阵块、陶瓷电容、薄膜开关、智能卡、射频识别等电子元件和组件的封装和黏结，有逐步取代传统的铅锡焊接的趋势。

1.导电银胶的分类

导电银胶种类很多，按导电方向分为各向同性导电银胶（ICAs，Isotropic Conductive Adhesives）和各向异性导电银胶（ACAs，Anisotropic Conductive Adhesives）。ICA是指各个方向均导电的胶黏剂，可广泛用于多种电子领域。ACA则指在一个方向上如Z方向导电，而在X和Y方向不导电的胶黏剂。一般来说，ACA的制备对设备和工艺要求较高，比较不容易实现，较多用于板的精细印刷等场合，如平板显示器（FPDs）中的板的印刷。

按照固化体系，导电银胶又可分为室温固化导电银胶、中温固化导电银胶、高温固化导电银胶、紫外光固化导电银胶等。室温固化导电银胶较不稳定，室温储存时体积电阻率容易发生变化。高温导电银胶高温固化时金属粒子易氧化，固化时间要求必须较短才能满足导电银胶的要求。目前国内外应用较多的是中温固化导电银胶（低于150℃），其固化温度适中，与电子元器件的耐温能力和使用温度相匹配，力学性能也较优异，所以应用较广泛。紫外光固化导电银胶将紫外光固化技术和导电银胶结合起来，赋予了导电银胶新的性能并扩大了导电银胶的应用范围，可用于液晶显示电致发光等电子显示技术上。

2.导电银胶的组成

导电银胶主要由树脂基体、导电粒子、分散添加剂和助剂等组成。目前市场上使用的导电银胶大都是填料型。填料型导电银胶的树脂基体，原则上讲，可以采用各种胶黏剂类型的树脂基体，常用的一般有热固性胶黏剂，如环氧树脂、有机硅树脂、聚酰亚胺树脂、酚醛树脂、聚氨酯、丙烯酸树脂等胶黏剂体系。这些胶黏剂在固化后形成了导电银胶的分子骨架结构，提供了力学性能和黏结性能保障，并使导电填料粒子形成通道。由于环氧树脂可以在室温或低于150℃固化，并且具有丰富的配方可设计性能，目前环氧树脂基导电银胶占主导地位。

导电银胶要求导电粒子本身要有良好的导电性能，粒径要在合适的范围内，能够添加到导电银胶基体中形成导电通路。导电填料可以是金、银、铜、铝、锌、铁、镍的粉末和石墨及一些导电化合物。

3.导电银胶的应用领域

① 导电银胶黏剂用于微电子装配，包括细导线与印刷线路、电镀底板、陶瓷被黏物的金属层、金属底盘连接，黏结导线与管座，黏结元件与穿过印刷线路的平面孔，黏结波导调谐以及孔修补。

② 导电银胶黏剂用于取代焊接温度超过因焊接形成氧化膜时耐受能力的点焊，导电银胶黏剂作为铅锡焊料的替代品，其主要应用范围有电话和移动通信系统，广播、电视、计算机等行业，汽车工业，医用设备，解决电磁兼容（EMC）等方面。

③ 导电银胶黏剂的另一应用就是在铁电体装置中用于电极片与磁体晶体的黏结。导电银胶黏剂可取代焊料和晶体因焊接温度趋于沉积的焊接。用于电池接线柱的黏结是当焊接温度不利时导电银胶黏剂的又一用途。

④ 导电银胶黏剂能形成足够强度的接头，因此，可以用作结构胶黏剂。

4.银胶使用方法

① 退温约 30min（常温条件之下）。

② 徐徐搅拌约 5min，搅拌方向顺时针，速度不能太快，避免加速硬化。勿用木质或长圆形玻璃搅拌棒，原因是木质搅拌棒会遗留木屑于银胶内，长圆形玻璃搅拌无法搅拌均匀。

③ 未使用完的银胶，应立即存入冰库（1h 之内）。

④ 烘烤温度：150℃/70min。

⑤ 储存温度：−15～40℃/6 个月。

⑥ 分装时，用开口较宽的罐储存，方便搅拌，而且分装前需先搅拌好（不要用装菲林的罐，因为此罐口小，不易搅拌，或搅拌不完全）。

⑦ 搅拌后立即使用（背胶或点胶），理由：利用均匀黏度，产生紧密的接着力；不立即使用，银胶的银粉会沉淀。

⑧ 背胶或点胶后，要在 1h 之内接着，理由是放置时间太久，银胶外层会先胶化，丧失接着力。

⑨ 银胶进出冰箱次数不能太多，以避免影响银胶特性。

⑩ 烘烤时间过久或温度过高，银胶会焦化丧失接着力。

⑪ 烘烤达标后，不能立即开炉取出产品，在急速降温下，会产生裂痕（银胶与脚架或基板），必须在炉内降温至 50℃ 左右才能开炉。

各厂牌烘烤温度比较，供参考用：

BRAND	TYPE NO	STANDARD CURE
SMM	T-3007-20	150℃/30min
AMICON	C-850-6	125℃/60min
ABLEBOND	84-1LMIT	150℃/60min
菲特浦	EP-5053MV	150℃/60min
上海树脂厂	DAD-87	150℃/40hm

5.进料银胶的检验

（1）范围：进料银胶的检验。

（2）抽样方式

① 包装检查、标识检查、外观检查。每批量如是罐装抽 5 罐，如是针筒每批量抽 5 支，进料数少于 5 罐/5 支须全检。

② 特性检查。每次进料如是罐装抽 1 罐，是针筒抽 1 支，如两样均进料，则两样均抽样 1 罐（支）。

（3）检验项目：包装检查、标识检查、外观检查、特性检查。

（4）使用设备：固晶机、推力机、焊线机、拉力机。

（5）判定标准：每次用 1 支 3G/L6 支架进行试验，银胶高度须在芯片高度的 1/4～1/3，推力值须大于 80g，焊线拉力值大于 5g 以上且不可断 A、E 点。

（6）其他

① 试验完毕的银胶，若合格移交生产线使用。

② 若试验为 NG，开来料异常通知单，告诉采购。

检查项目	质量特性及标准	使用设备
包装检查	检查有否按规定进行包装放置	目视
	检查封装有否遗漏银胶	目视
标识检查	材料型号是否与进料单相符	目视
	数量是否减少	目视
	标识是否清晰	目视
外观检查	外观色泽是否有异状、异物、硬块	目视
特性检查	银胶高度须在芯片高的 1/4 到 1/3，推力值须大于 80g	固晶机 推力机
	焊线拉力值大于 5g 以上且不可断 A、E 点	焊线机 拉力机

二、LED芯片

晶片进料检验规范如下。

(1) 范围：经认可的芯片。

(2) 使用设备：显微镜、数字万用表、投影机、镊子、曲线扫描仪、测试机。

(3) 抽样计划：MIL-STD-105E电气特性检测，以特殊水平S-3尺寸检测每批从不同胶膜上共抽测5个，以0收1退为判定标准。外观检查，以一般检验水平Ⅱ，当每片不良数大于3%时视为不合格。当为样品试作芯片进料，且进料数量小于1000个时，电气特性检测采用特殊水准S-2，AQL：0.65%。

(4) 检验项目：包装标识、电气特性、尺寸、外观（SD1芯片进料检验参见WI-QC-G-0236）。

(5) 备注

① 若为客户要求或汽车订单检验，则以0收1退为判定标准。

② 芯片进料检验表上所写的订单编号为KB订单编号。

③ 电性检测过的芯片须作报废处理。

④ CG芯片的亮度不得低于29mcd（含）。

⑤ 四元芯片每片需抽测5个点作V/I曲线检测，其他芯片按型号每批抽5片，每片抽5个点作V/I曲线检测，扫描后看有无闸流体。

⑥ 所有蓝光芯片在进料时，都需对每片芯片抽测5个点（5颗芯片）的亮度及波长数据，记录在（WI-QC-S-0048），波长在472nm范围下的芯片才可生产白光制程。

⑦ 将检查的内容记录于芯片进料检验表（WI-QC-S-0226），不合格时开来料异常通知单，并记录于（WI-QC-A-0804），告诉采购，检验时需核对厂商规格与承认书是否相符。

⑧ UR芯片外观全检。

⑨ 发现不良的芯片，不可在芯片原标签上涂改或写任何字样；不良问题点以小贴纸注明后贴在芯片胶膜上。

(6) 缺点定义

① CRITICAL：会造成使用者安全顾虑或违反安全规定。

② MAJOR：超出规格致使功能失效或不能让顾客满意。

③ MINOR：超出规格但功能存在而不在CRITICAL或MAJOR范围内。

检查项目	质量特性及标准	使用设备
电气特性	依照芯片规格书,测试U_F/I_R是否在范围内	数位万用表
	不亮:芯片不亮或发光层发光亮度不均	测试机
	发光颜色不符:芯片发光颜色与规格不符	测试机、显微镜
	闸流体:互电阻特性	曲线扫描仪
尺寸检测	依照芯片规格书,测试芯片各尺寸是否在规格内(除承认书标注外,各尺寸允许公差±0.0254mm)	显微镜 包装标识
包装标识	进货芯片型号是否与验收单相符	目视
	芯片胶膜上亮度标识是否与要求相符	目视
外观(D)	1.芯片破损:破损面积不得大于总面积之1/5	目视
	2.杂物:杂物不得大于1mil覆盖于发光区,或点亮后发光区有两点(含)以上的杂物	显微镜
	3.发光色泽不一:点亮后发光区有两种以上的颜色	显微镜
	4.表面粗化:粗化程度不得有粗颗粒现象	显微镜
	5.PAD(焊垫):脱落超过1/5(含)为不良,或不得有1/5共生重影	显微镜
	6.PAD(焊垫):不得有断裂两支(含)触脚以上者(触脚断一半或掀脚视为断脚)	显微镜
	7.PAD(焊垫):于PAD图样外围全部落框部分每边不得大于0.5mil,而局部落框予以拒收	显微镜
	8.PAD(焊垫):焊垫尺寸偏大或偏小不可超过0.5mil	显微镜
	9.焊垫色泽与大小:电极角度不可有深浅不一	测试机
	10.排列不整齐:芯片排列不整齐,不得相差0.5个晶粒以上	显微镜
	11.残留物:PAD金属残留物不得大于1.5mil	显微镜
	12.芯片倾倒:晶粒倾倒致无法取晶,视为报废	显微镜
	13.间隔不均:晶粒与晶粒间隔在1.0~1.2个晶粒宽度以内者为合格	显微镜
	14.焊垫金属丝:不得有连接于PAD上或残存于发光区内的丝状物	显微镜

续表

检查项目	质量特性及标准	使用设备
	15.背面崩裂：破裂高度不得大于芯片高度1/3(含)，底部宽度不得大于芯片宽度1/5(含)	显微镜
	16.晶粒暗崩：芯片不得内部崩裂	显微镜
	17.不同晶粒：单一芯片TAPE上不得粘附其他不同之晶粒	显微镜
	18.晶粒零散：不得有晶粒零散现象	显微镜
	19.并片晶粒：单片中,不得有为原两不同片组合并为一片者	显微镜
	20.晶粒要位于晶粒位置框的正中位置,边距需5cm以上	显微镜
外观(D)	21.芯片高度不得大于0.05mm(含) 	显微镜
	22.芯片正、底面倾斜：$a-b\leqslant0.5$mil 	显微镜
	23.芯片切割倾斜：芯片与切割面倾斜角度不可大于15° 	显微镜
	24.PAD偏心：$a/b\leqslant2$ 或 $b/a\leqslant2$ 	显微镜
	25.芯片铝垫变白：芯片铝垫呈白色	显微镜
	26.PAD(焊垫)：芯片进料之焊垫与订单要求不符	显微镜

三、支架

　　LED支架是LED灯在封装之前的底基座,在LED支架的基础上将芯片固定进去,焊上正负电极,再用封装胶一次封装成型。支架是LED最主要的原物料之一,是LED中负责导电与散热的部件,并且与晶片金线相连,在LED支架起重要作用。

　　支架大致可分Lamp LED支架、SMD支架、食人鱼支架、大功率支架。在LED封装时,支架是数个连接在一起的,到封装胶体后要将其断开。

　　1.支架的材质

　　支架一般分为碗杯型、平头型和特殊型,其材质通常为铁材（SPCC或SPCC-SB）,根据需要可选择铜材。支架厚度通常为 0.5mm，支架外部电镀 Ag/Cu/Ni/Sn 等物质。

2.支架的成型

LED 支架是由厚度为 0.5mm 的铜片经冲压成型，冲压包括上下冲模与冲头，然后再冲压成 20 或 30 连体支架。

3.支架电镀

支架电镀可分为半镀和全镀，半镀是电镀支架上、下约 2mm 以上区域，全镀为整个支架电镀，半镀可节省支架成本。目前使用的 2002 系列支架大部分为半镀支架。一般电镀厚度在 60in（1in＝2.54cm）。

4.支架的保存

支架应在常温下密封保存。当支架表面变色时，要停止使用。

5.LED 支架的分类

（1）按原理来分是两种：聚光型（带杯支架）和大角度散光型的 Lamp（平头支架）。

① 2002 杯/平头：此种支架一般做对角度、亮度要求不是很高的材料，其 PIN 长比其他支架要短 10mm 左右。PIN 间距为 2.28mm。

② 2003 杯/平头：一般用来做 φ5 以上的 Lamp，外露 PIN 长为 ＋29mm、－27mm。PIN 间距为 2.54mm。

③ 2004 杯/平头：用来做 φ3 左右的 Lamp。PIN 长及间距同 2003 支架。

④ 用来做蓝、白、纯绿、紫色的 Lamp，可焊双线，杯较深。

⑤ 2006：两极均为平头型，用来做闪烁 Lamp，固 IC，焊多条线。

⑥ 2009：用来做双色的 Lamp，杯内可固两颗晶片，三支 PIN 脚控制极性。

⑦ 2009-8/3009：用来做三色的 Lamp，杯内可固三颗晶片，四支 PIN 脚。

⑧ 724-B/724-C：用来做食人鱼支架。

（2）按 LED 封装产品分 Hi-Power、TopView、SideView、特殊支架等。

6.发光二极管支架检验标准

（1）适用范围：本标准适用于发光二极管，用支架来料检验。

（2）检验项目：包装、资料、数量、外观、尺寸、镀层。

（3）设备、仪器及工具：显微镜、游标卡尺（精度为 0.02mm）。

（4）抽样方案

① 按 GB 2828.1—2003/MIL-STD-105E 单次抽样正常检查抽样表抽样，检验水准为一般 Ⅱ 级。

② 允许水准：

致命缺陷 CR：0.25。

主要缺陷 MA：0.65。

次要缺陷 MI：2.5。

（5）检验规格与判定标准

检验项目	检验规格及判定标准说明
包装检验	包装破损,材料零乱,不便搬运
	包装内材料放置无序
资料检验	产品或包装上无标签,或标签上的内容不全面(应包括生产厂商、型号、生产日期或批号)
	标签上的内容不规范
	来料厂商与送检单不符
	型号、规格与送检单不符
	来料混有其他型号
	厂商型号不明

续表

检验项目		检验规格及判定标准说明	
数量		来料数量与实际数量不符	
外观检验	支架生锈	支架头部生锈	
		支架管脚生锈	
		支架横筋生锈	
	支架压伤	1/3 支架厚度＜压伤深度＜1/2 支架厚度	
		压伤深度＞1/2 支架厚度	
	支架刮伤	1/3 支架直径＜刮伤面积＜1/2 支架直径	
		压伤面积＞1/2 支架直径	
	支架污染	污染面积＞0.5mm	
		污染面积＜0.5mm	
	支架变形	支架头部变形 碗部中心距与第二焊点中心，距 Y 方向偏移超过 0.08mm	
		支架头部变形 碗部中心距与第二焊点中心，距 Y 方向偏移超过 0.1mm	
		支架头部变形 碗部中心距与第二焊点中心，距 X 方向偏移超过 0.08mm	
		支架头部变形 碗部中心距与第二焊点中心，距 X 方向偏移超过 0.1mm	
		支架弯曲 弧形弯曲 $\theta>5°$	
		支架弯曲 弧形弯曲 $\theta<5°$	
		支架弯曲 弯脚＞0.5mm	
		支架弯曲 弯脚＜0.5mm	
	表面不平	固晶焊线点表面有凹凸不平	
	表面受损	固晶焊线点表面受损面积大于 0.05mm	
		固晶焊线点表面受损面积小于 0.05mm	
尺寸检验	长度不符	公差尺寸超出±0.1mm CR	
	高度不符	公差尺寸超出±0.1mm CR	
	定位孔径不符	公差尺寸超出±0.05mm CR	
	碗径不符	公差尺寸超出±0.05mm CR	
镀层检验	镀层不良	175℃±5℃烘烤 2h 后，起泡、变色、镀层脱落现象	
		230℃±5℃的焊锡液中浸渍 5s，固晶焊线区有脱锡现象	
		230℃±5℃的焊锡液中浸渍 5s，其他区域脱锡面积大于 5%	

四、环氧树脂

环氧树脂是泛指分子中含有两个或两个以上环氧基团的有机高分子化合物，除个别外，它们的相对分子品质都不高。环氧树脂的分子结构以分子链中含有活泼的环氧基为特征，环氧基可以位于分子链的末端、中间或成环状结构。由于分子结构中含有活泼的环氧基团，使它们可与多种类型的固化剂发生交联反应而形成不溶、不熔的具有三向网状结构的高聚物。根据分子结构，环氧树脂大体上可分为五大类：① 缩水甘油醚类环氧树脂；②缩水甘油酯类环氧树脂；③缩水甘油胺类环氧树脂；④线型脂肪族类环氧树脂；⑤脂环族类环氧树脂。

1. 化学特性

一分子内有两个环氧树脂—C—C—之化合物。340～7000 程度之中分子量物。形状：液体或固体。一般环氧树脂不能单独使用，可与硬化剂（架桥剂）一起使用，硬化成三次元分子结构的硬化物，与酸无水物的硬化剂反应成高分子物质。

2. 一般特性

硬化中不会生成副生成物且收缩小；可添加大量的填充剂；可长期保存（未与硬化剂反应），对大多的材质接着性优良；优越的电气特性；优越的机械强度及安定性；优越的耐水及耐药性。

3. 电子绝缘材料中对环氧树脂基本特性要求

低黏度，易脱泡；煅烤硬化而产生容积收缩小；硬化反应热小；低硬化温度；低热膨胀系数；对热的安定性高；低吸湿性；高热传导性及高压绝缘；高电氯抵抗；低诱电损失率及低诱电损失率；对金属、玻璃、陶瓷、塑胶等材质接着性优良；耐腐蚀性；耐候性；耐化学药品（盐分、溶剂）；耐机械冲击性；低弹性率（一般）。

4. 主剂的材料选择

① 环氧树脂：以透明无色、杂质含量低、黏度低为原则，如331J、127、139、EP4000 均可应用。

② 活性稀释剂：一般采用脂环族的双官度活性稀释剂比较好，特殊场合可用 AGE 代替，但 AGE 对固化后的强度有影响，交联度也不够。如果树脂的黏度较低，也可以不选择添加稀释剂。

③ 消泡剂：以相容较好、消泡性好、无低沸点溶剂为准则。

④ 调色剂：一般以 20% 的透明油容性染料添加 80% 的主体环氧树脂后，加温搅拌混溶，即可小量添加，可消除树脂及其他材料添加造成的微黄色，并可保证固化后颜色的纯正。注意透明油容性染料的选择，需具备至少 150～180℃ 的耐温条件，以防止加温固化时变色。

⑤ 脱模剂：以脱模效果好、相容好、颜色浅为原则。添加量依材料的不同有差别。脱模剂可添加在主剂也可添加在固化剂中。

5. 固化剂的材料选择

① 甲基六氢苯酐。

② 促进剂，其实酸酐体系采用季铵盐还是可行的，如四丁基溴化铵、四乙基溴化铵，但是后者相容性可能不太好，可先用醇类如苯甲醇、甘油稀释后使用，但会影响强度，所以前者比较好。

③ 抗氧剂，主要防止酸酐高温固化时被氧化，要求相容好、颜色浅。

6. 生产工艺

因不涉及合成反应，生产工艺比较简单，一般加温至 80℃ 以下，搅拌 1h 左右，降温放料即可。但要注意材料添加的顺序，如固体料先用液体料稀释溶解后依次添加。

注：插件 LED 主要是用环氧树脂，特点是价格便宜，气密性好，黏结力强，硬度高，但容易变黄，不耐温，贴片 LED 主要是用光学级硅胶，特点是耐高温，可过回流焊，不易变黄，性能稳定，但透水性强，硬度较低，价格高。

检验标准如下。

检验项目	检验规格说明	
包装检验	包装容器有破损，瓶盖未旋紧，密封不良	
资料检验	产品或包装上无标签，或标签上的内容不全面（应包括生产厂商、型号、生产日期或批号）	
	标签上的内容不规范	
	来料厂商与送检单不符	
	型号、规格与送检单不符	
	全检标签，检查制造期至到货期是否超过半年	在半年以上，10个月以下
		10个月以上
外观检验	胶液颜色有异常，A胶（树脂）应为淡蓝色黏稠液体 B胶（固化剂）应为无色透明液体	
	观察胶质是否均匀，有无混浊，底部有无杂质或沉淀	
性能检验	将作为样本的A、B胶各瓶均倒出少许，按正常配比混合成复合样本，抽真空20min不能达到脱泡标准	
	135℃，45min烘烤后的胶体颜色异常	
	135℃，45min烘烤后的胶体不能正常固化	
	135℃，45min烘烤后的胶体离模困难	轻微
		严重
	在规定的使用条件下，胶不能正常固化（使用条件见相关作业指导书）	
	胶体固化后龟裂	
	将复合样本在室温下静置4h，样本硬化	

五、金线

1. 金线材质

LED键合金线是由Au纯度为99.99％以上的材质键合拉丝而成，其中包含了微量的Ag/Cu/Si/Ca/Mg等微量元素。

2. 金线型号分类

目前市面上LED键合金线，根据使用范围不同，有16～50μm不同的直径，一般每卷长度为500m，市面上也有每卷1000m的金线。

3. 金线的作用

金线在LED封装中起到一个导线连接的作用，将芯片表面电极和支架连接起来。当导通电流时，电流通过金线进入芯片，使芯片发光。

4. 金线的优点

金丝具有电导率大、耐腐蚀、韧性好等优点，广泛应用于集成电路。相比其他材质而言，其最大的优点就是抗氧化性，这是金线广泛应用于封装的主要原因。

5. 金线检验

金线拆开时，应从绿贴处拆开，此是金线的线头，线尾在红贴处。放置时，要使线尾（红贴）处朝下。

金线进料检验主要是金线外观和拉力的检测，外观要求金线干净、无尘和整洁。对进料卷数抽取30％做拉力测试，取每卷的5～10cm做拉力测试，测试结果1.0mil金线拉力必须大于7g，小于或等于7g为不合格；1.2mil金线拉力必须大于15g，小于或等于15g为不合格。

检验标准如下。

检验项目	检验规格说明	检验项目	检验规格说明
包装检验	包装损坏，金线松散	外观	金线表面有刻痕
资料检验	来料厂商与送检单不符		金线表面有油污，不光滑
	规格、型号与送检单不符	拉力	金线焊接拉力＜5g

六、模条

模条是 LED 封装时使用的，是浇筑 LED 灯的模具，将胶灌在里面成型。

检验标准如下。

检验项目	检验规格说明	检验项目	检验规格说明
包装检验	包装损坏，材料散落	尺寸	模粒尺寸不符
资料检验	来料厂商与送检单不符		卡点高度不符
	规格、型号与送检单不符		模粒间距不符
外观	模条钢片生锈	极性	极性标识错误
	模腔内壁模糊，有针孔、划痕	性能	150℃×2h 烘烤后变形
	模条卡点断裂、变形、松动		
	模条导柱断裂、变形、松动		
	模粒表面有明显划痕		

其他原物料的进料检验：固化剂、环氧树脂、着色剂、扩散剂、消泡剂、沉淀粉、银胶、晶片、纸箱、胶袋的包装材料的进料检验，由品质管理人员确认品名、数量、保质期、外形尺寸是否正确，并将检验结果记录在"进料检验记录表"。

参考文献

[1] 陈元灯，陈宇.LED 制造技术与应用［M］.北京：电子工业出版社，2009.

[2] 宋露露，陈世伟.LED 封装检测与应用［M］.武汉：华中科技大学出版社，2011.

[3] 毛兴武.新一代绿色光源 LED 及其应用技术［M］.北京：人民邮电出版社，2009.

[4] 魏学业.绿色环保 LED 应用技术［M］.北京：机械工业出版社，2011.

[5] 苏永道，吉爱华，赵超.LED 封装技术［M］.上海：上海交通大学出版社，2010.

[6] 周志敏，纪爱华.太阳能 LED 路灯设计与应用［M］.北京：电子工业出版社，2009.

[7] 刘祖明.LED 照明技术与灯具设计［M］.北京：机械工业出版社，2012.

[8] 周志敏，纪爱华.太阳能 LED 照明技术与工程应用［M］.北京：人民邮电出版社，2009.

[9] 麦奎瑞.风光互补 LED 路灯设计与工程应用［M］.北京：中国电力出版社，2008.

[10] 陈振源，吴友明.LED 应用技术［M］.北京：电子工业出版社，2011.

[11] 诸昌铃.LED 显示屏系统原理及工程技术［M］.成都：电子科技大学出版社，2000.

[12] 方忠.LED 在城市夜景工程中的应用［J］.科技信息；科学教研，2008（23）：22-23.

[13] 马思宁.新形势下高职学生学情分析［J］.大众标准化，2020（16）：133-134.

[14] 俞建峰，储建平.LED 照明产品质量认证与检测方法［M］.北京：人民邮电出版社，2015.

[15] 王恺.大功率 LED 封装与应用的自由曲面光学研究［D］.武汉：华中科技大学，2011.

[16] 刘宗源.大功率 LED 封装设计与制造的关键问题研究［D］.武汉：华中科技大学，2010.

[17] 王声学，吴广宁，蒋伟，等.LED 原理及其照明应用［J］.灯与照明，2006（4）：32-35.

[18] 崔元日，潘苏予.第四代照明光源——白光 LED［J］.灯与照明，2004（2）：31-34.

[19] 刘行仁，薛胜薛，黄德森，等.白光 LED 现状和问题［J］.光源与照明，2003（3）：4-8.